共立叢書
現代数学の潮流

多変数ネヴァンリンナ理論とディオファントス近似

野口 潤次郎 著

編集委員

岡本 和夫
桂 利行
楠岡 成雄
坪井 俊

共立出版株式会社

刊行にあたって

　数学には，永い年月変わらない部分と，進歩と発展に伴って次々にその形を変化させていく部分とがある．これは，歴史と伝統に支えられている一方で現在も進化し続けている数学という学問の特質である．また，自然科学はもとより幅広い分野の基礎としての重要性を増していることは，現代における数学の特徴の一つである．

　「21世紀の数学」シリーズでは，新しいが変わらない数学の基礎を提供した．これに引き続き，今を活きている数学の諸相を本の形で世に出したい．「共立講座　現代の数学」から30年．21世紀初頭の数学の姿を描くために，私達はこのシリーズを企画した．

　これから順次出版されるものは，伝統に支えられた分野，新しい問題意識に支えられたテーマ，いずれにしても，現代の数学の潮流を表す題材であろう，と自負する．学部学生，大学院生はもとより，研究者を始めとする数学や数理科学に関わる多くの人々にとり，指針となれば幸いである．

編集委員

共立叢書 現代数学の潮流

多変数ネヴァンリンナ理論とディオファントス近似

(平成15(2003)年初版1刷用)

訂正表

- p. iv, ↑ 12: Khoai $\Longrightarrow$ Ha Hui Khoai （2ヶ所）
- p. iv, ↑ 4: 考 $\Longrightarrow$ 孝
- p. 51, ↑ 1: 既約表現 $\Longrightarrow$ 被約表現 (他, p. 55, ↓ 12; p. 59, ↓ 2; p. 113, ↑ 7; p. 124, ↓ 12; p. 175, ↑ 6; p. 261, 右側 ↓ 11 [ヒ] の項へ移動)。
- p. 84, ↑ 4: $\leqq$ $\Longrightarrow$ = (他, p. 85 ↓ 2)
- p. 141, ↑ 7 (4.6.15 [注意] で現在のものを (ii) とし, 次を追加): (i) 定理 4.6.1 で D を固定すれば, $\kappa > 0$ は f に依らないようにとれる (野口 [77]; Supplement).
- p. 189, ↑ 7: Silberman $\Longrightarrow$ Silverman
- p. 196, ↑ 3: $|a|, |b|$ $\Longrightarrow$ $\{|a|, |b|\}$
- p. 222, ↓ 4: $-\mathrm{ord}_v\sigma(x) +$ $\Longrightarrow$ $\mathrm{ord}_v\sigma(x) -$
- p. 225, ↓ 6: $-\mathrm{ord}_v\sigma_D(x) +$ $\Longrightarrow$ $\mathrm{ord}_v\sigma_D(x) -$
- p. 226, ↓ 1: $\alpha \in k \Longrightarrow \alpha_v \in k, v \in S$
- p. 226, ↓ 2, 8: $\alpha \Longrightarrow \alpha_v$ （3ヶ所）
- p. 226, ↓ 10〜12: $\alpha \ne 0 \ldots$ 従って, $\Longrightarrow$ $\alpha_i \in k^*, 1 \leqq i \leqq q$ ($q \in \mathbf{N}$) を相異なる元とする. 定

- p. 228, ↑ 2, 1: $i_1 \Longrightarrow i_1(v)$
- p. 228, ↑ 2, 1: $i_q \Longrightarrow i_q(v)$
- p. 228, ↑ 1: $\prod_{v \in S} \Longrightarrow$ 削除 （2ヶ所）
- p. 229, ↓ 1～5: $I \Longrightarrow I(v)$ （4ヶ所）
- p. 229, ↓ 1: $i_1 \Longrightarrow i_1(v)$
- p. 229, ↓ 1: $i_{n+1} \Longrightarrow i_{n+1}(v)$
- p. 229, ↓ 1, 3: $E_{\epsilon, I} \Longrightarrow E_\epsilon$ （2ヶ所）
- p. 229, ↓ 5, 6: $\prod_{v \in S} \Longrightarrow$ 削除 （4ヶ所）
- p. 229, ↓ 6: $|S| \Longrightarrow 1$
- p. 229, ↓ 8, (7.3.13) を次式に変更する。

$$\prod_{v \in S} \prod_{i \in Q \setminus I(v)} \frac{\|\hat{H}_i(x)\|_v}{\max\{\|x_j\|_v ; 0 \leq j \leq n\}} \geq C^{-(q-n-1)|S|}.$$

- p. 229, ↓ 9: $E_\epsilon = \cup_{I \subset Q, |I|=n+1} E_{\epsilon, I}$ とおく。 $\Longrightarrow$ 削除
- p. 230, ↓ 8: $x \in \mathbf{P}^n(k) \Longrightarrow x \in \mathbf{P}^n(k)$ と $v \in S$
- p. 230, ↓ 8: $i_1 \Longrightarrow i_1(v)$
- p. 230, ↓ 8: $i_q \Longrightarrow i_q(v)$
- p. 230, ↓ 10, この式を次式に変更する。

$$\|\hat{H}_{i_1(v)}(x)\|_v \leq \cdots \leq \|\hat{H}_{i_{N+1}(v)}(x)\|_v \leq \cdots \leq \|\hat{H}_{i_q(v)}(x)\|_v.$$

$$\frac{\max\{\|x_j\|_v; 0 \leq j \leq n\}}{\|\hat{H}_{i_h(v)}(x)\|_v} \leq C, \quad N+2 \leq h \leq q.$$

- p. 230, ↑7: $R \Longrightarrow R(v)$ （3ヶ所）
- p. 230, ↑7: $i_1 \Longrightarrow i_1(v)$
- p. 230, ↑7: $i_{N+1} \Longrightarrow i_{N+1}(v)$
- p. 230, ↑7: $R^\circ \Longrightarrow R^\circ(v)$ （2ヶ所）
- p. 230, ↑5, 左端下添え字: $i \in R \Longrightarrow i \in Q$
- p. 230, ↑5, この右辺を次式に変更する。

$$\leq \frac{1}{d} \sum_{v \in S} \log \prod_{i \in R(v)} \left(\frac{c_v \max\{\|x_j\|_v\}}{\|\hat{H}_i(x)\|_v} \right)^{\omega(i)} \prod_{i \notin R(v)} \left(\frac{c_v \max\{\|x_j\|_v\}}{\|\hat{H}_i(x)\|_v} \right)^{\omega(i)}$$

- p. 230, ↑4, この式を次式に変更する。

$$\leq \frac{1}{d} \sum_{v \in S} \log \prod_{i \in R^\circ(v)} \left(\frac{c_v \max\{\|x_j\|_v\}}{\|\hat{H}_i(x)\|_v} \right)^{\omega(i)} \prod_{i \notin R(v)} \left(\frac{c_v \max\{\|x_j\|_v\}}{\|\hat{H}_i(x)\|_v} \right)^{\omega(i)}$$

- p. 230, ↑2, 3 $\log c \Longrightarrow \log c + \frac{q|S|}{d} \log(cC)$ （2ヶ所）
- p. 230, ↑1: $E_{\epsilon,R^\circ} \Longrightarrow E_\epsilon$
- p. 231, ↓1: $E_\epsilon = \bigcup_{R^\circ} E_{\epsilon,R^\circ}$ とおくことにより, $\Longrightarrow$ 削除
- p. 235, ↑5: ロスの定理 7.3.1 である. $\Longrightarrow$ 形としてはロスの定理 7.3.1 に対応する.
- p. 251, ↓2: 853. $\Longrightarrow$ 853; Supplement, ibid. **10** (1980), 229-231.

- p. 226, ↑8: この式を次式に変更する。

$$\prod_{v \in S} \min\{1, \|x\|_v, \|x - \alpha_i\|_v; 1 \leq i \leq q\}$$

- p. 226, ↑7, 4: $\{0, \alpha\} \Longrightarrow \{0, \alpha_i\}$
- p. 226, ↑6: この行の上に次の文を挿入する（2ヶ所）:
  この左辺と $\prod_{v \in S}(\min\{1, \|x\|_v\} \prod_{i=1}^{q} \min\{1, \|x - \alpha_i\|_v\})$ との比およびその逆数は、x が動く時有界であることに注意する。
- p. 226, ↑6: ら， $\Longrightarrow$ ら， $C > 0$ をとり直して
- p. 226, ↑5〜4: この左辺を次式に変更する。

$$\prod_{v \in S} \min\left\{1, \frac{1}{\|x\|_v}, \|x - \alpha_i\|_v; 1 \leq i \leq q\right\}$$

- p. 227, ↑5〜4: $\tilde{H}_{vi}, 1 \leq i \leq n + 1$ を $k \cdots$ 型式 $\tilde{H}_{vi}, 1 \leq i \leq n + 1$ を $k \cdots$ 型式
- p. 227, ↑1: 式番号 (7.3.6) を付ける。
- p. 228, ↓1〜5: 削除
- p. 228, ↑5: 式番号 (7.3.10) を付ける。
- p. 228, ↓4〜3: 削除
- p. 228, ↑2: 任意の x $\Longrightarrow$ 任意の x と $v \in S$

まえがき

　ピカールの定理とボレルの定理をふまえて，R. ネヴァンリンナは論文, R. Nevanlinna [25] を発表し，彼の名を冠する理論を創始した．その多変数複素解析への展開は早く，A. ブロッホ (Bloch [26b]), カルタン (Cartan [33]), ワイル父子 (Weyl [38]) らの論文が相次いで発表された．さらにアールフォルス (Ahlfors [41]) の仕事が発表され，それらは W. シュトル (Stoll [53b] [54]) により受け継がれ放物型複素多様体から複素射影空間への有理型写像の値分布論へと発展した．

　S.-S. チャーンは微分幾何的観点から正則曲線を研究し，R. ボットと共著の論文 (Bott-Chern [65]) において特性類との関係を見いだした．またチャーンは，オッサーマンと共にユークリッド空間内の極小曲面のガウス写像の研究にネヴァンリンナ理論的手法を取り入れた．極小曲面のガウス写像の値分布論は，その後藤本 [93] により大いに発展させられた．そして遂に，ガウス写像予想の解決に至った（藤本 [88a]）．

　1960 年代後半から 1970 年初頭に小林双曲的多様体の理論と P. グリフィスとその門下による微分非退化（同次元）正則写像の理論が現れ（小林 [67] [70], Carlson-Griffiths [72], Griffiths-King [73]），多変数値分布論は大きく発展し，関連する分野も広がった．落合 [77] はブロッホの論文 (Bloch [26b]) を蘇らせ，正則微分に関する補題（ネヴァンリンナの対数微分の補題に相当）を示し，ブロッホ・落合の定理が得られた．その拡張としての対数的ブロッホ・落合の定理を得る過程で P. ドゥリーニュによる対数的微分の理論とネヴァンリンナ理論の関連が見いだされ（野口 [77]），複素射影空間以外の多様体への正則曲線論の発展の窓が開かれた．

　一方，S. ラングはモーデル予想（ファルティンクスの定理）の高次元版として小林双曲的多様体の数論的性質を予想し，関連して関数体上の問題や正則曲

線についての予想を次々と出し理論の発展を促した (Mordell [22], Lang [74] [86]). そして, 1987年には, P. ヴォイタ (Vojta [87]) がオスグード (Osgood [81]) の視点を完成させる形でディオファントス近似論をネヴァンリンナ理論の類似として定式化した. そしてネヴァンリンナ理論での種々の結果や予想の類似として, いわゆるヴォイタ予想を提唱し大きな反響を引き起こした.

これらの理論発展について書かれた著書としては年代順に, 例えば, 小林 [70], Wu [70], Stoll [70] [73], Griffiths [74], Stoll [77a], Lang [83], Shiffman [83], 落合・野口 [84], Shabat [85], Vojta [87], Lang [87], 野口・落合 [90], Lang [91], 藤本 [93], 小林 [98], Ru [01] 等がある. 小林双曲性については, 小林氏自身による大部の小林 [98] が現時点までの成果をほぼ完全に網羅している. 極小曲面のガウス写像の値分布論については藤本 [93] がある.

ネヴァンリンナ理論の核心をなすのは, 第一主要定理・第二主要定理と呼ばれる二つの定理である. 第一主要定理は, ポアンカレ双対定理の非コンパクト版と考えられ, ほぼ満足のゆく理論が得られている. 本書では, 第2章がこれに当てられている. 一方, 有理型写像 $f: \mathbf{C}^n \to M$ および M 上の因子 D に対し第二主要定理が確立されている場合は少なく, 本質的には次の場合に尽きる.

(i) $n = 1, M = \mathbf{P}^m(\mathbf{C})$, D は一般の位置にある超平面の和の場合 (カルタン理論 (Cartan [33], Weyl-Ahlfors 理論 [41])), ノチカによるカルタン予想の解決 (Nochka [83], Chen [90]).

(ii) $n \geqq 1$ は一般, $M = \mathbf{P}^m(\mathbf{C})$, D は一般の位置にある超平面の和の場合 (シュトルによる多変数化 (Stoll [53b] [54]), ノチカの結果の多変数化 (Chen [90])).

(iii) $n = 1, M = \mathbf{P}^m(\mathbf{C})$, D は一般の位置にある超曲面の和の場合 (Eremenko-Sodin [92]).

(iv) $n \geqq \dim M$ かつ f が微分非退化の場合 (グリフィスらの理論 Carlson-Griffiths [72], Griffiths-King [73], 酒井 [74a], Shiffman [75]).

(v) M がアーベル多様体の場合で, D は任意の因子. M が準アーベル多様体の場合は, そのコンパクト化の中で D に境界でのある意味の一般の位置条件をつける (野口・Winkelmann・山ノ井 [00] [02]).

上掲の著書で, これらの成果を全て扱ったものはない. そこで本書では, これらの第二主要定理全てに統一された視点からのできるだけ自己完結した証明

を与えることを柱に据えた（第 3, 4 章）．ただし (iii) は予想されている結果に比して結果が最良ではないので，紹介に留めることになった．

第二の柱は，ネヴァンリンナ理論とディオファントス近似論の類似を紹介し，ヴォイタ予想を論ずることである．第 6 章で関数体の場合，第 7 章で代数体の場合を扱う．

対象とする読者としては大学院生を念頭に，その理論発展の意義が分かりやすいように一変数有理型関数のネヴァンリンナ理論から説き起こすことにした．予備知識としては，一変数複素関数論・多変数複素関数論の基本的部分，複素多様体の基本事項を仮定する．それ以外については，使用する事実で証明を与えていない場合もあるが，内容は分かるように著述したつもりである．以下簡単に各章の内容を紹介する．

第 1 章では，複素平面上の有理型関数のネヴァンリンナ理論の本質的部分である第一主要定理と第二主要定理を証明する．この内容が以後の高次元化するときの原型になる．

第 2 章では多重劣調和関数を定義し，イェンゼンの公式を示した後，m 次元複素空間 $\mathbf{C}^m$ から n 次元コンパクト複素多様体への有理型写像に対し第一主要定理を示し，位数関数の種々の性質を論ずる．この章の内容は，この方面の研究の土台となるもので，読者が自然に基礎知識と解析手法が身につくように配慮した．

第 3 章では，初めにネヴァンリンナの対数微分の補題を多変数の場合に拡張する．その証明には，これまで知られているものに比較してかなり簡易化された新しい証明を与える．微分非退化有理型写像に対し第二主要定理を，もとのグリフィスらの負曲率法でなく，対数微分の補題を直接使う新しい方法で示す．応用もいくつか与える．

第 4 章では，正則曲線の理論を扱う．カルタン予想（Cartan [33]）の解決で重要な役を果たすノチカ荷重（Nochka [83]）をチェン（Chen [90]）に従い紹介した後，カルタン予想を証明する．その証明は，ノチカの念頭にあったと考えられる，カルタン法によるこれまでで最も簡明なものを与える．

対数的ジェット微分の補題は，野口 [77] [81b] [85b] [86], Vitter [77] 等を総合した形のものを示す．これを用いて一般の代数多様体内の正則曲線に対する第二主要定理型の不等式を示し，応用として対数的ブロッホ・落合の定理を導く（野口 [77] [81b]）．

ついで，最近の結果であるアーベル多様体内の正則曲線に対する第二主要定理を示す（野口・Winkelmann・山ノ井 [00] [02]）．これより，正則曲線に関するラング予想が導かれる．この結果は，準アーベル多様体に対しても成立するが予備知識・紙数のこともあり，割愛した（野口 [98] も参照）．

第5章では，第4章で得られた結果の小林双曲性への応用を述べた．特に，小林予想に関連して，$\mathbf{P}^2(\mathbf{C})$ の非特異五次曲線でその補空間が小林双曲的になるものの存在証明（Zaidenberg [89]），$\mathbf{P}^n(\mathbf{C})$ の小林双曲的超曲面でその補空間が $\mathbf{P}^n(\mathbf{C})$ に双曲的に埋め込まれているものの存在と例の構成をする．

第6章では，関数体上のネヴァンリンナ理論を解説した．これは，ラング予想・ヴォイタ予想に触発されたものである．関数体上のネヴァンリンナ理論とは，有理関数の有理関数による近似理論とも解釈されるものである．関数体上のイロハ予想[1]（abc-Conjecture）の類似を示す．

第7章では，ヴォイタのアイデアに基づき，代数体上のディオファントス近似論をネヴァンリンナ理論に倣って定式化する．ネヴァンリンナ理論で展開された議論の応用として，整数点分布および有限性定理を示す．予想や結果だけでなく，結果の証明法自体にもなかなか深い類似性があることを認識していただければ目的が達成されたことになる．

本書では触れられなかったが，コアイにより始められた p-進解析関数のネヴァンリンナ理論も発展しつつあることを注意したい（Khoai [83]，Khoai-Tu [95]）．

正則曲線の理論およびそのディオファントス理論との関係には未開発の部分が多々あり，これからの発展が大いに期待されるところである．本書がこの方面に興味をもたれた読者の手引きになれば，幸いである．

本書を書くに当たって，ノチカ荷重の記述について貴重な助言をいただいた戸田暢茂先生，第7章について種々の貴重な助言をいただいた平田典子氏，全般にわたり常に相談に乗っていただいた相原義弘氏の諸氏に心から感謝する．長年にわたり，研究上の助言をいただいてきた小林昭七先生，藤本坦孝先生，落合卓四郎先生の諸先生には，この場を借りて感謝の意を表したい．

本書の一部は，筆者が東京大学の学部・大学院生を対象として講義をした内容がもとになっている．熱心に聴講してくれた学生諸君に感謝したい．

---

[1] これは，マッサー・オスターレによるいわゆる abc-Conjecture の和訳である（Oesterlé [88] §3）．この和訳については Granville-Tucker [02] の題名も参照．

共立出版(株)社の赤城氏には本書の執筆を我慢強く励ましていただいた．記して感謝する．

最後に，筆者を学部四年・大学院と高次元値分布論の分野へ指導された故小澤満先生に，ご冥福を祈りつつ深く感謝の意を表したい．

平成十四年（壬午）師走　駒場にて

著 者 記 す

ことわり

(i) 自然数（正整数）の集合 **N**，整数の集合 **Z**，有理数の集合 **Q**，実数の集合 **R**，複素数の集合 **C**，虚数単位 i 等は慣習に従って用いている．$\mathbf{Z}^+$ で非負整数の集合を表す．

(ii) 一般に，体 k に対し $k^* = k \setminus \{0\}$ と記す．

(iii) 定理や式の番号は区別せず統一的に現れる順に従って付けられている．ただし，式は (1.1.1) のように括弧で括られている．1番目の数字は章を表し，2番目の数字は節を表す．

(iv) **単調増加**，**単調減少**という場合，等しい場合も含める．例えば，関数列 $\{\varphi_\nu(x)\}_{\nu=1}^\infty$ が単調増加とは，定義域内の任意の x に対し $\varphi_\nu(x) \leqq \varphi_{\nu+1}(x)$，$\nu = 1, 2, \ldots$ が成立することである．

(v) 局所コンパクト空間の間の写像 $f: X \to Y$ が**固有**とは，任意のコンパクト部分集合 $K \subset Y$ に対し逆像 $f^{-1}K$ がコンパクトであることをいう．

(vi) 多様体は，特にことわらなければ連結とする．

(vii) 記号 $\Subset$ は，相対コンパクトであることを意味する．例えば，$\Delta(a; r) \Subset U$ は，閉包 $\overline{\Delta(a; r)}$ が U 内でコンパクトであることを意味する．

(viii) $O(1), o(1)$ 等はランダウの記法に従う．

(ix) 有限集合 S に対し，その元の個数を $|S|$ で表す．

(x) 写像 $f: X \to Y$ が，1対1のとき**単射**と呼び，上への写像であるとき**全射**と呼ぶ．任意の $y \in Y$ の逆像 $f^{-1}\{y\}$ が常に有限であるとき，f を**有限写像**と呼ぶ．部分集合 $E \subset X$ への f の制限を $f|_E$ と記す．

(xi) 可微分多様体の開集合 U 上の，k 階連続偏微分可能関数の全体を $C^k(U)$ と書く．C^k 級とは，k 階連続偏微分可能であることを意味する．$C_0^k(U)$ は，台がコンパクトな $C^k(U)$ の元の全体を表す．

(xii) 一般に微分型式 α に対し，$\alpha^k = \alpha \wedge \cdots \wedge \alpha$ （k 回）．

(xiii) k を体として，$\mathbf{P}_k^n$ で k 上定義される n 次元射影空間を表す．従って，$\mathbf{P}_k^n$ の部分空間といえば，それを定める定義方程式は k 係数で与えられる．

目 次

第1章 有理型関数のネヴァンリンナ理論　　1
  1. 第一主要定理　　1
  2. 第二主要定理　　12

第2章 第一主要定理　　21
  1. 多重劣調和関数　　21
  2. ポアンカレ・ルロンの公式　　39
  3. 第一主要定理　　49
  4. 位数関数　　65
  5. ネヴァンリンナ不等式　　77
  6. $\mathbf{C}^m$ の有限分岐被覆　　80

第3章 微分非退化写像の第二主要定理　　83
  1. 対数微分の補題　　83
  2. 微分非退化写像の第二主要定理　　86
  3. 応用と一般化　　95

第4章 正則曲線の第二主要定理　　101
  1. ノチカ荷重　　101
  2. カルタン・ノチカの定理　　113
  3. 一般化と応用について　　122
  4. 対数的微分とジェット束　　126
  5. 対数的ジェット微分の補題　　134
  6. 第二主要定理型の不等式　　136
  7. 超曲面を除外する正則曲線　　144

   8. アーベル多様体内の正則曲線 147
   9. 正則曲線の基本予想 152
  10. 微分非退化写像への応用 152

第5章 小林双曲性への応用　155
  1. 小林擬距離 155
  2. 小林双曲的多様体 158
  3. 小林双曲的射影超曲面 165
  4. 射影空間での双曲的埋め込み 173

第6章 関数体上のネヴァンリンナ理論　186
  1. ラング予想 186
  2. 関数体上のネヴァンリンナ・カルタン理論 190
  3. ボレル恒等式または単数方程式 196
  4. 一般化ボレルの定理と応用 201

第7章 ディオファントス近似　207
  1. 付値 207
  2. 高さ 215
  3. ロスとシュミットの定理 225
  4. 単数方程式 231
  5. イロハ予想と基本予想 234
  6. ファルティンクスとヴォイタの定理 237

参考文献　242

記　号　258

索　引　261

1

有理型関数のネヴァンリンナ理論

　　R. ネヴァンリンナにより 1925 年の論文で確立された複素平面上の有理型関数の値分布論を解説する．この理論により，一変数関数論が深化しただけでなく，L. アールフォルスの被覆面の理論や多変数（高次元）の値分布論が発生した．その古典的部分を述べることを目的とする．証明は，H.L. ゼルバーグや H. カルタンらにより与えられたものを組み合わせ，見通しやすく，後の多変数の場合と整合性のとれたものを試みる．

1. 第一主要定理

　イェンゼンの公式から始めよう．これは，後に多変数化もされ本書を通じて使われる基本的公式である．

　少し記号の準備をする．複素平面 $\mathbf{C}$ の座標を $z = x + iy$ $(x, y \in \mathbf{R})$ とし，$a \in \mathbf{C}, r > 0$ に対し

$$\Delta(a; r) = \{z \in \mathbf{C}; |z - a| < r\}, \qquad \Delta(r) = \Delta(0; r),$$

とおく．可微分関数 $\varphi(z) = \varphi(x, y)$ に対し次の偏微分作用素と外微分作用素を定める．

$$(1.1.1) \qquad \frac{\partial \varphi}{\partial z} = \frac{1}{2} \left(\frac{\partial \varphi}{\partial x} + \frac{1}{i} \frac{\partial \varphi}{\partial y} \right), \quad \frac{\partial \varphi}{\partial \bar{z}} = \frac{1}{2} \left(\frac{\partial \varphi}{\partial x} - \frac{1}{i} \frac{\partial \varphi}{\partial y} \right),$$

$$dz = dx + i dy, \qquad\qquad d\bar{z} = dx - i dy,$$

$$\partial \varphi = \frac{\partial \varphi}{\partial z} dz, \qquad\qquad \bar{\partial} \varphi = \frac{\partial \varphi}{\partial \bar{z}} d\bar{z},$$

$$d^c \varphi = \frac{i}{4\pi} (\bar{\partial} \varphi - \partial \varphi) = \frac{1}{4\pi} \left(\frac{\partial \varphi}{\partial x} dy - \frac{\partial \varphi}{\partial y} dx \right).$$

以上の記号のもとで次が成立する.

$$d\varphi = \partial\varphi + \bar{\partial}\varphi, \qquad dd^c\varphi = \frac{i}{2\pi}\partial\bar{\partial}\varphi,$$

$$\partial\bar{\partial}\varphi = \frac{\partial^2\varphi}{\partial z\partial\bar{z}}dz \wedge d\bar{z}.$$

極座標 $z = re^{i\theta}$ ($\log z = \log r + i\theta$) を用いると,

(1.1.2) $$d^c\varphi = \frac{1}{4\pi}\left(r\frac{\partial\varphi}{\partial r}d\theta - \frac{1}{r}\frac{\partial\varphi}{\partial\theta}dr\right).$$

$D \Subset \mathbf{C}$ を有界な領域とし,境界 ∂D は C^1 級とする.閉包 $\bar{D}$ の近傍上の C^1 級 1 型式 $\eta = Pdz + Qd\bar{z}$ に対してストークスの定理は次のように述べられる.

(1.1.3) $$\int_{\partial D}\eta = \int_D d\eta = \int_D\left(-\frac{\partial P}{\partial\bar{z}} + \frac{\partial Q}{\partial z}\right)dz \wedge d\bar{z}.$$

$\varphi(z)$ を $\mathbf{C}$ 上の関数で,$-\infty \leqq \varphi \leqq \infty$,$\varphi$ の特異点集合 $\{\varphi = -\infty, \infty\}$ は離散的集合 $Z = \{a_\nu\}_{\nu=1}^\infty$ であるとする.φ は,$\mathbf{C} \setminus Z$ では C^2 級とし,各 a_ν の近傍では,そこで C^2 級の関数 ψ_ν とある実数 λ_ν をもって,次のように書けているとする.

(1.1.4) $$\varphi(z) = \lambda_\nu \log|z - a_\nu| + \psi_\nu(z).$$

$\partial\bar{\partial}\log|z - a_\nu| \equiv 0$ なので,C^0 級の $(1,1)$ 型式 $\partial\bar{\partial}\varphi(z)$ が,a_ν の近傍では $\partial\bar{\partial}\psi_\nu(z)$ として $\mathbf{C}$ 上定義される.次のように略記する.

$$\frac{1}{2\pi}\int_{|z|=r}\varphi(z)d\theta = \frac{1}{2\pi}\int_0^{2\pi}\varphi(re^{i\theta})d\theta.$$

$\varphi(0) \neq \pm\infty$ のとき,$\frac{1}{2\pi}\int_{|z|=0}\varphi(z)d\theta = \varphi(0)$ と解することにする.

1.1.5 [補題](イェンゼンの公式) $\varphi(z)$ を上述のものとする.$\varphi(0) \neq \pm\infty$ のときは $0 \leqq s < r$ に対し,一般には $0 < s < r$ に対し次が成立する.

$$\frac{1}{2\pi}\int_{|z|=r}\varphi(z)d\theta - \frac{1}{2\pi}\int_{|z|=s}\varphi(z)d\theta$$
$$= 2\int_s^r \frac{dt}{t}\int_{\Delta(t)}\frac{i}{2\pi}\partial\bar{\partial}\varphi + \int_s^r \frac{dt}{t}\left(\sum_{|a_\nu|<t}\lambda_\nu\right).$$

証明 初め, φ が $\mathbf{C}$ 上 C^2 級であるとする. (1.1.2) とストークスの定理を何度か使って計算すると,

$$\frac{1}{2\pi}\int_{|z|=r}\varphi(z)d\theta - \frac{1}{2\pi}\int_{|z|=s}\varphi(z)d\theta$$
$$= 2\int_{|z|=r}\varphi(z)d^c\log|z| - 2\int_{|z|=s}\varphi(z)d^c\log|z|$$

(1.1.6)
$$= 2\int_{\Delta(t)\setminus\Delta(s)}d\log\varphi\wedge d^c\log|z| = 2\int_{\Delta(t)\setminus\Delta(s)}d\log|z|\wedge d^c\log\varphi$$

(1.1.7)
$$= 2\int_s^r \frac{dt}{t}\int_{|z|=t}d^c\varphi = 2\int_s^r \frac{dt}{t}\int_{\Delta(t)}dd^c\varphi.$$

φ が (1.1.4) のような対数的特異性 $\lambda_\nu \log|z - a_\nu|$ をもつときは, a_ν の周りに小さな円周をとりストークスの定理を適用する. その半径を $\epsilon > 0$ とすると, (1.1.6) ではその線積分からの寄与は, $O(\epsilon|\log\epsilon|)$ と評価されるので, $\epsilon \to 0$ とするときそれは 0 に収束する. (1.1.7) では, $\lambda_\nu + O(\epsilon)$ となるので, そこから積分 $\int_s^r \frac{dt}{t}\left(\sum_{|a_\nu|<t}\lambda_\nu\right)$ の寄与が現れる. 　　　　証了

$\mathbf{C}$ の領域 U 上の**有理型関数** $f(z)$ とは, 各点 $a \in U$ に対しその連結近傍 V と V 上の二つの正則関数 $g(z), h(z)$ があり, $h(z) \not\equiv 0$ で V 上では $f(z) = \frac{g(z)}{h(z)}(z \in V)$ と表される関数のことである. その全体は, 自然に体をなす. $f \not\equiv 0$ ならば, 各点 $a \in U$ の近傍で一意的に $f(z) = (z-a)^m g(z)$ という表示をもつ. ただし, $m \in \mathbf{Z}$ で $g(z)$ は $g(a) \neq 0$ なる a の近傍上の正則関数である. $m > 0$ のとき, a を $f(z)$ の**位数** m の**零点**, $m < 0$ のとき a を**位数** $|m|$ の**極**と呼ぶ. $f(z)$ の零点集合および極集合は離散的である.

一般に U 上で, $\mathbf{Z}$ (または $\mathbf{R}$) 係数の**因子**とは, U 内の離散的点列 $\{z_\nu\}_{\nu=1}^\infty$ と係数 $\lambda_\nu \in \mathbf{Z}$ (または $\mathbf{R}$), $\nu = 1, 2, \ldots$ をもって表される形式和 $\sum_{\nu=1}^\infty \lambda_\nu z_\nu$ のことである. (複素多様体上の因子の定義は第2章2節で与えられる.) $f(z)$ の零点と極の和集合を $\{a_\nu\}_{\nu=1}^\infty$ とすると, 各 a_ν の近傍で正則関数 $g(z)$ があり,

$$f(z) = (z - a_\nu)^{\lambda_\nu}g(z), \quad \lambda_\nu \in \mathbf{Z}, \quad g(a_\nu) \neq 0,$$

と書かれる. $f(z)$ の零因子を

$$(f)_0 = \sum_{\lambda_\nu > 0} \lambda_\nu a_\nu,$$

$f(z)$ の極因子を

$$(f)_\infty = \sum_{\lambda_\nu < 0} -\lambda_\nu a_\nu,$$

と定める.

C 上の因子 $E = \sum \mu_\nu z_\nu$ (ただし, z_ν は互いに異なるとする) と $k \in \mathbf{N} \cup \{\infty\}$ に対しその **k-打ち切り個数関数** が次のように定義される.

(1.1.8) $$n_k(t, E) = \sum_{|z_\nu| < t} \min\{k, \mu_\nu\}, \quad t > 0,$$
$$N_k(r, E) = \int_1^r \frac{n_k(t, E)}{t} dt, \quad r > 1.$$

特に, $n(t, E) = n_\infty(t, E), N(r, E) = N_\infty(r, E)$ とおき, 単に**個数関数**と呼ぶ. 便宜上, 次のように約束する.

$$(f - \infty)_0 = (f)_\infty.$$

1.1.9 [注意] $N_k(r, E)$ の定義で積分区間の初めを 1 としたが, 任意の正数 $r_0 > 0$ を一つ固定して全ての議論を行っても, 結果は同じであることが以後の内容をみれば分かる. また次のようにすれば, $r_0 = 0$ とすることもできる. すなわち, 例えば $z_1 = 0$ として $n_k(0, E) = \min\{k, \mu_1\}$ とし次のように定める.

(1.1.10) $$N_k(r, E) = \int_0^r \frac{n_k(t, E) - n_k(0, E)}{t} dt + n_k(0, E) \log r, \quad r > 0.$$

(1.1.8) で定義したものとの差は定数である. (1.1.10) の形で定義する文献も多いが, 本書では後出の多変数の場合との整合性のために (1.1.8) を定義とする. またこのほうが, 対数微分の補題を証明するときも評価をするのに有利である.

以後この章では, 有理型関数 $f(z)$ は, **C** 上で定義され, $f(z) \not\equiv 0$ とする. $f(z)$ の $(\infty$ の$)$ **接近関数**を次で定義する.

(1.1.11) $$m(r, f) = \frac{1}{2\pi} \int_{|z|=r} \log^+ |f(z)| d\theta.$$

ただし，一般に実数 A に対し $A^+ = \max\{0, A\}$ と定める．次の性質が成り立つ．

(1.1.12) $\qquad \log s = \log^+ s - \log^+ \dfrac{1}{s}, \quad |\log s| = \log^+ s + \log^+ \dfrac{1}{s},$

$$\log^+ \sum_{j=1}^{N} s_j \leqq \sum_{j=1}^{N} \log^+ s_j + \log N, \quad \log^+ \prod_{j=1}^{N} s_j \leqq \sum_{j=1}^{N} \log^+ s_j.$$

接近関数 $m(r, f)$ は円周 $|z| = r$ 上で f が ∞ を平均的にどの程度近似しているかを測っている．ディオファントス近似との対比で，$m(r, f)$ を $f(z)$ の ∞ に対する**近似関数**とも呼ぶ．従って，f の $a \in \mathbf{C}$ に対する近似関数は，$m(r, 1/(f-a))$ ということになる．

$r > 1$ とする．ネヴァンリンナの**位数関数**（特性関数とも呼ばれる）が次で定義される．

(1.1.13) $\qquad\qquad T(r, f) = N(r, (f)_\infty) + m(r, f).$

N 個の有理型関数 $f_j(z), 1 \leqq j \leqq N$ に対し (1.1.12) より次が成立する．

$$T\left(r, \sum_{j=1}^{N} f_j\right) \leqq \sum_{j=1}^{N} T(r, f_j) + \log N,$$

$$T\left(r, \prod_{j=1}^{N} f_j\right) \leqq \sum_{j=1}^{N} T(r, f_j).$$

この性質や (1.1.12) は，これからことわりなく使う．

$\mathbf{C}$ 上の正則関数を**整関数**と呼ぶ．

1.1.14 [定理] $f(z)$ が整関数ならば次が成立する．

$$T(r, f) \leqq \max_{|z|=r} \log^+ |f(z)| \leqq \dfrac{R+r}{R-r} T(R, f), \qquad 1 < r < R.$$

証明 $N(r, (f)_\infty) = 0$ であるから，第一の不等式は自明である．

第二の不等式は，$\log |f(z)|$ が劣調和であることから，ポアソン積分を考えると $|z| = r$ について，

$$\log |f(z)| \leqq \dfrac{1}{2\pi} \int_{|\zeta|=R} \log |f(\zeta)| \dfrac{R^2 - |z|^2}{|\zeta - z|^2} d\theta$$

（つづく）

$$\leqq \frac{1}{2\pi}\int_{|\zeta|=R} \log^+|f(\zeta)|\frac{R^2-r^2}{(R-r)^2}d\theta$$
$$=\frac{R+r}{R-r}T(R,f).$$
証了

1.1.15 [定理]（ネヴァンリンナの第一主要定理）　有理型関数 $f(z)$ と $a \in \mathbf{C}$ に対し次が成立する．
$$T\left(r,\frac{1}{f-a}\right) = T(r,f) + O(1),$$
$$|O(1)| \leqq \log^+|a| + \log 2 + \left|\frac{1}{2\pi}\int_{|z|=1}\log|f(z)-a|d\theta\right|.$$

証明　$\varphi(z) = \log|f(z)-a|$ にイェンゼンの公式（補題 1.1.5）を適用する．$\varphi(z) = \pm\infty$ となる点以外では，$\partial\bar{\partial}\varphi(z) \equiv 0$ であるから，
$$N(r,(f-a)_0) - N(r,(f-a)_\infty) - \frac{1}{2\pi}\int_{|z|=r}\log|f(z)-a|d\theta$$
$$+ \frac{1}{2\pi}\int_{|z|=1}\log|f(z)-a|d\theta = 0.$$

$(f-a)_\infty = (f)_\infty$ に注意すると
$$N(r,(f-a)_0) + \frac{1}{2\pi}\int_{|z|=r}\log^+\frac{1}{|f(z)-a|}d\theta$$
$$= N(r,(f)_\infty) + \frac{1}{2\pi}\int_{|z|=r}\log^+|f(z)-a|d\theta$$
$$-\frac{1}{2\pi}\int_{|z|=1}\log|f(z)-a|d\theta.$$

$|\log^+|f(z)-a| - \log^+|f(z)|| \leqq \log^+|a| + \log 2$ であるから，求める式が従う．
証了

ネヴァンリンナの第一主要定理は，コンパクト複素多様体上のポアンカレ双対の開多様体版とみなされることが後に分かる．

1.1.16 [定理]（ネヴァンリンナ不等式）　有理型関数 $f(z)$ に対し，ある定数 C が存在して，
$$N(r,(f-a)_0) \leqq T(r,f) + C, \qquad \forall a \in \mathbf{C}.$$

証明 積分
$$I(a) = \frac{1}{2\pi} \int_{|z|=1} \log|f(z) - a| d\theta$$
は，$a \in \mathbf{C}$ について連続であることをみよう．$a \notin f(\{|z|=1\})$ では明らかである．例えば，$a \to f(1) \neq \infty$ の場合を考える．$\epsilon_1 = f(1) - a$, $f(z) - f(1) = (z-1)^k g(z)$, $g(1) \neq 0$ とおく．$z = e^{i\theta}$ とおくと，次のことが示されればよい：任意の $\epsilon > 0$ に対し，ある $\delta > \delta' > 0$ があって，$|\epsilon_1| < \delta'$ ならば，
$$\left| \int_{-\delta}^{\delta} \log |(\cos\theta - 1 + i\sin\theta)^k g(e^{i\theta}) + \epsilon_1| d\theta \right| < \epsilon.$$
この評価は，$\epsilon_2 = \epsilon_1/g(z)$ とおくと次と同値である．
$$\left| \int_{-\delta}^{\delta} \log |(\cos\theta - 1 + i\sin\theta)^k + \epsilon_2| d\theta \right| < \epsilon.$$
括弧内を計算すると
$$(\cos\theta - 1 + i\sin\theta)^k = \left(-2\sin^2\frac{\theta}{2} + 2i\sin\frac{\theta}{2}\cos\frac{\theta}{2} \right)^k$$
$$= 2^k i^k \sin^k\frac{\theta}{2} \left(\cos\frac{\theta}{2} + i\sin\frac{\theta}{2} \right)^k = 2^k i^k \sin^k\frac{\theta}{2} \left(\cos\frac{k\theta}{2} + i\sin\frac{k\theta}{2} \right).$$
従って，$\delta > 0$ と $\epsilon_3 \geqq 0$ ($\epsilon_3 \to 0$ ($\epsilon_2 \to 0$)) に対し
$$-\epsilon < \int_0^{\delta} \log(\theta^k + \epsilon_3) d\theta < 0$$
を示せばよい．実際，
$$0 > \int_0^{\delta} \log(\theta^k + \epsilon_3) d\theta \geqq k \int_0^{\delta} \log\theta d\theta = k\delta \log\delta - k\delta > -\epsilon$$
となるように $\delta > 0$ がとれる．

従って，$|a| \leqq 1$ で $I(a)$ は有界である．定理 1.1.15 より定数 $C_1 > 0$ があって，
$$N(r, (f-a)_0) \leqq T(r, f) + C_1, \quad r \geqq 1, \quad |a| \leqq 1.$$
$|a| > 1$ に対しては，$1/f(z)$ と $1/a$ を考える．$(f-a)_0 = (1/f - 1/a)_0$, $|1/a| < 1$ であるから，上で示したことを $\frac{1}{f}$ に適用すれば，定数 $C_2 > 0$ があって，
$$N(r, (f-a)_0) = N\left(r, \left(\frac{1}{f} - \frac{1}{a}\right)_0\right) \leqq T\left(r, \frac{1}{f}\right) + C_2.$$

定理 1.1.15 で $a = 0$ とおけば，定数 $C_3 > 0$ があって，

$$T\left(r, \frac{1}{f}\right) \leqq T(r, f) + C_3.$$

以上より，$C = C_1 + C_2 + C_3$ とおけばよい． 　　　　　　　　　　**証了**

$f(z)$ が有理式 $P(z)/Q(z)$ (P, Q は互いに素とする) ならば，$N(r, (f)_\infty)$, $m(r, f)$ を直接計算することにより次が分かる．

(1.1.17) $\qquad T\left(r, \dfrac{P}{Q}\right) = \max\{\deg P, \deg Q\} \log r + O(1).$

$f(z) = e^{z^p}$ ($p \in \mathbf{N}$) に対してもやはり簡単な計算により次が分かる．

$$T(r, f) = \frac{r^p}{\pi}.$$

1.1.18 [定理]　　$f(z)$ が有理式であるための必要十分条件は，

$$\varliminf_{r \to \infty} \frac{T(r, f)}{\log r} < \infty.$$

証明　必要性は，(1.1.17) より従う．十分性を示そう．条件より，単調増加数列 $1 < r_\nu \nearrow \infty$ ($\nu \to \infty$) と正定数 C が存在して，

$$T(r_\nu, f) \leqq C \log r_\nu, \qquad \nu \to \infty.$$

従って，$N(r_\nu, (f)_\infty) \leqq C \log r_\nu$ であるから，任意の $r > 0$ に対し，$r_\nu > r$ を任意にとると

$$\begin{aligned}
n(r, (f)_\infty) &\leqq \frac{1}{\log r_\nu - \log r} \int_r^{r_\nu} \frac{n(t, (f)_\infty)}{t} dt \\
&\leqq \frac{1}{\log r_\nu - \log r} \int_1^{r_\nu} \frac{n(t, (f)_\infty)}{t} dt \\
&= \frac{N(r_\nu, (f)_\infty)}{\log r_\nu - \log r} \leqq C \left(1 - \frac{\log r}{\log r_\nu}\right)^{-1}.
\end{aligned}$$

$r_\nu \to \infty$ とすると，$n(r, (f)_\infty) \leqq C$. つまり，$f(z)$ の極は有限個である．多項式 $Q(z)$ をとり，$g(z) = f(z)Q(z)$ が整関数であるようにできる．やはり，ある

正定数 C_1 があって $T(r_\nu, g) \leqq C_1 \log r_\nu$. 定理 1.1.14 により，十分大きな r_ν に対して

$$\max_{|z|=r_\nu} \log |g(z)| \leqq \frac{2r_\nu + r_\nu}{2r_\nu - r_\nu} T(2r_\nu, g)$$

$$\leqq 3C_1(\log r_\nu + \log 2) < 4C_1 \log r_\nu.$$

これから, $\max_{|z|=r_\nu} |g(z)|^2 < r_\nu^{8C_1}$. $g(z) = \sum_{j=0}^\infty a_j z^j$ と巾級数展開すると，

$$\frac{1}{2\pi} \int_0^{2\pi} |g(r_\nu e^{i\theta})|^2 d\theta = \sum_{j=1}^\infty |a_j|^2 r_\nu^{2j} \leqq r_\nu^{8C_1}.$$

従って, $a_j = 0, \forall j > 4C_1$ となり，$g(z)$ が多項式であることが分かる． 証了

上の証明中の議論から，次が出る．

1.1.19 [系] $f(z)$ が超越的であるための必要十分条件として，

$$\varlimsup_{r \to \infty} \frac{T(r, f)}{\log r} = \infty.$$

有理型関数 $f(z)$ の超越度を測る指数として，**位数** ρ_f が次のように定義される．

(1.1.20) $$\rho_f = \varlimsup_{r \to \infty} \frac{\log T(r, f)}{\log r} \leqq \infty.$$

$\rho_f < \infty$ $(= \infty)$ のとき，$f(z)$ は有限位数（無限位数）の有理型関数と呼ばれる．例えば，$f(z) = e^{z^p}$ $(p \in \mathbf{N})$ ならば $\rho_f = p$ である．

ネヴァンリンナによる位数関数 $T(r, f)$ の定義 (1.1.13) では，幾何学的な意味が明らかでない．清水・アールフォルスによる，$T(r, f)$ の幾何学的解釈を述べよう（清水 [29], Ahlfors [30]）．リーマン球面 $\hat{\mathbf{C}} = \mathbf{C} \cup \{\infty\}$ の有限部分 $\mathbf{C}$ の座標 w を使って $\hat{\mathbf{C}}$ 上の面要素を次のように定める．

$$\Omega = dd^c \log(1 + |w|^2) = \frac{1}{(1+|w|^2)^2} \frac{i}{2\pi} dw \wedge d\bar{w}.$$

これは $\hat{\mathbf{C}}$ 上の**フビニ・ストゥディ計量型式** (Fubini-Study metric form) と呼ばれ，

$$\int_{\hat{\mathbf{C}}} \Omega = 1.$$

有理型関数 $f(z)$ に対し，**清水の位数関数** $T_f(r,\Omega)$ を次のように定義する．

$$T_f(r,\Omega) = \int_1^r \frac{dt}{t}\int_{\Delta(t)} f^*\Omega.$$

$\varphi(z) = \log\sqrt{1+|f(z)|^2}$ とおいて補題 1.1.5 を使うと

$$T_f(r,\Omega) = N(r,(f)_\infty) + \frac{1}{2\pi}\int_{|z|=r}\log\sqrt{1+|f(z)|^2}d\theta$$
$$-\frac{1}{2\pi}\int_{|z|=1}\log\sqrt{1+|f(z)|^2}d\theta.$$

簡単な計算により

$$m(r,f) \leqq \frac{1}{2\pi}\int_{|z|=r}\log\sqrt{1+|f(z)|^2}d\theta \leqq m(r,f) + \frac{1}{2}\log 2.$$

よって次が分かった．

1.1.21 [定理]（清水・アールフォルス）　　有理型関数 $f(z)$ に対し

(1.1.22)
$$\begin{aligned}T(r,f) &= T_f(r,\Omega) + O(1) \\ &= \int_1^r \frac{dt}{t}\int_{\Delta(t)} \frac{|f'(z)|^2}{(1+|f(z)|^2)^2}\frac{i}{2\pi}dz\wedge d\bar{z} + O(1) \\ &= \int_1^r \frac{dt}{t}\int_{\Delta(t)} dd^c\log\left(1+|f(z)|^2\right) + O(1).\end{aligned}$$

項 $\int_{\Delta(t)} f^*\Omega$ は，重複度を込めて像 $f(\Delta(t))$ のフビニ・ストゥディ計量型式に関するリーマン球面上での面積を測っている．従って，$T(r,f)$ はその増大度を測っている．

1.1.23 [歴史的補足]　　定理 1.1.21 は，時にアールフォルス・清水の定理と呼ばれることがあるが（例えば，Hayman [64]），定理の発見の経緯からすれば，清水・アールフォルスまたは，単独で清水の定理と呼ばれることが正しいであろう．この定理は，清水 [29] で初めて証明された．アールフォルス全集第一巻 p. 56 にある注釈によれば，アールフォルスは同年の 1929 年の春にパリで R. ネヴァンリンナとの会話の中でこの結果を述べたところ，R. ネヴァンリンナは大変興味をもち励ましてくれたとある．そして，少し後アールフォル

スは，R. ネヴァンリンナよりこの定理が既に清水により証明されていることを告げられたとのことである．しかしともかく，アールフォルスは 1929 年 8 月のオスロでの第 7 回スカンジナビア会議でこの結果を発表した．議事録としての論文の出版は 1930 年である（Hayman [64] では，論文 Ahlfors [30] の年を 1929 年としているが，これはアールフォルス全集にあるように 1930 年とされるべきであろう）．

アールフォルス全集の上述の注釈にあるように，発表という点では，清水 [29] の結果は 1927 年に発表され論文が受理されている．同注釈でアールフォルスは位数関数の幾何学的解釈について，同じ頃になされた H. カルタン (Cartan [29a]) の位数関数についての仕事にも，もっと注意が向けられるべきであると述べている．H. カルタン全集にある 1929 年頃のカルタンの値分布に関する仕事をみると，H. カルタンは位数関数の幾何学的解釈ということよりも，むしろポテンシャル論的に自然な定義を求めていたとみえる．$\mathbb{C}$ 上の有理型関数 $f(z)$ を共通零点をもたない二つの整関数 $f_1(z), f_2(z)$ をもって $f(z) = f_2(z)/f_1(z)$ と表すとき，$U(z) = \max\{|f_1(z)|, |f_2(z)|\}$ とおく．H. カルタンは，位数関数 $T(r)$ を

$$T(r) = \frac{1}{2\pi} \int_{|z|=r} \log U(z) d\theta - \log |f_1(0)|$$

とおく．ただし簡単のため $f_1(0) \neq 0$ とする．定数項を "$-\log |f_1(0)|$" としているところは，R. ネヴァンリンナの位数関数での極の個数関数を意識していることが分かる．同年の後の論文では，共通零点をもたない整関数系 $\{f_j(z), 1 \leq j \leq p\}$ を扱い $U(z)$ を同様に定め（定理 2.4.11 を参照），定数項をより自然な "$-\log U(0)$" としている．清水 [29]，Ahlfors [30] にあるように (1.1.22) のような計量形式を用いた式は現れない．

アールフォルス全集の注釈を読むと，R. ネヴァンリンナがネヴァンリンナ理論を創始した頃の高揚した気分が伝わってくる（同じ意味で Weyl [38] の序文も興味深い）．アールフォルスは，ネヴァンリンナ理論の幾何学的解釈をさらに進め，いわゆる被覆面の理論を完成する (Ahlfors [35])．アールフォルスはこの成果により，1936 年オスロでの世界数学者会議で第一回のフィールズメダルを J. ダグラスと共に受けた．第一回のフィールズメダル選考委員には高木貞治が入っていた．

このようなわけで値分布論は，その創生期より日本人に種々縁が深いのである．

2. 第二主要定理

ネヴァンリンナ不等式（定理 1.1.16）のある意味での逆の不等式，つまり位数関数 $T(r,f)$ を個数関数 $N(r,(f-a)_0)$ で上から評価しようというのが，ネヴァンリンナの第二主要定理である．もちろん，一つの個数関数では無理であるから，いくつかの個数関数が必要になる．

ここで，一つ記号を導入する．二つの非負値関数 $\varphi(r), \psi(r)$ ($r \geqq r_0 \geqq 0$) に対し，測度有限なボレル可測集合 $E \subset [r_0, \infty)$ が存在して $r \notin E$ に対し不等式 $\varphi(r) \leqq \psi(r)$ が成立するとき，このことを

$$\varphi(r) \leqq \psi(r)\|_E$$

と書き表す．従って，

$$\varphi(r) \leqq O(\psi(r))\|_E$$

とは，ある正定数 C が存在して，

$$\varphi(r) \leqq C\psi(r)\|_E$$

が成立することである．

1.2.1 [補題]（ボレルの補題） $\phi(r) \geqq 0$ ($r \geqq r_0 \geqq 0$) を単調増加関数とする．任意の $\delta > 0$ に対し

$$\frac{d}{dr}\phi(r) \leqq \phi(r)^{1+\delta}\|_{E(\delta)}.$$

ここで，$E(\delta)$ は δ の取り方に依存する．

証明 関数 $\phi(r)$ は単調増加であるから，ほとんど至る所微分可能で，$\frac{d}{dr}\phi(r)$ が存在する．$\phi(r) \not\equiv 0$ としてよいから，$r_1 \geqq r_0$ を $\phi(r_1) > 0$ ととる．集合 $E(\delta) = \{r \geqq r_1; \frac{d}{dr}\phi(r) > \phi(r)^{1+\delta}\}$ と定める．$E(\delta)$ 上

$$\frac{d\phi(r)}{\phi(r)^{1+\delta}} > dr.$$

よって，

$$\int_{E(\delta)} dr \leqq \int_{E(\delta)} \frac{d\phi(r)}{\phi(r)^{1+\delta}} \leqq \int_{r_1}^{\infty} \frac{d\phi(r)}{\phi(r)^{1+\delta}} \leqq \frac{1}{\delta \phi(r_1)^\delta}. \qquad \text{証了}$$

1.2.2 [補題]（ネヴァンリンナの対数微分の補題） 有理型関数 $f(z)$ と $\delta > 0$ に対し

$$m\left(r, \frac{f'}{f}\right) \leqq \left(1 + \frac{(1+\delta)^2}{2}\right)\log^+ T(r,f) + \frac{\delta}{2}\log r + O(1)\|_{E(\delta)}.$$

証明 $w \in \mathbf{C}$ に対し，面積要素を次のように定める．

$$\Phi = \frac{1}{(1+(\log|w|)^2)|w|^2}\frac{i}{4\pi^2}dw \wedge d\bar{w}.$$

$w = 0, \infty$ に特異点をもつ $\hat{\mathbf{C}}$ 上の $(1,1)$ 型式と考える．

$$\int_{\hat{\mathbf{C}}}\Phi = \int_{\mathbf{C}}\frac{1}{(1+(\log r)^2)r^2}\frac{1}{2\pi^2}rdrd\theta = 1.$$

一方 $\mu(r) = \int_1^r \frac{dt}{t}\int_{\Delta(t)} f^*\Phi$ とおくと，

$$\mu(r) = \int_1^r \frac{dt}{t}\int_{\Delta(t)} \frac{|f'|^2}{(1+(\log|f|)^2)|f|^2}\frac{i}{4\pi^2}dz \wedge d\bar{z}$$

$$= \int_{w \in \mathbf{C}}\int_1^r \frac{dt}{t} n(t, (f-w)_0)\Phi(w)$$

$$= \int_{w \in \mathbf{C}} N(r, (f-w)_0)\Phi(w).$$

定理 1.1.16 より $C > 0$ が存在して，

$$\mu(r) \leqq T(r,f) + C.$$

これと補題 1.2.1，および $\log$ が凹関数であることを使って次の計算をする．

$$m\left(r, \frac{f'}{f}\right) \leqq \frac{1}{4\pi}\int_{|z|=r}\log^+\left(\frac{|f'|^2}{(1+(\log|f|)^2)|f|^2}(1+(\log|f|)^2)\right)d\theta$$

$$\leqq \frac{1}{4\pi}\int_{|z|=r}\log^+\frac{|f'|^2}{(1+(\log|f|)^2)|f|^2}d\theta$$

$$+ \frac{1}{4\pi}\int_{|z|=r}\log^+\left(1 + \left(\log^+|f| + \log^+\frac{1}{|f|}\right)^2\right)d\theta$$

$$\leqq \frac{1}{4\pi}\int_{|z|=r}\log\left(1 + \frac{|f'|^2}{(1+(\log|f|)^2)|f|^2}\right)d\theta$$

$$+ \frac{1}{2\pi}\int_{|z|=r}\log^+\left(\log^+|f| + \log^+\frac{1}{|f|}\right)d\theta + \frac{1}{2}\log 2$$

(つづく)

$$
\begin{aligned}
&\leqq \frac{1}{2}\log\left(1+\frac{1}{2\pi}\int_{|z|=r}\frac{|f'|^2}{(1+(\log|f|)^2)|f|^2}d\theta\right)\\
&\quad +\frac{1}{2\pi}\int_{|z|=r}\log\left(1+\log^+|f|+\log^+\frac{1}{|f|}\right)d\theta+\frac{1}{2}\log 2\\
&\leqq \frac{1}{2}\log\left(1+\frac{1}{r}\frac{d}{dr}\int_{\Delta(r)}\frac{|f'|^2}{(1+(\log|f|)^2)|f|^2}\frac{1}{2\pi}rdrd\theta\right)\\
&\quad +\log\left(1+m(r,f)+m\left(r,\frac{1}{f}\right)\right)+\frac{1}{2}\log 2\\
&\leqq \frac{1}{2}\log\left(1+\frac{\pi}{r}\frac{d}{dr}\int_{\Delta(r)}f^*\Phi\right)+\log^+ T(r,f)+O(1)\\
&\leqq \frac{1}{2}\log\left(1+\frac{\pi}{r}\left(\int_{\Delta(r)}f^*\Phi\right)^{1+\delta}\right)\\
&\quad +\log^+ T(r,f)+O(1)\|_{E_1(\delta)}\\
&\leqq \frac{1}{2}\log\left(1+\pi r^\delta\left(\frac{d}{dr}\int_1^r\frac{dt}{t}\int_{\Delta(t)}f^*\Phi\right)^{1+\delta}\right)\\
&\quad +\log^+ T(r,f)+O(1)\|_{E_1(\delta)}\\
&\leqq \frac{1}{2}\log\left(1+\pi r^\delta\mu(r)^{(1+\delta)^2}\right)+\log^+ T(r,f)+O(1)\|_{E_2(\delta)}\\
&\leqq \left(1+\frac{(1+\delta)^2}{2}\right)\log^+ T(r,f)+\frac{\delta}{2}\log^+ r+O(1)\|_{E_2(\delta)}.
\end{aligned}
$$

証了

1.2.3 [注意]　実は，$\rho_f<\infty$ のときは

$$m\left(r,\frac{f'}{f}\right)=O(\log r)$$

となる．この証明は上述のものより少し長くなる (R. Nevanlinna [29], Hayman [64] を参照)．例えば，$P(z)$ を多項式として，$f(z)=e^{P(z)}$ とすると

$$m\left(r,\frac{f'}{f}\right)=m(r,P')=O(\log r).$$

$T(r,f)$ よりも小さな項という意味で，記号 $S(r,f)$ で補題 1.2.2 の $m(r,f'/f)$

の評価に現れる量を表す．すなわち，任意の $\delta > 0$ に対し

(1.2.4) $$S(r,f) = O(\log T(r,f)) + \delta \log r \, \|_{E(\delta)}.$$

ただし，$O(*)$ の評価の定数は δ によらない．$f(z)$ が有理関数のときは，常に $m(r, f'/f) = O(1)$ であるから，$S(r,f) = O(1)$ とする．

1.2.5 [定理]（ネヴァンリンナの第二主要定理） $f(z)$ を有理型関数とし，$a_1, \ldots, a_q \in \hat{\mathbf{C}}$ を相異なる q 個の点とする．このとき次が成立する．

$$(q-2)T(r,f) \leqq \sum_{i=1}^{q} N_1(r, (f-a_i)_0) + S(r,f).$$

証明 第一主要定理 1.1.15 があるので，$a_1, \ldots, a_{q-1} \in \mathbf{C}, a_q = \infty$ として定理を証明すればよい．$w \in \mathbf{C}, a \in \hat{\mathbf{C}}$ に対し

$$\|w - a\| = \begin{cases} \dfrac{|w-a|}{\sqrt{1+|w|^2}\sqrt{1+|a|^2}}, & a \in \mathbf{C}, \\ \dfrac{1}{\sqrt{1+|w|^2}}, & a = \infty, \end{cases}$$

とおく．これは，リーマン球面上での 2 点間の距離である．次のように定める．

$$\Psi(w) = \sum_{1 \leqq i_1 < \cdots < i_{q-2} \leqq q} \prod_{j=1}^{q-2} \|w - a_{i_j}\|.$$

これは，リーマン球面上の正値連続関数であるから，ある $C > 0$ があって

(1.2.6) $$C^{-1} \leqq \Psi(w) \leqq C.$$

次のように変形する．

$$\Psi(f(z)) = \prod_{i=1}^{q} \|f(z) - a_i\| \times \sum_{1 \leqq i_1 < i_2 \leqq q} \frac{1}{\|f(z) - a_{i_1}\| \cdot \|f(z) - a_{i_2}\|}$$

（つづく）

$$= \frac{1}{\left(\sqrt{1+|f(z)|^2}\right)^{q-2}} \times \frac{1}{|f'(z)|} \prod_{i=1}^{q-1} \frac{|f(z)-a_i|}{\sqrt{1+|a_i|^2}}$$

$$\times \left\{ \sum_{1\leqq i_1<i_2\leqq q-1} \frac{\sqrt{(1+|a_{i_1}|^2)(1+|a_{i_2}|^2)}}{|a_{i_1}-a_{i_2}|} \left| \frac{(f(z)-a_{i_1})'}{f(z)-a_{i_1}} - \frac{(f(z)-a_{i_2})'}{f(z)-a_{i_2}} \right| \right.$$

$$\left. + \sum_{i=1}^{q-1} \sqrt{1+|a_i|^2} \left| \frac{(f(z)-a_i)'}{f(z)-a_i} \right| \right\}.$$

これと (1.2.6) より,

(1.2.7)

$$\left(\sqrt{1+|f(z)|^2}\right)^{q-2} \leqq \frac{C}{|f'(z)|} \prod_{i=1}^{q-1} \frac{|f(z)-a_i|}{\sqrt{1+|a_i|^2}}$$

$$\times \left\{ \sum_{1\leqq i_1<i_2\leqq q-1} \frac{\sqrt{(1+|a_{i_1}|^2)(1+|a_{i_2}|^2)}}{|a_{i_1}-a_{i_2}|} \left| \frac{(f(z)-a_{i_1})'}{f(z)-a_{i_1}} - \frac{(f(z)-a_{i_2})'}{f(z)-a_{i_2}} \right| \right.$$

$$\left. + \sum_{i=1}^{q-1} \sqrt{1+|a_i|^2} \left| \frac{(f(z)-a_i)'}{f(z)-a_i} \right| \right\}.$$

この両辺の log をとり,さらに周平均をとる.イェンゼンの公式 (補題 1.1.5) より,

(1.2.8)

$$\int_{|z|=r} \log\left(\sqrt{1+|f(z)|^2}\right)^{q-2} \frac{d\theta}{2\pi} - \int_{|z|=1} \log\left(\sqrt{1+|f(z)|^2}\right)^{q-2} \frac{d\theta}{2\pi}$$
$$= (q-2)\int_1^r \frac{dt}{t} \int_{\Delta(t)} dd^c \log\left(1+|f(z)|^2\right) - (q-2)N(r,(f)_\infty).$$

次に $\frac{C}{|f'(z)|} \prod_{i=1}^{q-1} \frac{|f(z)-a_i|}{\sqrt{1+|a_i|^2}}$ の $f(b)=\infty(=a_q), a_i$ $(1\leqq i \leqq q-1)$ となる点 b の近傍での展開を調べる.b が f の位数 m の極ならば,b の近傍で零をもたない正則関数 $g(z)$ が存在して,

$$\frac{C}{|f'(z)|} \prod_{i=1}^{q-1} \frac{|f(z)-a_i|}{\sqrt{1+|a_i|^2}} = |z-b|^{1-(q-2)m} \cdot |g(z)|.$$

2. 第二主要定理　17

$f(b) = a_i \ (1 \leqq i \leqq q-1)$ の場合，その位数に関係なく

$$\frac{C}{|f'(z)|} \prod_{i=1}^{q-1} \frac{|f(z)-a_i|}{\sqrt{1+|a_i|^2}} = |z-b| \cdot |g(z)| \qquad (g(b) \neq 0)$$

と表されることが位数の計算から分かる．それら以外に $f'(z)$ の零点が現われる可能性があるので，

$$(1.2.9) \quad \int_{|z|=r} \log \left| \frac{C}{|f'(z)|} \prod_{i=1}^{q-1} \frac{|f(z)-a_i|}{\sqrt{1+|a_i|^2}} \right| \frac{d\theta}{2\pi}$$

$$- \int_{|z|=1} \log \left| \frac{C}{|f'(z)|} \prod_{i=1}^{q-1} \frac{|f(z)-a_i|}{\sqrt{1+|a_i|^2}} \right| \frac{d\theta}{2\pi}$$

$$\leqq \sum_{i=1}^{q} N_1(r, (f-a_i)_0) - (q-2) N(r, (f)_\infty).$$

(1.2.7) の右辺の残りの部分については (1.1.12) を用いて，

(1.2.10)

$$\int_{|z|=r} \log \left| \sum_{1 \leqq i_1 < i_2 \leqq q-1} \frac{\sqrt{(1+|a_{i_1}|^2)(1+|a_{i_2}|^2)}}{|a_{i_1}-a_{i_2}|} \left| \frac{(f(z)-a_{i_1})'}{f(z)-a_{i_1}} - \frac{(f(z)-a_{i_2})'}{f(z)-a_{i_2}} \right| \right.$$

$$\left. + \sum_{i=1}^{q-1} \sqrt{1+|a_i|^2} \left| \frac{(f(z)-a_i)'}{f(z)-a_i} \right| \right| \frac{d\theta}{2\pi}$$

$$= O \left(m\left(r, \frac{f'}{f}\right) + \sum_{i=1}^{q-1} m\left(r, \frac{(f-a_i)'}{f-a_i}\right) \right) + O(1).$$

(1.2.7)〜(1.2.10) と定理 1.1.21 および補題 1.2.2 を使えば，

$$(q-2)T(r,f) \leqq \sum_{i=1}^{q} N_1(r, (f-a_i)_0) + S(r,f). \qquad \text{証了}$$

有理型関数 $f(z)$ の $a \in \hat{\mathbf{C}}$ についての**欠除指数** $\delta(f,a)$ と $\delta_k(f,a), k \geqq 1$ を次のように定義する．

$$\delta(f,a) = 1 - \varlimsup_{r \to \infty} \frac{N(r, (f-a)_0)}{T(r,f)},$$

$$\delta_k(f,a) = 1 - \varlimsup_{r \to \infty} \frac{N_k(r, (f-a)_0)}{T(r,f)}.$$

これらは，次をみたす．

$$0 \leq \delta(f,a) \leq \delta_k(f,a) \leq \delta_1(f,a) \leq 1.$$

1.2.11 [定理]（欠除指数関係式） 非定数有理型関数 $f(z)$ に対し，$\delta(f,a) > 0$ となる $a \in \hat{\mathbf{C}}$ は高々可算個で，

$$\sum_{a \in \hat{\mathbf{C}}} \delta(f,a) \leq \sum_{a \in \hat{\mathbf{C}}} \delta_1(f,a) \leq 2.$$

これは，第二主要定理 1.2.5 から直ちに従う．次のピカールの小定理もすぐに出る．

1.2.12 [系] 非定数有理型関数が除外する（値としない）$a \in \hat{\mathbf{C}}$ は高々 2 個である．

$a \in \hat{\mathbf{C}}$ に対し，$f(z) = a$ となる z の重複度が常に ν_a 以上であるとすると，

$$\begin{aligned}\delta_1(f,a) &= 1 - \varlimsup_{r \to \infty} \frac{N_1(r,(f-a)_0)}{T(r,f)} \\ &\geq 1 - \varlimsup_{r \to \infty} \frac{1}{\nu_a} \frac{N(r,(f-a)_0)}{T(r,f)} \\ &\geq 1 - \frac{1}{\nu_a}.\end{aligned}$$

もし，$f(z)$ が a を除外しているときは，$\nu_a = \infty$ と考えれば上の式は成立している．よって次の定理が従う．

1.2.13 [定理]（分岐定理） 非定数有理型関数 $f(z)$ に対し $\nu_a \geq 2$ となる $a \in \hat{\mathbf{C}}$ は高々 4 個で，

$$\sum_{a \in \hat{\mathbf{C}}} \left(1 - \frac{1}{\nu_a}\right) \leq 2.$$

$\nu_a \geq 2$ ならば $1 - 1/\nu_a \geq 1/2$ であるから，そのような点は高々 4 個しかない．上の分岐定理が，意味ある評価になるのは，$\nu_a \geq 2$ となる点の個数が 3 または 4 の場合である．3 個の場合は，ν_a の組の可能性は $(2,2,2)$, $(2,2,3)$, $(2,3,3)$, $(3,3,3)$ で，4 個の場合は $(2,2,2,2)$ のみとなる．R. Nevanlinna [29] には，これら全ての場合が現れることが例をもって述べられている．

ネヴァンリンナの逆問題とは，欠除関係式の逆を問うもので 1977 年ついに D. ドラージンにより証明された．

1.2.14 [定理] (Drasin [77]) $0 < \delta_j \leq 1$ と $a_j \in \hat{\mathbf{C}}$ ($j = 1, 2, \ldots$) を $\sum \delta_j \leq 2$ がみたされるように任意に与える．そのとき，ある有理型関数 $f(z)$ で，$\delta(f, a_j) = \delta_j, \forall j \geq 1$ （または，$\delta_1(f, a_j) = \delta_j, \forall j \geq 1$）となり，他の $a \notin \{a_j\}$ に対しては $\delta(f, a) = \delta_1(f, a) = 0$ となるものが存在する．

$\delta(f, a) > 0$ となる a をネヴァンリンナ除外値と呼ぶが，これがどのくらい多いかが問題となる．これについては，以下の深い結果がある．

有理型関数 $f(z)$ に対しその下位数 λ_f を次で定める．

$$\lambda_f = \varlimsup_{r \to \infty} \frac{\log T(r, f)}{\log r}.$$

1.2.15 [定理] 下位数有限な有理型関数 $f(z)$ に対し次が成立する．

(i) (Hayman [64], Weitsman [72]) $\alpha \geq 1/3$ ならば，常に $\sum \delta(f, a)^\alpha < \infty$．
(ii) (Hayman [64]) $0 \leq \alpha < 1/3$ に対しては，$\sum \delta(f, a)^\alpha = \infty$ となる $\mathbf{C}$ 上の有理型関数 $f(z)$ がある．

第二主要定理は，有理型関数の研究には大変強力で，例えば有理型関数に対し $\hat{\mathbf{C}}$ 上の相異なる 5 点の逆像を集合的にそれぞれ決めれば $f(z)$ は一意的に決まるという，一致の定理や，3 点の逆像をそれぞれ決めれば $f(z)$ は有限個の可能性しかなくなるという有限性定理等が導き出される．これらについては，Cartan [28], R. Nevanlinna [29] 等を参照．一変数の場合の一致の定理については非常に多くの論文が出されている．

さて第二主要定理 1.2.5 の証明であるが，F. ネヴァンリンナ (F. Nevanlinna [27]) (R. ネヴァンリンナの兄) は $\mathbf{P}^1(\mathbf{C}) \setminus \{a_i\}_{i=1}^q$ に定曲率 -1 の双曲計量 (普遍被覆のポアンカレ計量から誘導される計量) をとり，その a_i での特異性を計算することにより定理 1.2.5 を導いている．この証明は，グリフィスらの証明 (Carlson-Griffiths [72], Griffiths-King [73]) に近い．元々の R. ネヴァンリンナの発想は，ピカールの定理の一意化定理（モジュラー関数）によらない初等的証明法を求めることから始まった．F. ネヴァンリンナによる定

曲率 -1 の計量を構成する方法は，一意化定理を用いるので初等的とはいえない．しかし，グリフィスらが高次元で第二主要定理を得るときに F. ネヴァンリンナの方法を意識していたかどうか分からないが似た方法になっていることは，必然的な思考の流れなのであろう．そして，本書で与えるグリフィスらの第二主要定理の証明法が，グリフィスらの計量を用いるものでなく R. ネヴァンリンナのものに近い初等的なものであるのも時の流れの妙なのかもしれない．

第一主要定理

多変数関数論における値分布論の草分けは W. シュトルによりなされ，多くの貢献がなされた (Stoll [53a] [53b] [54])．その記述の仕方は今の言葉からは分かりやすいものとは必ずしもいえないが，特異点をもつ解析的部分集合上の積分論やストークスの定理の拡張から始めねばならなかったその貢献はもっと認知されてよいものがある．1960 年代は第一主要定理についての研究が大いになされた．これらは，W. シュトルによりまとめられた (Stoll [70] およびその序文・文献を参照)．特性類との関係を初めて前面に出したのはボット・チャーン (Bott-Chern [65]) の論文である[1]．この章では，もっとも分かりやすいと思われるカールソン・グリフィス・キング (Carlson-Griffiths [72], Griffiths-King [73]) に沿った記述をする．

1. 多重劣調和関数

(イ) 一変数の場合

まず劣調和関数の性質について述べる．U を $\mathbf{C}$ の開集合とし，関数 $\varphi: U \to [-\infty, \infty)$ を考える．

2.1.1 [定義] φ が**劣調和関数**であるとは，φ が上半連続で，劣平均値性をもつことである．すなわち，

(i) (上半連続性) $\overline{\lim_{z \to a}} \varphi(z) \leqq \varphi(a), \quad \forall a \in U.$
(ii) (劣平均値性) 任意の円板 $\Delta(a; r) \Subset U$ に対し，
$$\varphi(a) \leqq \frac{1}{2\pi} \int_0^{2\pi} \varphi(a + re^{i\theta}) d\theta.$$

---

[1] チャーン撰集 (Chern [78]) の正則写像に関係する論文は興味深いものが多い．

2.1.2 [注意] (i) $\varphi : U \to [-\infty, \infty)$ が上半連続ならば，任意のコンパクト集合 $K \subset U$ 上 φ は上方有界である．

(ii) $\varphi : U \to [-\infty, \infty)$ が上半連続であるために，任意の $c \in \mathbf{R}$ に対し $\{z \in U; \varphi(z) < c\}$ が開集合であることは，必要十分条件である．

(iii) $\varphi : U \to [-\infty, \infty)$ が上半連続であることと次は同値である：単調減少連続関数列 $\psi_\nu : U \to \mathbf{R}, \nu = 1, 2, \ldots$ があって，各点 $z \in U$ で $\lim_{\nu \to \infty} \psi_\nu(z) = \varphi(z)$ が成立する．

(iv) 上の定義 2.1.1 (ii) より次が直ちに従う．

$$(2.1.3) \quad \varphi(a) \leqq \frac{1}{\pi r^2} \int_0^r t dt \int_0^{2\pi} \varphi(a + te^{i\theta}) d\theta$$
$$= \frac{1}{r^2} \int_{|\zeta|<r} \varphi(a+\zeta) \frac{i}{2\pi} d\zeta \wedge d\bar{\zeta} < \infty.$$

2.1.4 [定理] (i) φ は U 上の劣調和関数であるとする．$a \in U$ で $\varphi(a) > -\infty$ ならば，a を含む U の連結成分 U' 上 φ は局所可積分関数である

(ii) φ を U 上の劣調和関数とする．もしある $a \in U$ で φ が最大値をとるならば，a を含む U の連結成分 U' 上 φ は定数関数である．

(iii) $\varphi \in C^2(U)$ ならば，φ が劣調和であるために，$dd^c\varphi = (i/2\pi)\partial\bar{\partial}\varphi \geqq 0$ は必要十分条件である．

(iv) $\varphi : U \to [-\infty, \infty)$ を劣調和関数，λ を $\mathbf{R}$ 上で定義されている単調増加凸関数とする．このとき，$\lambda \circ \varphi$ は劣調和関数である．ただし，$\lambda(-\infty) = \lim_{t \to -\infty} \lambda(t)$ とする．

(v) $\varphi_\nu : U \to [-\infty, \infty), \nu = 1, 2, \ldots$ を劣調和関数列で，単調減少とする．すると，極限関数 $\varphi(z) = \lim_{\nu \to \infty} \varphi_\nu(z)$ は劣調和である．

(vi) 有限個の劣調和関数 $\varphi_\nu : U \to [-\infty, \infty), 1 \leqq \nu \leqq l$ に対し，$\varphi(z) = \max_{1 \leqq \nu \leqq l} \varphi_\nu(z)$ も劣調和である．

証明 (i) U は連結と仮定して一般性を失わない．もし $\varphi(a) > -\infty$ ならば (2.1.3) より任意の U 内相対コンパクトな円板 $\Delta(a; r)$ 上 φ は可積分であることに注意する．$\varphi(a) > -\infty$ となる点 $a \in U$ があると仮定する．$z \in U$ にある近傍 W が存在して制限 $\varphi|_W$ が可積分であるような z の全体を U_0 とする．明らかに U_0 は，非空開集合である．U_0 が U 内で閉集合であることを示そう．$a \in U$ が U_0 の集積点であるとする．a に収束する点列 $z_\nu \in U_0, \nu = 1, 2, \ldots$

をとる. $\varphi(z_\nu) > -\infty, \nu = 1, 2, \ldots$ としてよい. ある $r > 0$ と十分大きな ν が存在して, $a \in \Delta(z_\nu; r) \Subset U$ が成立する. 初めに注意したことから, $\varphi|_{\Delta(z_\nu;r)}$ は可積分である. 従って, $a \in U_0$. U_0 は U 内で開かつ閉である. U は連結であるから, $U_0 = U$.

(ii) U は連結で, $\varphi(a)$ は最大値であるとする. (2.1.3) より任意の $\Delta(a;r) \Subset U$ に対し

$$(2.1.5) \qquad \int_{\Delta(a;r)} \{\varphi(\zeta) - \varphi(a)\} \frac{i}{2\pi} d\zeta \wedge d\bar{\zeta} = 0$$

$\varphi(\zeta) - \varphi(a) \leqq 0$ である. もし, 一点 $b \in \Delta(a;r)$ で $\varphi(b) - \varphi(a) = \delta_0 < 0$ とすると, φ の上半連続性より, b の近傍で $\varphi(\zeta) - \varphi(a) < \frac{\delta_0}{2}$. すると, (2.1.5) が成立しない. 従って, $\varphi|_{\Delta(a;r)} \equiv \varphi(a)$. $z \in U$ にある近傍 W が存在して $\varphi|_W \equiv \varphi(a)$ が成立するような z の全体を U_1 とする. 前の (i) と同様な議論で U_1 は U 内開かつ閉であることが分かる. よって, $U_1 = U$ が成立する.

(iii) 各点 $a \in U$ の近傍で φ を 2 次まで展開すると,

$$\varphi(a + \epsilon e^{i\theta}) = \varphi(a) + \frac{\partial \varphi}{\partial z}(a)\epsilon e^{i\theta} + \frac{\partial \varphi}{\partial \bar{z}}(a)\epsilon e^{-i\theta}$$
$$+ \epsilon^2 \left(\frac{\partial^2 \varphi}{\partial z^2}(a)e^{2i\theta} + 2\frac{\partial^2 \varphi}{\partial z \partial \bar{z}}(a) + \frac{\partial^2 \varphi}{\partial \bar{z}^2}(a)e^{-2i\theta} \right)(1 + o(1)).$$

θ について積分して平均値をとると,

$$\frac{1}{2\pi} \int_0^{2\pi} \varphi(a + \epsilon e^{i\theta}) d\theta = \varphi(a) + \epsilon^2 (1 + o(1)) 2 \frac{\partial^2 \varphi}{\partial z \partial \bar{z}}(a).$$

劣平均値性より, $\frac{\partial^2 \varphi}{\partial z \partial \bar{z}}(a) \geqq 0$ を得る.

逆に, $\frac{\partial^2 \varphi}{\partial z \partial \bar{z}} \geqq 0$ であるとする.

$$d(a; \partial U) = \inf\{|a - w|; w \in \partial U\}$$

とおく. 補題 1.1.5 より各点 $a \in U$ のまわりで, 任意の $0 < s < r < d(a; \partial U)$ に対し

$$(2.1.6) \qquad \frac{1}{2\pi} \int_{|\zeta|=s} \varphi(a + \zeta) d\theta \leqq \frac{1}{2\pi} \int_{|\zeta|=r} \varphi(a + \zeta) d\theta.$$

$s \searrow 0$ とすると,

$$\varphi(a) \leqq \frac{1}{2\pi} \int_{|\zeta|=r} \varphi(a + \zeta) d\theta.$$

(iv) λ は連続関数になる．後は，λ が単調増加であることと凸性より直ちにでる．

(v) φ が上半連続であることは，仮定よりすぐに分かる．上半連続関数は相対コンパクト集合上で上方有界である．従って，φ_ν は相対コンパクト集合上で一様上方有界である．任意の円板 $\Delta(a;r) \Subset U$ をとり，積分論でのファツーの補題を用いて計算すると，

$$\varphi(a) = \lim_{\nu \to \infty} \varphi_\nu(a) \leq \varlimsup_{\nu \to \infty} \frac{1}{2\pi} \int_0^{2\pi} \varphi_\nu(a + re^{i\theta}) d\theta$$
$$\leq \frac{1}{2\pi} \int_0^{2\pi} \varlimsup_{\nu \to \infty} \varphi_\nu(a + re^{i\theta}) d\theta = \frac{1}{2\pi} \int_0^{2\pi} \varphi(a + re^{i\theta}) d\theta.$$

(vi) 上半連続性，劣平均値性ともに定義より明らかである． **証了**

2.1.7 [例] 正則関数 $f : U \to \mathbf{C}$ に対し，$\log|f|, |f|^c, c > 0$ はともに劣調和である．

なぜならば，直接偏微分計算をすることにより，$\log(|f|^2 + C), C > 0$ が劣調和であることが簡単に確かめられる．$C = 1/\nu, \nu = 1, 2, \ldots$ とおき，極限をとれば，定理 2.1.4 (v) より $\log|f|^2 = 2\log|f|$ が劣調和となるから，$\log|f|$ は劣調和である．指数関数 $e^{ct}, t \in \mathbf{R}$ は単調増加凸関数であるから，定理 2.1.4 (iv) より，$|f|^c$ が劣調和であることが分かる．

$\chi \in C_0^\infty(\mathbf{C})$ を $\mathrm{Supp}\,\chi \subset \Delta(1), \chi(z) = \chi(|z|) \geqq 0$ かつ

$$\int \chi(z) \frac{i}{2} dz \wedge d\bar{z} = 1$$

ととる．$\chi_\epsilon(z) = \chi(\epsilon^{-1}z)\epsilon^{-2}, \epsilon > 0$ とおくと，

$$\int \chi_\epsilon(z) \frac{i}{2} dz \wedge d\bar{z} = 1.$$

U 上の劣調和関数 φ で U の各連結成分上 $\varphi \not\equiv -\infty$ であるものを考える．

$$U_\epsilon = \{z \in U; d(z; \partial U) > \epsilon\}$$

とおく．φ の**滑性化** $\varphi_\epsilon(z), z \in U_\epsilon$ を次で定義する．

(2.1.8) $$\varphi_\epsilon(z) = \varphi * \chi_\epsilon(z) = \int_{\mathbf{C}} \varphi(w) \chi_\epsilon(w - z) \frac{i}{2} dw \wedge d\bar{w}$$

(つづく)

$$= \int_{\mathbf{C}} \varphi(z+w) \chi_\epsilon(w) \frac{i}{2} dw \wedge d\bar{w}$$
$$= \int_0^1 \chi(t) t dt \int_0^{2\pi} \varphi(z + \epsilon t e^{i\theta}) d\theta$$
$$\geqq \varphi(z) \int_0^1 2\pi \chi(t) t dt = \varphi(z).$$

$\varphi_\epsilon(z)$ は U_ϵ 上 C^∞ で，劣調和関数であることが分かる．従って定理 2.1.4 により，
$$\frac{\partial^2}{\partial z \partial \bar{z}} \varphi_\epsilon(z) \geqq 0.$$
$\epsilon_1 > \epsilon_2 > 0, \delta > 0$ をとり二重滑性化 $(\varphi_\delta)_{\epsilon_i} = (\varphi_{\epsilon_i})_\delta, i = 1, 2$ を考える．φ_δ も C^∞ で劣調和である．従って (2.1.6) が適用できる．それと (2.1.8) を $\varphi = \varphi_\delta$ として適用した式より $(\varphi_\delta)_{\epsilon_1} \geqq (\varphi_\delta)_{\epsilon_2}$. 従って，$(\varphi_{\epsilon_1})_\delta \geqq (\varphi_{\epsilon_2})_\delta$. $\delta \to 0$ として，$\varphi_{\epsilon_1} \geqq \varphi_{\epsilon_2}$. 従って，$\epsilon \searrow 0$ とするとき $\varphi_\epsilon(z)$ は単調減少する．(2.1.8) より
$$\varphi(z) \leqq \lim_{\epsilon \to 0} \varphi_\epsilon(z).$$
ここで等号を示す．上半連続性を用いる．

$\varphi(z) = -\infty$ の場合，任意の $K < 0$ に対し円板近傍 $\Delta(z; r) \subset U$ が存在して $\varphi|_{\Delta(z;r)} < K$. (2.1.8) の定義から，$\epsilon < r$ に対し $\varphi_\epsilon(z) < K$. 従って，$\lim_{\epsilon \to 0} \varphi_\epsilon(z) = -\infty$.

$\varphi(z) > -\infty$ の場合，任意の $\epsilon' > 0$ に対し円板近傍 $\Delta(z; r) \subset U$ が存在して $\varphi|_{\Delta(z;r)} < \varphi(z) + \epsilon'$. 上と同様の理由により，$\epsilon < r$ に対し $\varphi_\epsilon(z) < \varphi(z) + \epsilon'$. 従って，$\lim_{\epsilon \to 0} \varphi_\epsilon(z) = \varphi(z)$.

$\varphi_\epsilon(z) \searrow \varphi(z)$ $(\epsilon \searrow 0)$ と収束することが分かった．$\eta \in C_0^\infty(U)$ に対し
$$\int \eta(z) dd^c \varphi_\epsilon(z) = \int \varphi_\epsilon(z) dd^c \eta(z).$$
特に $\eta \geqq 0$ ならば，この積分も非負である．$\epsilon \searrow 0$ とするとき，$dd^c[\varphi] = \frac{i}{2\pi} \frac{\partial^2}{\partial z \partial \bar{z}}[\varphi] dz \wedge d\bar{z}$ をシュヴァルツの超関数の意味の微分と捉えれば，
$$\int \eta(z) dd^c[\varphi(z)] = \int \varphi(z) dd^c \eta(z) \geqq 0, \qquad \eta \geqq 0.$$
従って，$dd^c[\varphi]$ は正値ラドン測度を定義する．また，$dd^c[\varphi]$ はラドン測度を係数とする微分型式とも考えることができる．

C^∞ 劣調和関数 φ_ϵ に (2.1.6) を適用する．$\Delta(a; r) \Subset U$, $0 < s < r$ と十分

小さな $\epsilon > 0$ に対し

$$\frac{1}{2\pi}\int_{|\zeta|=s}\varphi_\epsilon(a+\zeta)d\theta \leqq \frac{1}{2\pi}\int_{|\zeta|=r}\varphi_\epsilon(a+\zeta)d\theta.$$

$\epsilon \searrow 0$ とするとき，ルベーグの単調収束定理より

(2.1.9) $$\frac{1}{2\pi}\int_{|\zeta|=s}\varphi(a+\zeta)d\theta \leqq \frac{1}{2\pi}\int_{|\zeta|=r}\varphi(a+\zeta)d\theta.$$

定理 2.1.4 (i) より，φ は U 上で局所可積分である．(2.1.3) の等式とフビニの定理により，ルベーグ測度に関しほとんど全ての $s \in (0,r)$ に対して

(2.1.10) $$\frac{1}{2\pi}\int_{|\zeta|=s}\varphi(a+\zeta)d\theta > -\infty.$$

このことと (2.1.9) より，任意の $s \in (0,r]$ に対し (2.1.10) が成立する．

以上をまとめて次を得る．

2.1.11 [定理] $\varphi : U \to [-\infty,\infty)$ を U の各連結成分上 $\varphi \not\equiv -\infty$ である劣調和関数とする．

(i) $dd^c[\varphi]$ は正値ラドン測度である．
(ii) 滑性化 $\varphi_\epsilon(z)$ は劣調和で，$\epsilon \searrow 0$ とするとき単調減少して $\varphi(z)$ に収束する．
(iii) 任意の $\Delta(a;r) \Subset U$ と任意の $s \in (0,r)$ に対し

$$-\infty < \frac{1}{2\pi}\int_{|\zeta|=s}\varphi(a+\zeta)d\theta \leqq \frac{1}{2\pi}\int_{|\zeta|=r}\varphi(a+\zeta)d\theta < \infty.$$

2.1.12 [定理] (i) 劣調和性は，局所的性質である．すなわち，関数 $\varphi : U \to [-\infty,\infty)$ が任意の点 $a \in U$ のある開近傍上で劣調和ならば，φ は U 上劣調和である．

(ii) 上半連続関数 $\varphi : U \to [-\infty,\infty)$ が任意の $\Delta(a;r) \subset U$ に対し

$$\varphi(a) \leqq \frac{1}{r^2}\int_{\Delta(a;r)}\varphi(z)\frac{i}{2\pi}dz \wedge d\bar{z}$$

をみたすならば，劣調和である．

証明 (i) 滑性化 $\varphi_\epsilon(z)$ を考える．$\Delta(z;r) \subset U$ 上 φ が劣調和ならば，$\Delta(z;r/2)$ 上 φ_ϵ, $0 < \epsilon < r/2$ は劣調和である．従って，$dd^c\varphi_\epsilon(z) \geqq 0$. 定理 2.1.4 (iii) より，$\varphi_\epsilon(z)$ は U_ϵ 上劣調和である．

定義 2.1.1 (ii) を示すのには，任意の U_δ ($\delta > 0$) を止め，その上で φ が劣調和であることを示せば十分である．$\delta > \epsilon \searrow 0$ とすると U_δ 上単調に $\varphi_\epsilon(z) \searrow \varphi(z)$ と収束するので定理 2.1.4 (v) により φ は U_δ 上劣調和である．

(ii) 初め φ を C^2 級とする．定理 2.1.4 (iii) の証明と同様の計算から，
$$\int_0^\epsilon t dt \frac{1}{2\pi} \int_0^{2\pi} \varphi(a + te^{i\theta}) d\theta = \int_0^\epsilon \left(t\varphi(a) + t^3(1+o(1)) 2 \frac{\partial^2 \varphi}{\partial z \partial \bar z}(a) \right) dt.$$
これより
$$\frac{1}{\epsilon^2} \int_{\Delta(\epsilon)} \varphi(a+\zeta) \frac{i}{2\pi} d\zeta \wedge d\bar\zeta = \varphi(a) + \epsilon^2(1+o(1)) \frac{\partial^2 \varphi}{\partial z \partial \bar z}(a) dt.$$
これと仮定より，$\frac{\partial^2 \varphi}{\partial z \partial \bar z}(a) \geqq 0$. よって $\varphi(z)$ は劣調和関数である．

次に一般の場合を考えるが，U は連結として一般性を失わない．$\varphi \not\equiv -\infty$ としてよい．定理 2.1.4 (i) の証明より，φ は U 上局所可積分である．滑性化 $\varphi_\epsilon(z)$ $z \in U_\epsilon$ をとる．$\epsilon \to 0$ とするとき，これがある意味で $\varphi(z)$ に収束することを示したい．そのために，$\varphi(z)$ は上半連続関数であるから注意 2.1.2 (iii) より単調減少連続関数列 $\psi_\nu(z), \nu = 1, 2, \ldots$ があって，
$$\lim_{\nu \to \infty} \psi_\nu(z) = \varphi(z), \qquad z \in U.$$
任意のコンパクト集合 $K \subset U$ をとる．次の収束を示そう．

(2.1.13) $$\lim_{\epsilon \to 0} \int_K |\varphi_\epsilon(z) - \varphi(z)| \frac{i}{2\pi} dz \wedge d\bar z = 0.$$

そのために，開集合 $W \Subset U \ni W \ni K$ ととる．
$$d(K, \partial W) = \inf\{d(z, \partial W); z \in K\}$$
とおき，
$$\delta_0 = \min\{d(K, \partial W), d(\bar W, \partial U)\} > 0$$
とおく．任意に $\epsilon' > 0$ をとる．ルベーグの単調収束定理により，ある番号 ν_0 があって，$\|w\| < \delta_0$ に対し

(2.1.14) $$0 \leqq \int_K (\psi_{\nu_0}(z+w) - \varphi(z+w)) \frac{i}{2\pi} dz \wedge d\bar z$$

(つづく)

$$\leqq \int_{\bar{W}} (\psi_{\nu_0}(z) - \varphi(z)) \frac{i}{2\pi} dz \wedge d\bar{z} < \epsilon'.$$

$0 < \epsilon < \delta_0$ とすると，$(\psi_{\nu_0})_\epsilon(z) \geqq \varphi_\epsilon(z) \ (z \in \bar{W})$ が成り立ち，

(2.1.15)
$$0 \leqq \int_K ((\psi_{\nu_0})_\epsilon(z) - \varphi_\epsilon(z)) \frac{i}{2\pi} dz \wedge d\bar{z}$$
$$= \int_{z \in K} \left(\int_{w \in \mathbf{C}^m} ((\psi_{\nu_0})(z+w) - \varphi(z+w)) \chi_\epsilon(w) \frac{i}{2\pi} dw \wedge d\bar{w} \right) \frac{i}{2\pi} dz \wedge d\bar{z}$$
$$= \int_{w \in \mathbf{C}^m} \left(\int_{z \in K} ((\psi_{\nu_0})(z+w) - \varphi(z+w)) \frac{i}{2\pi} dz \wedge d\bar{z} \right) \chi_\epsilon(w) \frac{i}{2\pi} dw \wedge d\bar{w}$$
$$\leqq \epsilon'.$$

ψ_{ν_0} は $\bar{W}$ 上一様連続であるから，$\epsilon \to 0$ とするとき K 上一様に $(\psi_{\nu_0})_\epsilon$ は ψ_{ν_0} を近似する．従って，ある $0 < \epsilon_0 < \delta_0$ が存在して，任意の $0 < \epsilon < \epsilon_0$ に対し

(2.1.16)
$$\int_K |(\psi_{\nu_0})_\epsilon(z) - \psi_{\nu_0}(z)| \frac{i}{2\pi} dz \wedge d\bar{z} < \epsilon'.$$

(2.1.14)〜(2.1.16) から任意の $0 < \epsilon < \epsilon_0$ に対し

$$\int_K |\varphi_\epsilon - \varphi| \frac{i}{2\pi} dz \wedge d\bar{z} \leqq \int_K ((\psi_{\nu_0})_\epsilon - \varphi_\epsilon) \frac{i}{2\pi} dz \wedge d\bar{z}$$
$$+ \int_K |(\psi_{\nu_0})_\epsilon - \psi_{\nu_0}| \frac{i}{2\pi} dz \wedge d\bar{z} + \int_K (\psi_{\nu_0} - \varphi) \frac{i}{2\pi} dz \wedge d\bar{z}$$
$$< 3\epsilon'.$$

よって (2.1.13) が分かった．

仮定とフビニの定理から，$\Delta(z; r) \subset U_\delta$ ならば

$$\varphi_\delta(z) \leqq \frac{1}{r^2} \int_{\Delta(r)} \varphi_\delta(z+\zeta) \frac{i}{2\pi} d\zeta \wedge d\bar{\zeta}.$$

従って，φ_δ は U_δ 上劣調和である．$\delta > \epsilon_1 > \epsilon_2 > 0$ を任意にとる．$z \in U_{\delta+\epsilon_1}$ に対し，

$$(\varphi_{\epsilon_1})_\delta(z) = (\varphi_\delta)_{\epsilon_1}(z) \geqq (\varphi_\delta)_{\epsilon_2}(z) = (\varphi_{\epsilon_2})_\delta(z).$$

$\delta \to 0$ として，$\varphi_{\epsilon_1}(z) \geqq \varphi_{\epsilon_2}(z)$．$\psi(z) = \lim_{\epsilon \to 0} \varphi_\epsilon(z)$ とおく．ψ は単調減少劣調和関数列の極限であるから劣調和である．上半連続性より任意の $z \in U$ と

任意の $\epsilon' > 0$ に対し近傍 $\Delta(z;r) \subset U$ があって,
$$\varphi(\zeta) < \varphi(z) + \epsilon', \qquad \zeta \in \Delta(z;r).$$
これより $0 < \epsilon < r$ に対し $\varphi_\epsilon(z) \leqq \varphi(z) + \epsilon'$. よって,
$$\varphi(z) - \psi(z) \geqq 0, \qquad z \in U.$$
これと (2.1.13) より, 任意のコンパクト集合 $K \subset U$ に対し
$$\begin{aligned}
0 &\leqq \int_K (\varphi(z) - \psi(z)) \frac{i}{2\pi} dz \wedge d\bar{z} \\
&= \lim_{\epsilon \to 0} \int_K (\varphi(z) - \varphi_\epsilon(z)) \frac{i}{2\pi} dz \wedge d\bar{z} \\
&\leqq \lim_{\epsilon \to 0} \int_K |\varphi(z) - \varphi_\epsilon(z)| \frac{i}{2\pi} dz \wedge d\bar{z} = 0.
\end{aligned}$$
従って, ルベーグ測度に関しほとんど全ての $z \in U$ に対し $\psi(z) = \varphi(z)$. 任意の $\Delta(a;r) \subset U$ に対し
$$\begin{aligned}
\varphi(a) &\leqq \frac{1}{r^2} \int_{\Delta(a;r)} \varphi(z) \frac{i}{2\pi} dz \wedge d\bar{z} \\
&= \frac{1}{r^2} \int_{\Delta(a;r)} \psi(z) \frac{i}{2\pi} dz \wedge d\bar{z} \\
&\to \psi(a) \qquad (r \to 0).
\end{aligned}$$
これより, $\varphi(a) \leqq \psi(a)$ となり, $\psi = \varphi$ が分かった. 従って, φ は劣調和である. 　　　　　　　　　　　　　　　　　　　　　　　　　　　　　　　証了

(ロ)　多変数の場合

多変数の場合を考える. 改めて $U \subset \mathbf{C}^m$ を開集合とし, $z = (z_1, \ldots, z_m)$ を $\mathbf{C}^m$ の標準的座標とする. 通常のように,
$$\|z\| = \sqrt{\sum |z_j|^2},$$
$$d(z; \partial U) = \inf\{\|z - w\|; w \in \partial U\}, \qquad z \in U,$$
$$U_\epsilon = \{z \in U; d(z; \partial U) > \epsilon\}, \qquad \epsilon > 0,$$

とおく.

$z_j = x_j + iy_j$ $(1 \leq j \leq m)$ とする. (1.1.1) でのように, 次の微分作用素を定義する.

(2.1.17) $\quad \dfrac{\partial \varphi}{\partial z_j} = \dfrac{1}{2}\left(\dfrac{\partial \varphi}{\partial x_j} + \dfrac{1}{i}\dfrac{\partial \varphi}{\partial y_j}\right), \quad \dfrac{\partial \varphi}{\partial \bar{z}_j} = \dfrac{1}{2}\left(\dfrac{\partial \varphi}{\partial x_j} - \dfrac{1}{i}\dfrac{\partial \varphi}{\partial y_j}\right),$

$\qquad\qquad dz_j = dx_j + idy_j, \qquad\qquad d\bar{z}_j = dx_j - idy_j,$

$\qquad\qquad \partial \varphi = \displaystyle\sum_{j=1}^{m} \dfrac{\partial \varphi}{\partial z_j} dz_j, \qquad\qquad \bar{\partial} \varphi = \sum_{j=1}^{m} \dfrac{\partial \varphi}{\partial \bar{z}_j} d\bar{z}_j,$

$\qquad\qquad d^c \varphi = \dfrac{i}{4\pi}(\bar{\partial}\varphi - \partial\varphi) = \dfrac{1}{4\pi}\displaystyle\sum_{j=1}^{m}\left(\dfrac{\partial \varphi}{\partial x_j} dy_j - \dfrac{\partial \varphi}{\partial y_j} dx_j\right).$

以上の記号のもとで次が成立する.

$$d\varphi = \partial\varphi + \bar{\partial}\varphi, \qquad dd^c\varphi = \dfrac{i}{2\pi}\partial\bar{\partial}\varphi,$$

$$\partial\bar{\partial}\varphi = \sum_{j,k=1}^{m} \dfrac{\partial^2 \varphi}{\partial z_j \partial \bar{z}_k} dz_j \wedge d\bar{z}_k.$$

さらに, 次の記号を導入する.

(2.1.18) $\quad B(a; r) = \{z \in \mathbf{C}^m; \|z - a\| < r\}, \qquad a \in \mathbf{C}^m, r > 0,$

$\qquad\qquad B(r) = B(0; r),$

$\qquad\qquad \alpha = dd^c \|z\|^2, \quad \beta = dd^c \log \|z\|^2,$

$\qquad\qquad \gamma = d^c \log \|z\|^2 \wedge \beta^{m-1}.$

球面 $\{\|z\| = r\}$ の $\mathbf{C}^m$ への包含写像 $\iota: \{\|z\| = r\} \hookrightarrow \mathbf{C}^m$ で $\mathbf{C}^m$ 上の微分型式を ι で引き戻した微分形式を $\{\|z\| = r\}$ 上に**誘導**された微分型式と呼ぶことにする. 今の場合, $\iota^*(d\|z\|^2) = 0$ であるから, $\{\|z\| = r\}$ 上に誘導された微分型式として, $d\|z\|^2 = \partial\|z\|^2 + \bar{\partial}\|z\|^2 = 0$. これより $\{\|z\| = r\}$ 上に誘導された微分型式として

$$\partial\|z\|^2 \wedge \bar{\partial}\|z\|^2 = 0.$$

よって, α と β を球面 $\{\|z\| = t\}$ 上に誘導すると,

(2.1.19) $\qquad\qquad\qquad \beta = \dfrac{1}{t^2}\alpha.$

以上の記号のもとで次が成立する.

$$\int_{B(r)} \alpha^m = r^{2m},$$

$$\int_{\|z\|=r} \gamma = 1.$$

2.1.20 [定義] 関数 $\varphi : U \to [-\infty, \infty)$ が**多重劣調和**であるとは次の条件が成立することである.

(i) φ は上半連続である.
(ii) 任意の $z \in U$ と任意の $v \in \mathbf{C}^m$ に対し,関数

$$\zeta \in \mathbf{C} \to \varphi(z + \zeta v) \in [-\infty, \infty)$$

が定義されている開集合上で劣調和である.

例 2.1.7 より,次の例を得る.

2.1.21 [例] 正則関数 $f : U \to \mathbf{C}$ に対し,$\log|f|, |f|^c, c > 0$ は共に多重劣調和である.

φ を U 上の多重劣調和関数とし,$B(a; r) \Subset U$ とする.α が変換 $z \to e^{i\vartheta}z$ ($\vartheta \in [0, 2\pi]$) に関して不変であることを使うと,定義 2.1.1 (ii) より,

$$\begin{aligned}
\int_{B(r)} \varphi(a+z)\alpha^m &= \int_{B(r)} \varphi(a + e^{i\vartheta}z)\alpha^m \\
&= \frac{1}{2\pi} \int_0^{2\pi} d\theta \int_{B(r)} \varphi(a + e^{i\theta}z)\alpha^m \\
&= \int_{z \in B(r)} \left(\frac{1}{2\pi} \int_0^{2\pi} \varphi(a + e^{i\theta}z) d\theta \right) \alpha^m \\
&\geq \int_{B(r)} \varphi(a)\alpha^m = r^{2m}\varphi(a).
\end{aligned}$$

従って,(2.1.3) と同様の次の式が示された.

$$(2.1.22) \qquad \begin{aligned} \varphi(a) &\leq \frac{1}{r^{2m}} \int_0^r 2mt^{2m-1} dt \int_{\|z\|=t} \varphi(a+z)\gamma(z) \\ &= \frac{1}{r^{2m}} \int_{B(a;r)} \varphi(z)\alpha^m \qquad (B(a;r) \Subset U). \end{aligned}$$

これは，φ が $\mathbf{C}^m \cong \mathbf{R}^{2m}$ とみたときに，$\mathbf{R}^{2m}$ の領域 U 上の**劣調和関数**[2]であることを意味する．

φ が C^2 級のとき，
$$dd^c\varphi = \sum_{1 \leqq j,k \leqq m} \frac{\partial^2 \varphi}{\partial z_j \partial \bar{z}_k} \frac{i}{2\pi} dz_j \wedge d\bar{z}_k.$$

$dd^c\varphi \geqq 0$ とはエルミート行列 $\left(\frac{\partial^2 \varphi}{\partial z_j \partial \bar{z}_k}\right)$ が半正値であることとする．

以上と，定理 2.1.4 の証明と同様の議論より次が従う．

2.1.23 [定理]　(i) 多重劣調和関数は，$\mathbf{C}^m \cong \mathbf{R}^{2m}$ とみて劣調和関数である．

(ii) φ が U 上の多重劣調和関数で，ある $a \in U$ で $\varphi(a) > -\infty$ ならば，a を含む U の連結成分 U' 上 φ は局所可積分関数である

(iii) φ を U 上の多重劣調和関数とする．もしある $a \in U$ で φ が最大値をとるならば，a を含む U の連結成分 U' 上 φ は定数関数である．

(iv) C^2 級の φ に対し，多重劣調和であることと $dd^c\varphi \geqq 0$ は同値である．

(v) $\varphi : U \to [-\infty, \infty)$ を多重劣調和関数，λ を $\mathbf{R}$ 上で定義されている単調増加凸関数とする．このとき，$\lambda \circ \varphi$ は多重劣調和関数である．ただし，$\lambda(-\infty) = \lim_{t \to -\infty} \lambda(t)$ とする．

(vi) $\varphi_\nu : U \to [-\infty, \infty), \nu = 1, 2, \ldots$ を多重劣調和関数列で，単調減少とする．すると，極限関数 $\varphi(z) = \lim_{\nu \to \infty} \varphi_\nu(z)$ は多重劣調和である．

(vii) 有限個の多重劣調和関数 $\varphi_\nu : U \to [-\infty, \infty), 1 \leqq \nu \leqq l$ に対し，$\varphi(z) = \max_{1 \leqq \nu \leqq l} \varphi_\mu(z)$ も多重劣調和である．

ここで，カレントの概念について必要とする場合に限って簡単に説明する（節末の補足を参照）．一般にシュヴァルツの超関数を係数にもつ微分形式を**カレント**と呼ぶ．我々が必要とする $(1,1)$ 型に限って述べる．定義域も $\mathbf{C}^m$ の開集合 U とする．U 上の実数値ラドン測度 μ', μ'' を用いて表される複素数値測度 $\mu = \mu' + i\mu''$ を**複素（数値）ラドン測度**と呼ぶ．その複素共役を $\bar{\mu} = \mu' - i\mu''$ と定義する．複素ラドン測度 $T_{j\bar{k}}, 1 \leqq j, k \leqq m$ を係数とする $(1,1)$ 型カレン

---
[2] 一般に $\mathbf{R}^n$ の開集合 W 上の関数 $\psi : W \to [-\infty, \infty)$ が劣調和関数であるとは，ψ が上半連続で，(2.1.22) の意味での劣平均値性をみたすことである．

ト $T = \sum T_{j\bar{k}} \frac{i}{2} dz_j \wedge d\bar{z}_k$ を考える．T の複素共役は，

$$\bar{T} = \sum \bar{T}_{j\bar{k}} \frac{-i}{2} d\bar{z}_j \wedge dz_k = \sum \bar{T}_{j\bar{k}} \frac{i}{2} dz_k \wedge d\bar{z}_j$$

と定義される．$T = \bar{T}$, つまり $\bar{T}_{j\bar{k}} = T_{k\bar{j}}$ (エルミート的) が成立するとき, T は**実カレント**であるという．その場合，任意のベクトル $(\xi_j) \in \mathbf{C}^m$ に対し

$$\sum_{j,k} T_{j\bar{k}} \xi_j \bar{\xi}_k$$

が正値ラドン測度になるならば，T を $(1,1)$ 型**正カレント**と呼び，$T \geqq 0$ と書く．U 上の二つの実 $(1,1)$ 型カレント T, S に対し $T - S \geqq 0$ が成立するとき，$T \geqq S$ $(S \leqq T)$ と書く．

$\chi(z) = \chi(\|z\|) \in C_0^\infty(\mathbf{C}^m)$ を $\chi(z) \geqq 0$, $\operatorname{Supp} \chi \subset B(1)$,

$$\int \chi(z) \alpha^m = 1$$

ととり，$\chi_\epsilon(z) = \chi(\epsilon^{-1} z) \epsilon^{-2m}, \epsilon > 0$ とおく．U 上の多重劣調和関数 φ の**滑性化**を

$$\varphi_\epsilon(z) = \varphi * \chi_\epsilon(z) = \int_{\mathbf{C}^m} \varphi(w) \chi_\epsilon(w-z) \alpha^m(w)$$
$$= \int_{\mathbf{C}^m} \varphi(z+w) \chi_\epsilon(w) \alpha^m(w), \quad z \in U_\epsilon$$

とおくと，$\varphi_\epsilon(z)$ は U_ϵ で C^∞ 級かつ多重劣調和である．回転対称性 $\chi(w) = \chi(\|w\|)$ を使うと，

$$\varphi_\epsilon(z) = \int_{\mathbf{C}^m} \varphi(z + \epsilon w) \chi(w) \alpha^m(w)$$
$$= \int_{\mathbf{C}^m} \alpha^m(w) \frac{1}{2\pi} \int_0^{2\pi} d\theta\, \varphi(z + \epsilon e^{i\theta} w) \chi(w)$$
$$\geqq \varphi(z) \int_{\mathbf{C}^m} \chi(w) \alpha^m = \varphi(z).$$

よって定理 2.1.11 (iii) より，$\epsilon \searrow 0$ とするとき，φ_ϵ は単調減少する．φ は上半連続であるから，定理 2.1.11 (ii) の証明と同様にして，$\varphi_\epsilon(z) \searrow \varphi(z)$ となる．

任意のベクトル $(\xi_1,\ldots,\xi_m) \in \mathbf{C}^m$ に対し, $\sum \frac{\partial^2 \varphi_\epsilon}{\partial z_j \partial \bar{z}_k} \xi_j \bar{\xi}_k \geqq 0$ であるから, $\frac{\partial^2 [\varphi]}{\partial z_j \partial \bar{z}_k}$ をシュヴァルツの超関数の意味で考えれば,

$$\sum \frac{\partial^2 [\varphi]}{\partial z_j \partial \bar{z}_k} \xi_j \bar{\xi}_k$$

は正値ラドン測度を定義する．よって

$$dd^c[\varphi] = \sum \frac{\partial^2 [\varphi]}{\partial z_j \partial \bar{z}_k} \frac{i}{2\pi} dz_j \wedge d\bar{z}_k \geqq 0.$$

以上より次を得る．

2.1.24 [定理]　$\varphi : U \to [-\infty, \infty)$ を多重劣調和関数とし，U の各連結成分上 $\varphi \not\equiv -\infty$ とする．

(i) $dd^c[\varphi] \geqq 0$ が成立し，その係数 $\frac{\partial^2 [\varphi]}{\partial z_j \partial \bar{z}_k}$ は，複素ラドン測度で，正測度 $\sum_{j=1}^m \frac{\partial^2 [\varphi]}{\partial z_j \partial \bar{z}_j}$ に関して絶対連続である．

(ii) 滑性化 $\varphi_\epsilon(z)$ は, $\epsilon \searrow 0$ とするとき単調減少して $\varphi(z)$ に収束する．

(iii) 任意の $B(a; R) \subset U, 0 < s < r < R$ に対し

(2.1.25)　　$-\infty < \int_{\|z\|=s} \varphi(a+z)\gamma(z) \leqq \int_{\|z\|=r} \varphi(a+z)\gamma(z) < \infty.$

証明　(i) の絶対連続性は，正値性 $dd^c[\varphi] \geqq 0$ より従う．(ii) は既に示した．(iii) のみ残っている．

まず定理 2.1.23 (ii) より φ は局所可積分であることに注意する．(2.1.22) とフビニの定理より，ルベーグ測度零の集合 E があって，全ての $t \in (0,R) \setminus E$ に対し $\int_{\|z\|=t} \varphi(a+z)\gamma(z)$ は有限である．

一方任意の $t \in (0,R)$ と $\vartheta \in [0, 2\pi]$ に対し $\mathbf{C}^*$-不変性 $\gamma(te^{i\vartheta} z) = \gamma(z)$ より

$$\int_{\|z\|=t} \varphi(a+z)\gamma(z) = \int_{\|z\|=1} \varphi(a+te^{i\vartheta}z)\gamma(z)$$
$$= \int_{\|z\|=1} \int_0^{2\pi} \varphi(a+te^{i\theta}z) \frac{d\theta}{2\pi} \gamma(z).$$

この右辺と定理 2.1.11 (iii) より，任意の $0 < s < r < R$ に対し

$$\int_{\|z\|=s} \varphi(a+z)\gamma(z) \leqq \int_{\|z\|=r} \varphi(a+z)\gamma(z) < \infty.$$

このことを $0 < t < s, t \notin E$ に適用すれば

$$-\infty < \int_{\|z\|=t} \varphi(a+z)\gamma(z) \leqq \int_{\|z\|=s} \varphi(a+z)\gamma(z).$$

従って，(2.1.25) が成立する． 証了

定理 2.1.12 (i) と同様に次が成立する．

2.1.26 [定理] 多重劣調和性は，局所的性質である．

$\varphi \not\equiv -\infty$ を $\mathbf{C}^m$ 上の多重劣調和関数とする．カレントの意味で，

$$dd^c[\varphi] = \sum \frac{\partial^2[\varphi]}{\partial z_j \partial \bar{z}_k} \frac{i}{2\pi} dz_j \wedge d\bar{z}_k \geqq 0.$$

このとき,

$$dd^c[\varphi] \wedge \alpha^{m-1} = \left((m-1)! \sum_{j=1}^m \frac{\partial^2[\varphi]}{\partial z_j \partial \bar{z}_j}\right) \bigwedge_{j=1}^m \frac{i}{2\pi} dz_j \wedge d\bar{z}_j$$

は正ラドン測度を係数とする体積型式となる．従って，ボレル可測集合 $E \subset \mathbf{C}^m$ とボレル可測関数 ψ に対しその積分

$$\int_E \psi dd^c[\varphi] \wedge \alpha^{m-1}$$

が定義される．特に,

(2.1.27) $\quad n(t, dd^c[\varphi]) = \dfrac{1}{t^{2m-2}} \int_{B(t)} dd^c[\varphi] \wedge \alpha^{m-1}, \quad t > 0,$

とおく．

2.1.28 [補題] $n(t, dd^c[\varphi])$ は，$t > 0$ について左連続単調増加関数である．

証明 ラドン測度の内正則性より $\int_{B(t)} dd^c[\varphi] \wedge \alpha^{m-1}$ は，$t > 0$ の関数として左連続である．従って $n(t, dd^c[\varphi])$ も左連続である．

φ の滑性化 $\varphi_\epsilon, \epsilon > 0$ をとる．(2.1.19) を使って，$t > s > 0$ に対し，

$$\frac{1}{t^{2m-2}} \int_{B(t)} dd^c \varphi_\epsilon \wedge \alpha^{m-1} - \frac{1}{s^{2m-2}} \int_{B(s)} dd^c \varphi_\epsilon \wedge \alpha^{m-1}$$

(つづく)

$$= \frac{1}{t^{2m-2}} \int_{\|z\|=t} d^c\varphi_\epsilon \wedge \alpha^{m-1} - \frac{1}{s^{2m-2}} \int_{\|z\|=s} d^c\varphi_\epsilon \wedge \alpha^{m-1}$$

$$= \int_{\|z\|=t} d^c\varphi_\epsilon \wedge \beta^{m-1} - \int_{\|z\|=s} d^c\varphi_\epsilon \wedge \beta^{m-1}$$

$$= \int_{s<\|z\|<t} dd^c\varphi_\epsilon \wedge \beta^{m-1}.$$

$\beta \geqq 0$（半正値）であるから，最後の積分は非負である．ルベーグ測度零の集合 $E \subset (0, \infty)$ があって，$\epsilon \to 0$ とするとき E の外の $0 < s < t$ に対し

(2.1.29) $\quad n(t, dd^c[\varphi]) - n(s, dd^c[\varphi]) = \int_{s<\|z\|<t} dd^c[\varphi] \wedge \beta^{m-1} \geqq 0.$

任意の $0 < s < t$ に対しては，点列 $s_\nu \nearrow s, s < t_\nu \nearrow t, s_\nu \notin E, t_\nu \notin E,$ $\nu = 1, 2, \ldots$ をとれば，$n(s_\nu, dd^c[\varphi]) \leqq n(t_\nu, dd^c[\varphi])$. $\nu \to \infty$ とすれば，左連続性より，

$$n(s, dd^c[\varphi]) \leqq n(t, dd^c[\varphi]). \qquad \text{証了}$$

上の補題より，任意の点 $a \in \mathbf{C}^m$ で次の極限が存在する．

$$\mathcal{L}(a, dd^c[\varphi]) = \lim_{t \to 0} \frac{1}{t^{2m-2}} \int_{B(a;t)} dd^c[\varphi] \wedge \alpha^{m-1}.$$

$\mathcal{L}(a, dd^c[\varphi])$ はカレント $dd^c[\varphi]$ の点 a での**ルロン数**と呼ばれ，複素解析の種々の局面で重要な役を果たす．例えば，任意の $\delta > 0$ に対し，$\{a \in \mathbf{C}^m; \mathcal{L}(0, dd^c[\varphi]) \geqq \delta\}$ は解析的集合になることが知られている（Y.-T. シュウの定理，Siu [74]，大沢 [98]，Hörmander [89]）．

2.1.30 [補題]（イェンゼンの公式） $\mathbf{C}^m$ 上の多重劣調和関数 $\varphi \not\equiv -\infty$ をとる．任意の $0 < s < r$ に対して

(2.1.31) $\quad \int_{\|z\|=r} \varphi\gamma - \int_{\|z\|=s} \varphi\gamma = 2\int_s^r \frac{dt}{t^{2m-1}} \int_{B(t)} dd^c[\varphi] \wedge \alpha^{m-1}$

$$= 2\int_s^r \frac{dt}{t} \int_{B(t)\setminus\{0\}} dd^c[\varphi] \wedge \beta^{m-1} + 2\mathcal{L}(0, dd^c[\varphi]) \log \frac{r}{s}.$$

証明 φ の滑性化 φ_ϵ をとる．$d\gamma = 0$ であるから，

(2.1.32) $\quad \int_{\|z\|=r} \varphi_\epsilon \gamma - \int_{\|z\|=s} \varphi_\epsilon \gamma = \int_{\{s<\|z\|<r\}} d\varphi_\epsilon \wedge \gamma$

(つづく)

$$= \int_{\{s<\|z\|<r\}} d\log\|z\|^2 \wedge d^c\varphi_\epsilon \wedge \left(dd^c\log\|z\|^2\right)^{m-1}$$

$$= 2\int_s^r \frac{dt}{t} \int_{\|z\|=t} d^c\varphi_\epsilon \wedge \left(dd^c\log\|z\|^2\right)^{m-1}$$

$$= 2\int_s^r \frac{dt}{t} \int_{\|z\|=t} d^c\varphi_\epsilon \wedge \frac{\alpha^{m-1}}{t^{2(m-1)}}$$

$$= 2\int_s^r \frac{dt}{t^{2m-1}} \int_{\|z\|=t} d^c\varphi_\epsilon \wedge \alpha^{m-1}$$

$$= 2\int_s^r \frac{dt}{t^{2m-1}} \int_{B(t)} dd^c\varphi_\epsilon \wedge \alpha^{m-1}.$$

$\epsilon \searrow 0$ とすると $\varphi_\epsilon \searrow \varphi$ であるから単調収束定理より (2.1.32) の一番初めの積分は φ の積分に収束する.

一方ルベーグ測度に関しほとんど全ての t に対し

$$\int_{B(t)} dd^c\varphi_\epsilon \wedge \alpha^{m-1} \to \int_{B(t)} dd^c\varphi \wedge \alpha^{m-1} \qquad (\epsilon \to 0).$$

また $0 < \epsilon < 1, t \leqq r$ について一様に

$$0 \leqq \int_{B(t)} dd^c\varphi_\epsilon \wedge \alpha^{m-1} \leqq \int_{B(r+1)} dd^c[\varphi] \wedge \alpha^{m-1} < \infty.$$

よってルベーグの有界収束定理により $\epsilon \to 0$ とするとき

(2.1.33)
$$2\int_s^r \frac{dt}{t^{2m-1}} \int_{B(t)} dd^c\varphi_\epsilon \wedge \alpha^{m-1} \to 2\int_s^r \frac{dt}{t^{2m-1}} \int_{B(t)} dd^c[\varphi] \wedge \alpha^{m-1}.$$

以上より (2.1.31) の初めの等式が従う.

(2.1.29) で $s \to 0$ $(s \notin E)$ とすれば,

$$\frac{1}{t^{2m-2}} \int_{B(t)} dd^c[\varphi] \wedge \alpha^{m-1} = \int_{B(t)\setminus\{0\}} dd^c[\varphi] \wedge \beta^{m-1} + \mathcal{L}(0, dd^c[\varphi]).$$

これより, 第二の等式を得る. 証了

2.1.34 [系] $\mathbf{C}^m$ 上のボレル可測関数 φ が各点 $a \in \mathbf{C}^m$ の近傍で多重劣調和関数 φ_1, φ_2 をもって $\varphi = \varphi_1 - \varphi_2$ と表されるならば, 補題 2.1.30 のイェンゼンの公式が成立する.

証明 $\mathbf{C}^m$ の局所有限な開被覆 $\{U_j\}_{j=1}^{\infty}$ と U_j 上の多重劣調和関数 $\varphi_{j1}, \varphi_{j2}$ を $\varphi = \varphi_{j1} - \varphi_{j2}$ となるようにとり，さらに $\{U_j\}$ に属する 1 の分割 $\{\eta_j\}$ をとる． (2.1.31) の初めの等式を示せばよい．番号 j_0 を，$U_j \cap \overline{B(r)} = \emptyset, j \geqq j_0$ ととる．$\delta = \min\{d(\mathrm{Supp}\,\eta_j, \partial U_j); 1 \leqq j \leqq j_0\}$ とおく．$0 < \epsilon < \delta$ と $z \in \overline{B(r)}$ に対し，$z \in \mathrm{Supp}\,\eta_j$ ならば

$$\varphi_\epsilon(z) = \varphi_{j1\epsilon}(z) - \varphi_{j2\epsilon}(z).$$

従って，

$$\varphi_\epsilon(z) = \sum_{j=1}^{j_0} \eta_j(z)(\varphi_{j1\epsilon}(z) - \varphi_{j2\epsilon}(z)), \qquad z \in \overline{B(r)}.$$

(2.1.32) と同じ計算をすることにより

$$\sum_{j=1}^{j_0} \int_{\|z\|=r} \eta_j \varphi_{j1\epsilon} \gamma - \sum_{j=1}^{j_0} \int_{\|z\|=s} \eta_j \varphi_{j2\epsilon} \gamma$$
$$= 2 \int_s^r \frac{dt}{t^{2m-1}} \int_{B(t)} dd^c \varphi_\epsilon \wedge \alpha^{m-1}.$$

一方，ルベーグの単調収束定理より

$$\int_{\{\|z\|=r\}} \eta_j \varphi_{ji\epsilon} \gamma \to \int_{\{\|z\|=r\}} \eta_j \varphi_{ji} \gamma \quad (\epsilon \to 0,\ i=1,2).$$

$dd^c[\varphi]$ はラドン測度であるから，(2.1.33) の収束が成立する．以上より求める式が従う． 証了

2.1.35 [補足](カレント)　一般に第二可算公理をみたす可微分多様体 M 上で，シュヴァルツの意味での超関数を係数とする微分型式を**カレント**と呼ぶ．カレントの空間には，外微分作用素 d が超関数の意味で微分をとることにより定義される．M が複素多様体ならば，カレントの空間上に作用素 $\partial, \bar{\partial}, d^c$ が同様に定義される．(Lelong [68]，野口・落合 [84] を参照されたい)．M を第二可算公理をみたす m 次元複素多様体とし，正則局所座標系 $(z_1, \ldots, z_m)$ に関してカレント T が，多重添字 $I, J \subset \{1, \ldots, m\}$ をもって，

$$T = \sum_{|I|=p, |J|=q} T_{I\bar{J}} dz^I \wedge d\bar{z}^J,$$
$$dz^I = \bigwedge_{i \in I} dz_i, \qquad d\bar{z}^J = \bigwedge_{j \in J} d\bar{z}_j,$$

と書けるとき，T を (p,q) 型という．複素共役 $\bar{T}$ を，テスト関数 ϕ に対し，
$$\bar{T}_{I\bar{J}}(\phi) = \overline{T_{I\bar{J}}(\bar{\phi})},$$
$$\bar{T} = \sum_{|I|=p, |J|=q} \bar{T}_{I\bar{J}} d\bar{z}^I \wedge dz^J,$$
と定義する．(p,p) 型のカレント T が**正カレント**であるとは，実（つまり $\bar{T} = T$）で，任意の C^∞ 級 $(1,0)$ 型式 $\eta_j, 1 \leqq j \leqq m-p$ に対し
$$T \wedge i\eta_1 \wedge \bar{\eta}_1 \wedge \cdots \wedge i\eta_{m-p} \wedge \bar{\eta}_{m-p}$$
が正ラドン測度であると定義する．このとき，$T \geqq 0$ と書く．二つの実 (p,p) 型カレント T, T' に対し，$T \geqq T'$ とは，$T - T' \geqq 0$ の成立することとする．

2. ポアンカレ・ルロンの公式

$U \subset \mathbf{C}^m$ を開集合とする．

2.2.1 [定義] 閉部分集合 $A \subset U$ が**解析的**であるとは，任意の点 $a \in A$ に対し a のある近傍 $W \subset U$ と W 上の正則関数 $g_1, \ldots, g_l$ $(l < \infty)$ が存在して
$$A \cap W = \{g_1 = \cdots = g_l = 0\}$$
と書かれることである．

A が閉集合であることを仮定しないときは，A は局所閉解析的部分集合と呼ばれる．特に点 $a \in A$ で上の $g_j, 1 \leqq j \leqq l$ をそれらの微分
$$dg_1(a), \ldots, dg_l(a)$$
が一次独立であるようにとれるとき，a は A の非特異点と呼ばれる．このとき，W を小さくとれば $A \cap W$ は W の複素部分多様体となる．非特異点でない点を特異点と呼び，その全体を $S(A)$ と書き，$R(A) = A \setminus S(A)$ とおく．

以下しばらく，解析的部分集合について我々が使う性質を述べる．証明は，難しいものではないが長くもなり本書の目的とも逸れることになるので割愛する．Grauert-Remmert [84], Gunning-Rossi [65], Hervé [63], Narasimhan [66] 等を参照されたい．

2.2.2 [定理]　$A \subset U$ を解析的部分集合とすると，次が成り立つ．

(i) $S(A)$ は，再び解析的部分集合で A 内いかなる点の近傍でも稠密でない．

(ii) $R(A) = \bigcup_\lambda A'_\lambda$ を連結成分への分解とすると，閉包 $A_\lambda = \bar{A}'_\lambda$ は解析的部分集合で，$A = \bigcup_\lambda A_\lambda$ は局所有限な被覆である．

(iii) $A_\lambda \subset U, \lambda \in \Lambda$ を任意の解析的部分集合とすると，$\bigcap_{\lambda \in \Lambda} A_\lambda$ は U の解析的部分集合である．

　ある解析的部分集合 B が**既約**とは，二つの解析的部分集合 $B_i \subsetneq B, i = 1, 2,$ で $B = B_1 \cup B_2$ となるものが存在しないことである．上述の A_λ は，既約であることが知られている．各 A_λ を A の**既約成分**と呼ぶ．A'_λ は局所閉部分多様体であるのでその（複素）次元を $\dim A'_\lambda$ と書き，

$$\dim A_\lambda = \dim A'_\lambda, \qquad \dim_a A = \max_{a \in A_\lambda} \dim A_\lambda,$$

$$\mathrm{codim}_a A = m - \dim_a A, \qquad \dim A = \max_a \dim_a A,$$

$$\mathrm{codim} A = m - \dim A,$$

とおく．特に次が成立する．

$$\dim S(A) < \dim A.$$

全ての点 $a \in A$ で，$\dim_a A = \dim A$ であるとき，A は純 $\dim A$ 次元であるという．

　各点 $a \in A$ で，a を通る線形部分空間 $L \cong \mathbf{C}^l$ を適当にとると，a は $L \cap A$ 内で孤立点になる．さらに，線形空間の分解 $\mathbf{C}^m \cong \mathbf{C}^{m-l} \times L \ni a = (a_1, a_2)$ と a_1 の開近傍 $U_1 \subset \mathbf{C}^{m-l}$, a_2 の開近傍 $U_2 \subset L$ が存在して，射影 $p : A \cap (U_1 \times U_2) \to U_1$ について次の定理が成立する．

2.2.3 [定理]　記号は上述の通りとする．

(i) $p : A \cap (U_1 \times U_2) \to U_1$ は全射，プロパーかつ有限で，$p^{-1}(a_1) = \{a\}$．

(ii) ある真解析的部分集合 $S \subset U_1$ が存在して，p の制限

$$p|_{A \cap (U_1 \times U_2) \setminus p^{-1}S} : A \cap (U_1 \times U_2) \setminus p^{-1}S \to U_1 \setminus S$$

は有限不分岐被覆となる．

(iii) そのような性質をもつ L は $\mathbf{C}^m$ 内の l 次元線形部分空間のなすグラスマン多様体のなかで，開かつ稠密な集合をなす．

特に，任意の点 $a \in A$ の近傍 W で，一つの正則関数 $\phi \not\equiv 0$ によって

$$A \cap W = \{\phi = 0\}$$

と書けるとき，A を**複素超曲面**または単に**超曲面**と呼ぶ．超曲面は，純 $m-1$ 次元の解析的部分集合である．

解析的部分集合と多重劣調和関数について知っておくと有用な性質を述べる．証明は，ここでは述べきれないので他書を参考にしてほしい (Grauert-Remmert [84], Gunning-Rossi [65], Hervé [63], Narasimhan [66], 落合・野口 [84], 大沢 [98]).

$U_i \subset \mathbf{C}^{n_i}, i = 1, 2$ を開集合，$X_i \subset U_i, i = 1, 2$ を解析的部分集合とする．写像 $\varphi : X_1 \to X_2$ が正則とは，任意の点 $a \in X_1$ に対し U_1 内での近傍 W と W 上の正則関数 $\varphi_j, 1 \leqq j \leqq n_2$ が存在して

$$\varphi(x) = (\varphi_1(x), \ldots, \varphi_{n_2}(x)), \qquad x \in W \cap X_1$$

と表されることと定める．特に，$X_2 = \mathbf{C}$ のときは，φ を正則関数と呼ぶ．

逆 $\varphi^{-1} : X_2 \to X_1$ が存在して正則であるとき，φ を正則同型（写像），X_1 と X_2 は正則同型であるという．

ハウスドルフ空間 X に開被覆 $\{X_\lambda\}_{\lambda \in \Lambda}$, 解析的部分集合 $Z_\lambda \subset U_\lambda \subset \mathbf{C}^{n_\lambda}$, 同相写像 $\varphi_\lambda : X_\lambda \to Z_\lambda$, $\lambda \in \Lambda$ が存在し任意の $\lambda, \mu \in \Lambda$ に対し

$$\varphi_\mu \circ \varphi_\lambda^{-1}|_{Z_\lambda \cap \varphi_\lambda(X_\lambda \cap X_\mu)} : Z_\lambda \cap \varphi_\lambda(X_\lambda \cap X_\mu) \to Z_\mu \cap \varphi_\mu(X_\lambda \cap X_\mu)$$

が正則同型であるとき，X を**複素解析空間**と呼ぶ．

複素解析空間の開集合上の正則関数，複素解析空間の間の正則写像，正則同型が解析的部分集合の場合と同様に定義される．

2.2.4 [定理] (レンメルト)　$\phi : X \to Y$ を複素解析空間の間の固有正則写像とする．$A \subset X$ を X の解析的部分集合とすると，$\phi(A)$ は Y の解析的部分集合で，$\dim \phi(A) \leqq \dim A$ が成立する．

2.2.5 [定理] (レンメルト)　X を複素解析空間，$E \subset X$ を解析的部分集合とする．$A \subset X \setminus E$ を解析的部分集合で，$\min\{\dim_a A; a \in A\} > \dim E$ と仮定する．すると，A の X での閉包 $\bar{A}$ は解析的部分集合である．

正則関数の接続定理として次がある．

2.2.6 [定理]　$U \subset \mathbf{C}^m$ を領域，$E \subsetneq U$ を解析的部分集合とし，$f : U \setminus E \to \mathbf{C}$ を正則関数とする．

(i) (リーマン拡張)　任意の点 $x \in E$ で近傍 $V \subset U$ があって $f|_{V \setminus E}$ が有界であるならば，f は U 上の正則関数に一意的に拡張される．

(ii) (ハルトークス拡張)　$\operatorname{codim} E \geqq 2$ ならば，常に f は U 上の正則関数に一意的に拡張される．

多重劣調和関数についても同様な定理が成立する (Grauert-Remmert [56]，落合・野口 [84])．

2.2.7 [定理]　$U \subset \mathbf{C}^m$ を領域，$E \subset U$ を真解析的部分集合とし，$\psi : U \setminus E \to [-\infty, \infty)$ を多重劣調和関数とする．

(i) (リーマン型)　任意の点 $x \in E$ で近傍 $V \subset U$ があって $\psi|_{V \setminus E}$ が上方有界であるならば，ψ は U 上の多重劣調和関数に一意的に拡張される．

(ii) (ハルトークス型)　$\operatorname{codim} E \geqq 2$ ならば，常に ψ は U 上の多重劣調和関数に一意的に拡張される．

複素射影空間 $\mathbf{P}^n(\mathbf{C})$ の同次座標 $[w_0, \ldots, w_n]$ をとる．部分集合 $X \subset \mathbf{P}^n(\mathbf{C})$ が代数的であるとは，有限個の同次多項式 $P_\alpha(w_0, \ldots, w_n)$ が存在して

$$X = \bigcap_\alpha \{P_\alpha(w_0, \ldots, w_n) = 0\}$$

と表されることである．

複素解析空間 Z が $\mathbf{P}^n(\mathbf{C})$ の代数的部分集合に正則同型であるとき，Z を **(複素) 射影代数的多様体**と呼ぶ．すると，Z の代数的部分集合が同様に定義される．

2.2.8 [定理](Chow)　　$\mathbf{P}^n(\mathbf{C})$ 内の解析的部分集合は代数的である．

$\mathbf{P}^n(\mathbf{C})$ 内で，代数的部分集合を閉集合とする位相が定義される．これを，**ザリスキー位相**と呼ぶ．同様に，複素射影代数的多様体 Z およびその部分集合 Y 上に Z の代数的部分集合 X または $X \cap Y$ を閉集合とする位相が定義される．これをザリスキー位相と呼ぶ．

改めて，U を $\mathbf{C}^m$ の開集合とする．$A \subset U$ を純 l 次元の解析的部分集合とする．$\iota_{R(A)} : R(A) \to \mathbf{C}^m$ を包含写像とする．$K \subset U$ をコンパクト集合とすると積分

$$\int_{K \cap R(A)} \alpha^l = \int_{K \cap R(A)} \iota^*_{R(A)} \alpha^l$$

は，$K \cap A$ の面積と考えられる．これが有限であることを示そう．

2.2.9 [補題]　　記号は上述の通りとする．

 (i) $l = \dim A < m$ ならば，A の $\mathbf{C}^m$ 内でのルベーグ測度は 0 である．
 (ii) $\displaystyle\int_{K \cap R(A)} \alpha^l < \infty$．

証明　(i) l についての帰納法で示す．$l = 0$ のときは，A は離散部分集合であるから，その測度は 0 である．$\dim A < l$ で正しいとする．$A = R(A) \cup S(A)$ と分解すると，帰納法の仮定から $S(A)$ の測度は 0 である．$R(A)$ は，局所閉 $l(<m)$ 次元部分多様体の可算和であるから，その測度は 0 である．従って A の測度も 0 である．

(ii) 任意の一点 $a \in A$ の近傍 W で示せば十分である．定理 2.2.3 により，座標の平行移動とユニタリー変換で，$a = O$ で，任意の $1 \leqq i_1 < \cdots < i_l \leqq m$ に対し 0 のある近傍 $W = U_1 \times U_2 \subset \mathbf{C}^l \times \mathbf{C}^{m-l}$ があって，射影

$$p : (z_1, \ldots, z_m) \in A \cap W \to (z_{i_1}, \ldots, z_{i_l}) \in U_1$$

は，固有全射で解析的部分集合 $S \subset U_1, \dim S < l$ があって，

$$p|_{A \cap W \setminus p^{-1}S} : (z_1, \ldots, z_m) \in A \cap W \setminus p^{-1}S \to (z_{i_1}, \ldots, z_{i_l}) \in U_1 \setminus S$$

が有限不分岐被覆になっている．その被覆数を k とする．

$$\alpha^l = n \cdots (n - l + 1) \sum_{i_1 < \cdots < i_l} \left(\frac{i}{2\pi}\right)^l dz_{i_1} \wedge d\bar{z}_{i_1} \wedge \cdots \wedge dz_{i_l} \wedge d\bar{z}_{i_l}$$

であるから，各々の $i_1 < \cdots < i_l$ に対し，
$$\int_{R(A)\cap W} \left(\frac{i}{2\pi}\right)^l dz_{i_1} \wedge d\bar{z}_{i_1} \wedge \cdots \wedge dz_{i_l} \wedge d\bar{z}_{i_l} < \infty$$
を示せばよい．$R(A)\cap W\cap p^{-1}S$ は，(i) により $R(A)\cap W$ 内でルベーグ測度 0 である．従って，
$$\begin{aligned}
&\int_{R(A)\cap W} \left(\frac{i}{2\pi}\right)^l dz_{i_1} \wedge d\bar{z}_{i_1} \wedge \cdots \wedge dz_{i_l} \wedge d\bar{z}_{i_l} \\
&= \int_{R(A)\cap W\setminus p^{-1}S} \left(\frac{i}{2\pi}\right)^l dz_{i_1} \wedge d\bar{z}_{i_1} \wedge \cdots \wedge dz_{i_l} \wedge d\bar{z}_{i_l} \\
&= k\int_{U_1\setminus S} \left(\frac{i}{2\pi}\right)^l dz_{i_1} \wedge d\bar{z}_{i_1} \wedge \cdots \wedge dz_{i_l} \wedge d\bar{z}_{i_l} \\
&= k\int_{U_1} \left(\frac{i}{2\pi}\right)^l dz_{i_1} \wedge d\bar{z}_{i_1} \wedge \cdots \wedge dz_{i_l} \wedge d\bar{z}_{i_l} < \infty. \qquad \text{証了}
\end{aligned}$$

以降，$\int_{K\cap A} \alpha^l = \int_{K\cap R(A)} \alpha^l$ と書く．次の系は，明らかである．

2.2.10 [系] $B \subset A$ を解析的部分集合で，$\dim B < \dim A$ とすると，
$$\int_B \alpha^l = 0.$$

以上より次が従う．

2.2.11 [定理] $A \subset U$ を純 l 次元解析的部分集合とする．η を U 上の任意なコンパクト台をもつ有界ボレル関数を係数とする $2l$ 型式とする．このとき，
$$\int_A \eta = \int_{R(A)} \iota_{R(A)}^* \eta$$
が定まる．$B \subset A$ を解析的部分集合で，$\dim B < \dim A$ とし χ_B をその特性関数とすると，
$$\int_A \chi_B \eta = 0.$$

2.2.12 [補題] $A \subset U$ を高々 $m-2$ 次元の解析的部分集合とする．φ を U 上の多重劣調和関数で，U の各連結成分上 $\varphi \not\equiv -\infty$ とする．$dd^c[\varphi] =$

$\sum T_{j\bar{k}} \frac{i}{2\pi} dz_j \wedge d\bar{z}_k$ とおく．このとき，A はラドン測度 $T_{j\bar{k}}$ に関する測度零集合である．

証明 $0 \in A$ とし，その近傍で示せばよい．$\dim_0 A = l$ とする．定理 2.2.3 (iii) により座標 $(z_1, \ldots, z_m)$ は次のようにとられているとしてよい．任意の l 個の座標 $z_{\nu_1}, \ldots, z_{\nu_l}$ とそれら以外の座標 $z_{\nu_{l+1}}, \ldots, z_{\nu_m}$ について適当な原点の近傍 U_1 と U_2 がそれぞれあり，射影

$$p: (z_j) \in \{(z_j) \in A; (z_{\nu_1}, \ldots, z_{\nu_l}) \in U_1, (z_{\nu_{l+1}}, \ldots, z_{\nu_m}) \in U_2\}$$
$$\to (z_{\nu_1}, \ldots, z_{\nu_l}) \in U_1$$

が定理 2.2.3 (i), (ii) をみたしている．定理 2.1.24 (i) より $T_{j\bar{k}}$ は $\sum_j T_{j\bar{j}}$ に関して絶対連続であるから，$T_{j\bar{j}}(A \cap (U_1 \times U_2)) = 0$, $1 \leq j \leq m$ を示せば十分である．例えば，$j = m$ とする．すると，$0 \in \mathbf{C}^{m-1}$ の近傍 V_1 と $0 \in \mathbf{C}$ の近傍 V_2 があり

$$q: (z_1, \ldots, z_{m-1}, z_m) \in (V_1 \times V_2) \cap A \to (z_1, \ldots, z_{m-1}) \in V_1$$

は固有で有限である．φ が多重劣調和関数であることと定義より，

$$(2.2.13) \quad T_{m\bar{m}}((V_1 \times V_2) \cap A)$$
$$= \int_{(V_1 \times V_2) \cap A} \frac{\partial^2 [\varphi]}{\partial z_m \partial \bar{z}_m} \bigwedge_{j=1}^{m} \frac{i}{2} dz_j \wedge d\bar{z}_j$$
$$= \int_{q(A)} \bigwedge_{j=1}^{m-1} \frac{i}{2} dz_j \wedge d\bar{z}_j \int_{V_2} \frac{\partial^2 [\varphi(\cdot, z_m)]}{\partial z_m \partial \bar{z}_m} \frac{i}{2} dz_m \wedge d\bar{z}_m.$$

フビニの定理より $z' = (z_1, \ldots, z_{m-1})$ について，

$$z' \in V_1 \to \int_{V_2} \frac{\partial^2 [\varphi(z', z_m)]}{\partial z_m \partial \bar{z}_m} \geqq 0$$

は V_1 上の可積分関数である．定理 2.2.4 により $q(A)$ は V_1 の次元が高々 l ($\leq m-1$) の解析的部分集合である．補題 2.2.9 (i) より $q(A)$ の V_1 内でのルベーグ測度は 0 である．よって (2.2.13) より，$T_{m\bar{m}}((V_1 \times V_2) \cap A) = 0$． **証了**

定理 2.2.11 と補題 2.2.12 は，一般に m 次元複素多様体 M 上でも成立することは，明らかであろう．

M 内の局所有限な超曲面族 $\{A_\lambda\}$ と係数 $k_\lambda \in \mathbf{Z}$ の形式和

$$\sum_\lambda k_\lambda A_\lambda$$

を**因子**と呼び,それらで生成される $\mathbf{Z}$ 加群を M の**因子群**と呼ぶ. M 上の因子 D に対し,互いに相異なる既約な超曲面 D_λ と $k_\lambda \in \mathbf{Z} \setminus \{0\}$ が一意的に決まり,$D = \sum k_\lambda D_\lambda$ と表される(**因子の既約分解**).各 D_λ を D の既約成分と呼ぶ.超曲面 $\operatorname{Supp} D = \bigcup D_\lambda$ を D の**台**と呼ぶ. $D = \sum_\lambda k_\lambda A_\lambda$ で全ての $k_\lambda \geqq 0$ であるとき,D は**非負係数因子**(effective divisor)と呼ばれ,$D \geqq 0$ と書かれる.意味が明らかな場合に,D を $\operatorname{Supp} D$ の意味で用いることがある.二つの因子 D, D' に対し $D - D' \geqq 0$ であるとき,$D \geqq D'$ と書く.

既約分解された非負係数因子 $D = \sum k_\lambda D_\lambda$ で,全ての $k_\lambda = 1$ であるとき,D は**被約因子**と呼ばれる.

M 上に正則関数 f が与えられると,超曲面 $A = \{f = 0\}$ が決まる. $A = \bigcup_\lambda A_\lambda$ をその既約分解とする.各 $R(A_\lambda) \setminus S(A)$ の点で f の零点の位数が定まり,それは $R(A_\lambda) \setminus S(A)$ の点の取り方によらない.その位数を m_λ と書くと,f によって定まる因子

$$(f) = \sum m_\lambda A_\lambda$$

を得る. M 上の**有理型関数** f は,局所的に二つの正則関数 g, h の比 $f = g/h$ ($h \not\equiv 0$) で表される関数である.すると,その因子 (f) が局所的に $(g) - (h)$ として M 上定義される. $(f) = \sum_\lambda m_\lambda D_\lambda$ を既約分解とするとき,

$$(f)_0 = \sum_{m_\lambda > 0} m_\lambda D_\lambda, \qquad (f)_\infty = \sum_{m_\lambda < 0} -m_\lambda D_\lambda,$$

と定め,$(f)_0$ を f の**零因子**,$(f)_\infty$ を f の**極因子**と呼ぶ.

任意の因子は局所的には,有理型関数の因子として表される. M が特別な場合には,大域的表現が存在する.

2.2.14 [定理] M が $\mathbf{C}^m$,または $B(r)$ ならば,M 上の任意の因子 D に対し M 上の有理型関数 f で $(f) = D$ をみたすものが存在する.

M 上の因子 $D = \sum k_\lambda A_\lambda$ とコンパクト台をもつ局所有界なボレル可測関数を係数とする $2m-2$ 型式 η に対し積分によるカレント

$$D(\eta) = \int_D \eta = \sum_\lambda k_\lambda \int_{A_\lambda} \eta$$

が定義される．

2.2.15 [定理] (ポアンカレ・ルロンの公式)　M 上の有理型関数 $f \not\equiv 0$ と M 上のコンパクト台をもつ C^2 級の $2m-2$ 型式 η に対し，

$$\int_{(f)} \eta = \int_M \log|f|^2 dd^c \eta = \int_M dd^c [\log|f|^2] \wedge \eta.$$

ただし，最後は超関数の意味で偏微分してできる微分型式としている．つまり，カレントとして，

$$dd^c[\log|f|^2] = (f).$$

証明　与式は，因子 (f) の台 $\mathrm{Supp}\,(f)$ の外では成立しているから，$\mathrm{Supp}\,(f)$ の近傍で考えれば十分である．局所的に示せば十分であるから，f は正則関数としてよい．すると $\log|f|^2$ ($\not\equiv -\infty$) は，多重劣調和関数であることに注意する．$\mathrm{Supp}\,(f)$ の特異点集合 S の次元は，高々 $m-2$ である．定理 2.2.11 と補題 2.2.12 より S は与式の各積分にとって測度 0 の集合であるから，

$$\int_{(f)\setminus S} \eta = \int_{M\setminus S} \log|f|^2 dd^c \eta \quad (S \cap \mathrm{Supp}\,\eta = \emptyset)$$

を示せば十分である．任意に点 $a \in \mathrm{Supp}\,(f) \setminus S$ をとり，その近傍 W を十分小さくとれば，$W \cap S = \emptyset$ で，W 内に局所座標系 $(w_1, \ldots, w_m)$ があって，次が成立しているとしてよい．

(i) $\mathrm{Supp}\,(f) \cap W = \{w_1 = 0\}$.
(ii) $f(w) = (w_1)^k h(w), \quad h(w) \neq 0, \quad \forall w \in W$.
(iii) $\mathrm{Supp}\,\eta \subset W$.

まず，$\int_M \log|h|^2 dd^c \eta = \int_M dd^c \log|h|^2 \wedge \eta = 0$ が分かる．従って次が出る．

(2.2.16) $$\int_M \log|f|^2 dd^c \eta = \int_M \log|w_1|^{2k} dd^c \eta$$

(つづく)

$$= \lim_{\epsilon \to 0} \left(-2k \log \epsilon \int_{|w_1|=\epsilon} d^c \eta - k \int_{|w_1| \geqq \epsilon} d \log |w_1|^2 \wedge d^c \eta \right).$$

$\int_{|w_1|=\epsilon} d^c \eta = O(\epsilon)$ であるから, (2.2.16) の右辺第一項は 0 に収束する. 第二項を変形すると,

$$\int_{\{|w_1| \geqq \epsilon\}} d^c \log |w_1|^2 \wedge d\eta = - \int_{\{|w_1| \geqq \epsilon\}} d(d^c \log |w_1|^2 \wedge \eta)$$
$$= \int_{\{|w_1|=\epsilon\}} d^c \log |w_1|^2 \wedge \eta = \int_{\{|w_1|=\epsilon\}} \frac{1}{2\pi} d(\arg w_1) \wedge \eta$$
$$\to \int_{\{w_1=0\}} \eta \quad (\epsilon \to 0).$$

従って (2.2.16) と併せて求める式を得る. 　　　　　　　　　　　　　証了

この定理から D 上で積分するという作用が自然にラドン測度を係数とするカレントとみなされることが分かる (Lelong [68], 落合・野口 [84] を参照).
$M = \mathbf{C}^m$ とする. D を $\mathbf{C}^m$ 上の非負係数因子とする. $D = \sum_\lambda k_\lambda D_\lambda$ を既約分解とし, $1 \leqq k \leqq \infty$ に対し D の k-**打ち切り個数関数**を

(2.2.17) $$n_k(t, D) = \frac{1}{t^{2m-2}} \int_{B(t) \cap (\sum_\lambda \min\{k, k_\lambda\} D_\lambda)} \alpha^{m-1},$$
$$N_k(r, D) = \int_1^r \frac{n_k(t, D)}{t} dt, \quad r > 1,$$
$$n(t, D) = n_\infty(t, D), \quad N(r, D) = N_\infty(r, D)$$

と定義する. 特に, $n(t, D), N(r, D)$ は単に**個数関数**と呼ばれる.

2.2.18 [定理] 　 $\mathbf{C}^m$ 上の非負係数因子 D に対し, $n_k(t, D)$ は $t > 0$ の単調増加関数である.

証明 (2.2.17) の記号で, $\sum_\lambda \min\{k, k_\lambda\} D_\lambda$ を D と考え直せば, $k = \infty$ の場合を示せばよい. 定理 2.2.14 により $\mathbf{C}^m$ 上の正則関数 f が存在して, $(f) = D$, $dd^c[\log |f|^2] = D$. 従って, 補題 2.1.28 から $n(t, D)$ が $t > 0$ の単調増加関数であることが分かる. 　　　　　　　　　　　　　　　　　　　　　　　　証了

3. 第一主要定理

複素多様体 M から複素多様体 N への**有理型写像** $f: M \to N$ とは，点 $x \in M$ に対し部分集合 $f(x) \subset N$ を対応させる対応で，そのグラフ $\Gamma(f) = \{(x, f(x)); x \in M\} \subset M \times N$ が既約解析的部分集合で，次をみたすものである．

(i) 第一成分への射影 $p: \Gamma(f) \to M$ が固有写像である．
(ii) 内点を含まない解析的部分集合 $S \subset M$ が存在して，制限 $p|_{\Gamma(f) \setminus p^{-1}S} : \Gamma(f) \setminus p^{-1}S \to M \setminus S$ は双正則同型写像である．

従って，$f|_{M \setminus S}: M \setminus S \to N$ は正則写像である．$x \in M$ で $f(x)$ が 2 点以上を含むものの全体を f の**不定点集合**と呼び $I(f)$ と記す．

2.3.1 [定理]　$f: M \to N$ を有理型写像とすると，$I(f)$ は M の余次元 2 以上の解析的部分集合で，f は $M \setminus I(f)$ で正則である．

証明　まず，任意の $x \in M$ に対し $p^{-1}x$ は連結であることに注意する．$Z = \{z \in \Gamma(f); \dim_z p^{-1}p(x) \geqq 1\}$ とおくと，Z は解析的部分集合で，$\dim Z < \dim \Gamma(f) = \dim M, p(Z) = I(f)$ となる．作り方から $p(Z) < \dim Z$ であるから，$\operatorname{codim} I(f) \geqq 2$ となる．$x \notin I(f)$ とする．$p^{-1}(x) = \{(x, y)\} \in \Gamma(f)$ は一点集合である．定理 2.2.3 より $y \in N$ のある座標近傍 $(V, (y_1, \ldots, y_n)), |y_j| < 1$，と $x \in M$ の近傍 U および真解析的部分集合 $S \subset U$ があって $f(U) \subset V$ となり，$f|(U \setminus S)$ は，正則関数 $f_j(x) \in \Delta(1)$ で表される．定理 2.2.6 (i) から $f_j(x)$ は U 上の正則関数になる．結局，$f|U$ は正則写像である．　　**証了**

2.3.2 [系]　$\dim M = 1$ ならば，有理型写像 $f: M \to N$ は常に正則写像である．

$A \subset N$ を超曲面とし，$f(M) \not\subset A$ とする．$(f|_{M \setminus I(f)})^{-1}A$ は空集合でなければ，$M \setminus I(f)$ の超曲面である．定理 2.2.5 により，$(f|_{M \setminus I(f)})^{-1}A$ の閉包は超曲面になる．それを $f^{-1}A$ と書き，A の f による引き戻しと呼ぶ．従って，因子としての引き戻し $(f|_{M \setminus I(f)})^*A$ も，一意的に M 上の因子に拡張される．それを f^*A と書く．同様に N 上の因子 $D = \sum k_\lambda D_\lambda$（既約分解）について

も，$f(M) \not\subset \operatorname{Supp} D$ ならばその f による引き戻し f^*D が次で定義される．

$$f^*D = \sum k_\lambda f^*D_\lambda.$$

N 上の正則関数 ϕ に対しても，$(f|_{M\setminus I(f)})^*\phi$ は $M\setminus I(f)$ 上の正則関数になり，$\operatorname{codim} I(f) \geqq 2$ であるから，定理 2.2.6 (ii) により一意的に M 上の正則関数に接続される．それを $f^*\phi$ と書く．M 上の有理型関数を ψ とし，$f(M) \not\subset \operatorname{Supp}(\psi)_\infty$ を仮定する．すると，まず $f^*(\psi)_\infty$ が M 上の因子として定まる．従って，任意の点 $x \in M$ の近傍 U で，正則関数 g がとれ，$(g) = f^*(\psi)_\infty|_U$ となる．従って，$g \cdot (f|_{U\setminus I(f)})^*\psi$ は正則になる．定理 2.2.6 (ii) により，それは U 上の正則関数 h に接続される．従って U 上 $\frac{h}{g}$ とおくことにより f による引き戻しである M 上の有理型関数 $f^*\psi$ が定義される．N 上の多重劣調和関数に対しても定理 2.2.7 を用いればその f による引き戻しが定義される．

2.3.3 [定義]　有理型写像 $f: M \to N$ が**解析的退化**，または解析的に退化しているとは，その像 $f(M)$ を含む最小の解析的部分集合が N に一致しないこととする．そうでないとき，f は**解析的非退化**であるという．N が射影代数的多様体に含まれている場合，解析的部分集合の代わりに代数的部分集合を用いて同様に f が**代数的(非)退化**していることを定義する．

N が射影代数的多様体ならば，定理 2.2.8 より，解析的退化と代数的退化は一致する．しかし N が射影代数的多様体の開部分集合である場合は，一般にそれらは異なる．

2.3.4 [例]　$M = \mathbf{C}^m$, $N = \mathbf{P}^n(\mathbf{C})$ とし，$f: \mathbf{C}^m \to \mathbf{P}^n(\mathbf{C})$ を有理型写像とする．$\mathbf{P}^n(\mathbf{C})$ の同次座標系 $[w_0, \ldots, w_n]$ をとる．超平面 $\{w_j = 0\}$ は，それ自身非負係数因子と考えられる．ある j があって，$f(\mathbf{C}^m) \not\subset \{w_j = 0\}$ となる．順番を付け直せば，$f(\mathbf{C}^m) \not\subset \{w_0 = 0\}$ として一般性を失わない．因子としての引き戻し $f^*\{w_0 = 0\}$ に対し，定理 2.2.14 により $\mathbf{C}^m$ 上の正則関数 f_0 が存在して $(f_0) = f^*\{w_0 = 0\}$ となる．w_j/w_0 は $\mathbf{P}^n(\mathbf{C})$ 上の有理型関数で，その引き戻し $f^*(w_j/w_0)$ は $\mathbf{C}^m$ 上の有理型関数で，$f_j = f_0 \cdot f^*(w_j/w_0)$ は正則になる．作り方から次が成立する．

$$\operatorname{codim}\{f_0 = \cdots = f_n = 0\} \geqq 2, \quad I(f) = \{f_0 = \cdots = f_n = 0\}.$$

$f = [f_0, \ldots, f_n]$ と表し, これを f の **既約表現** と呼ぶ.

複素多様体 L, N と正則全射 $\pi : L \to N$ があり次をみたすとき, 三つ組 (L, π, N) または簡単に L を N 上の正則直線束と呼ぶ.

2.3.5 [条件] (i) N の開被覆 $\{V_\lambda\}_{\lambda \in \Lambda}$ があって, 制限 $L|_{V_\lambda} = \pi^{-1}(V_\lambda)$ に対し正則同型写像 $\phi_\lambda : L|_{V_\lambda} \to V_\lambda \times \mathbf{C}$ が存在する.
(ii) $V_\lambda \cap V_\mu \neq \emptyset$ のとき, $V_\lambda \cap V_\mu$ 上の零をもたない正則関数 $\phi_{\lambda\mu}$ が存在して,

$$\phi_\lambda \circ \phi_\mu^{-1}|_{(V_\lambda \cap V_\mu) \times \mathbf{C}} : (x, \xi_\mu) \in (V_\lambda \cap V_\mu) \times \mathbf{C}$$
$$\to (x, \phi_{\lambda\mu}(x)\xi_\mu) \in (V_\mu \cap V_\lambda) \times \mathbf{C}.$$

このとき, $\{V_\lambda\}$ は L の局所自明化被覆と呼ばれ $\{\phi_{\lambda\mu}\}$ は変換関数系と呼ばれる.

各 $x \in N$ での逆像 $L_x = \pi^{-1}(x)$ は $\mathbf{C}$ 上の 1 次元ベクトル空間である. $y_i \in L_x, c_i \in \mathbf{C}, i = 1, 2$ に対し条件 2.3.5 (ii) よりベクトル空間としての演算

$$c_1 y_1 + c_2 y_2 \in L_x$$

が定義される.

開集合 $W \subset N$ から L への写像 $\sigma : W \to L$ が $\pi \circ \sigma = \mathrm{id}_W$ をみたすとき, **切断** と呼ぶ. 特に, W 上の正則切断の全体を $H^0(W, L)$ と書く. これは, $\mathbf{C}$ 上のベクトル空間をなす.

条件 2.3.5 (ii) の $\{\phi_{\lambda\mu}\}$ は, 次のいわゆるコサイクル条件をみたす.

(2.3.6) $\phi_{\lambda\mu} \phi_{\mu\lambda} = 1 \quad (V_\lambda \cap V_\mu \text{ 上}), \quad \phi_{\lambda\mu} \phi_{\mu\nu} \phi_{\nu\lambda} = 1 \quad (V_\lambda \cap V_\mu \cap V_\nu \text{ 上}).$

逆にコサイクル条件をみたす正則関数系 $\{\phi_{\lambda\mu}\}$ が与えられると, 以下のようにしてこれを変換関数系とする正則直線束を作ることができる.

まず, 互いに素な和集合 $\bigsqcup_{\lambda \in \Lambda} V_\lambda \times \mathbf{C}$ を考え, その二元 $(x_\lambda, \xi_\lambda), (x_\mu, \xi_\mu)$ に同値関係 $\sim$ を次で定義する.

$$x_\lambda = x_\mu \in N, \quad \xi_\lambda = \phi_{\lambda\mu}(x_\mu)\xi_\mu.$$

商位相空間 $L = (\bigsqcup_{\lambda \in \Lambda} V_\lambda \times \mathbf{C}) / \sim$ は複素多様体となり, 同値類 $[(x_\lambda, \xi_\lambda)]$ に $x_\lambda \in N$ を対応させる射影 $\pi : L \to N$ は正則全射になる. これが, 求める正則直線束であることは簡単に確かめられる.

$W \subset N$ を開集合, $S \subset W$ を W 内のいかなる点の近傍でも稠密でない解析的部分集合とし, $\sigma : W \setminus S \to L$ を正則切断とする. 任意の $V_\lambda \cap W$ 上で, $\phi_\lambda(\sigma(x)) = (x, \sigma_\lambda(x)) \in V_\lambda \times \mathbf{C}$ と表すとき, $\sigma_\lambda(x)$ が $V_\lambda \cap W$ 上の有理型関数であるとき, σ を W 上の L の有理型切断と呼ぶ. 変換関数は零をとらない正則関数であるから, 有理型切断 $\sigma : W \to L$ (このように書くことにする) は, W 上の因子

$$(\sigma) = (\sigma)_0 - (\sigma)_\infty$$

を定める. 特に, $W = N$ ならば, N 上の因子 (σ) が得られる. $(\sigma) \geqq 0$ であることと σ が正則切断であることは同値である.

逆に, N 上の因子 D が与えられたとする. N の開被覆 $\{V_\lambda\}$ で, 各 V_λ が $\mathbf{C}^n$ $(\dim N = n)$ の開球 $B(1)$ と正則同型であるようにとる. 定理 2.2.14 により, V_λ 上の有理型関数 σ_λ が存在し,

$$(\sigma_\lambda) = D|_{V_\lambda}.$$

$\phi_{\lambda\mu} = \sigma_\mu / \sigma_\lambda$ とおけば, これは $V_\lambda \cap V_\mu$ 上の零をとらない正則関数で, コサイクル条件 (2.3.6) をみたす. これからできる正則直線束 $L(D)$ は, 構成法から $L(D)|_{V_\lambda} = V_\lambda \times \mathbf{C}$ で, $\{\phi_{\lambda\mu}\}$ を変換関数系とする. 局所的に $x \in V_\lambda \to (x, \sigma_\lambda)$ とおくことにより, N 上の有理型切断 σ が得られ, $(\sigma) = D$ が成立する.

本書では, 正則直線束だけしか扱わないので, 以後直線束といえば正則直線束のこととする.

N 上二つの直線束 $\pi_i : L_i \to N, i = 1, 2$ があるとする. 正則同型写像 $\psi : L_1 \to L_2$ が存在して, $\pi_1 = \pi_2 \circ \psi$ が成立し, $\psi|_{L_{1x}} : L_{1x} \to L_{2x}, x \in N$ が線形同型であるとき, $\psi : L_1 \to L_2$ は同型であるという. 互いに同型な直線束は, 同一視する. $\mathbf{1}_N = N \times \mathbf{C}$ は, 自明直線束と呼ばれる. 直線束 $L \to N$ が自明であることと零点をもたない N 上の正則切断が存在することは同値である. L_1, L_2 を同時に局所自明化する被覆 $\{V_\lambda\}$ をとり, L_i の変換関数系を $\{\phi_{i\lambda\mu}\}$ とする. 積 $\{\phi_{1\lambda\mu} \cdot \phi_{2\lambda\mu}\}$ から直線束 $L_3 \to N$ を得る. これを L_1, L_2 の積と呼び $L_1 \otimes L_2$ と書く.

$\{\phi_{1\lambda\mu}^{-1}\}$ からできる直線束を L_1^{-1} と書く. $L_1 \otimes L_1^{-1} = \mathbf{1}_N$ である. これより $k \in \mathbf{Z}$ に対し,

$$L_1^k = L_1 \otimes \cdots \otimes L_1 \qquad (k \text{ 回}, k \geqq 0),$$

$$L_1^k = L_1^{-1} \otimes \cdots \otimes L_1^{-1} \qquad (|k| \text{ 回}, k < 0).$$

N 上の因子 $D_i, i = 1, 2$ が与えられれば,

$$L(D_1 + D_2) = L(D_1) \otimes L(D_2).$$

N の正則局所座標近傍系 $V_\lambda(x_{\lambda 1}, \ldots, x_{\lambda n})$, $\lambda \in \Lambda$ による開被覆をとる. $V_\lambda \cap V_\mu \neq \emptyset$ に対し次の正則微分の変換を考える.

$$dx_{\lambda 1} \wedge \cdots \wedge dx_{\lambda n} = \kappa_{\mu\lambda}(x) dx_{\mu 1} \wedge \cdots \wedge dx_{\mu n},$$

$$\kappa_{\mu\lambda} = \frac{\partial(x_{\lambda 1}, \ldots, x_{\lambda n})}{\partial(x_{\mu 1}, \ldots, x_{\mu n})} \quad (\text{ヤコビアン}).$$

$\{\kappa_{\lambda\mu}\}$ はコサイクル条件 (2.3.6) をみたすので, これより N 上の直線束 K_N が得られる. K_N は, N 上の**標準束**と呼ばれ, K_N の有理型切断は有理型 n 型式と同一視される.

複素多様体 N 上の直線束 L を考え, その局所自明化被覆

$$N = \bigcup_\lambda V_\lambda, \qquad L|_{V_\lambda} \cong V_\lambda \times \mathbf{C}$$

をとる. L の変換関数系 $\{\phi_{\lambda\mu}\}$ が定まる. 各 V_λ 上に正値 C^∞ 級関数 $\rho_\lambda(x) > 0$ が与えられ, $V_\lambda \cap V_\mu \neq \emptyset$ 上 $\rho_\lambda = |\phi_{\lambda\mu}|^2 \rho_\mu$ が成立しているとする. 元 $v = (x, \xi_\lambda) \in V_\lambda \times \mathbf{C} \subset L$ に対し

$$\|v\|^2 = \frac{|\xi_\lambda|^2}{\rho_\lambda(x)}$$

とおくと, これは λ の取り方によらない. $\|v\|$ または族 $\{\rho_\lambda\}$ を L のエルミート計量と呼ぶ. L にエルミート計量を入れたものを**エルミート直線束**と呼ぶ. 記号としては, 厳密には $(L, \{\rho_\lambda\})$ と書くべきところであるが, 簡単に L と書くことにする.

各 V_λ に局所座標系 $(x_{\lambda 1}, \ldots, x_{\lambda n})$ が入っているとして,

$$\Theta = \partial\bar{\partial} \log \rho_\lambda = \sum_{i,j} \frac{\partial^2 \log \rho_\lambda}{\partial x_{\lambda i} \partial \bar{x}_{\lambda j}} dx_{\lambda i} \wedge d\bar{x}_{\lambda j} = \sum_{i,j} \omega_{\lambda i \bar{j}} dx_{\lambda i} \wedge d\bar{x}_{\lambda j}$$

は V_λ によらず N 上の $(1,1)$ 型式を定める. これは, L のエルミート計量 $\{\rho_\lambda\}$ の**曲率型式**と呼ばれる. 実 $(1,1)$ 型式 $\omega_L = (i/2\pi)\Theta$ は, チャーン型式と呼ば

れ，それの定めるコホモロジー類 $c_1(L) = [\omega_L] \in H^2(N, \mathbf{R})$ は，L の**チャーン類**と呼ばれる．作り方から，他の計量からチャーン型式 ω'_L を作ってもそのコホモロジー類は同じである．実際，N 上の C^∞ 級の関数 b が存在して

(2.3.7) $$\omega_L - \omega'_L = dd^c b$$

となる．

L の N 上の正則切断 σ_i $(1 \leqq i \leqq p)$, τ_j $(1 \leqq j \leqq q)$ があるとする．それぞれは各 V_λ 上，その上の正則関数 $\sigma_{i\lambda}$ $(1 \leqq i \leqq p)$, $\tau_{j\lambda}$ $(1 \leqq j \leqq q)$ で与えられる．$\sum_j |\tau_{j\lambda}|^2 \not\equiv 0$ とする．$x \in N$ に対し，$V_\lambda \ni x$ をとり，

$$\frac{\sum_i |\sigma_i(x)|^2}{\sum_j |\tau_j(x)|^2} = \frac{\sum_i |\sigma_{i\lambda}(x)|^2}{\sum_j |\tau_{j\lambda}(x)|^2}$$

とおく．これは $V_\lambda \ni x$ の取り方によらず，N 上分母が消えないところで，関数を定める．

エルミート行列 $(\omega_{\lambda i \bar{j}})$ が各点で正値（半正値）であるとき $\omega_L > 0$ $(\omega_L \geqq 0)$ と書く．$c_1(L) > 0$ $(c_1(L) \geqq 0)$ とは，L にあるエルミート計量があり，それから決まるチャーン型式が $\omega_L > 0$ $(\omega_L \geqq 0)$ をみたすことを意味する．そのとき，L は正（半正）であるといい，$L > 0$ $(L \geqq 0)$ と書く．$L > 0$ ならば ω は N 上のケーラー計量

$$h_L = \sum_{i,j} \omega_{\lambda i \bar{j}} dx_{\lambda i} \otimes d\bar{x}_{\lambda j}$$

を定める．

$\dim H^0(N, L) \geqq 2$ として，$H^0(N, L)$ の一次独立系 $\sigma_0, \ldots, \sigma_n$ をとると，有理型写像

$$\Phi : x \in N \to [\sigma_0(x), \ldots, \sigma_n(x)] \in \mathbf{P}^n(\mathbf{C})$$

が定まる．特に，$\dim H^0(N, L) < \infty$ で，一次独立系として $H^0(N, L)$ の基底をとってできる有理型写像を

(2.3.8) $$\Phi_L : N \to \mathbf{P}^n(\mathbf{C})$$

と書く．Φ_L が正則埋め込みになるとき，L は**十分豊富**であるという．ある $k \in \mathbf{N}$ があって L^k が十分豊富になるとき，L は**豊富**であるという．

N をコンパクト複素多様体とする．$L = K_N^l, l \geqq 1$ とおいて，l を十分大きくとるとき，有理型写像 $\Phi_{K_N^l} : N \to \mathbf{P}^{n_l}(\mathbf{C})$ ($n_l = \dim H^0(N, K_N^l) - 1$) がある正則点 $x \in N$ で微分非退化，つまり x での微分 $d\Phi_{K_N^l x}$ の階数が $\dim N$ に一致するとき，N は**一般型**であるという．

例 2.3.4 の場合に戻ると，アファイン開被覆 $\mathbf{P}^n(\mathbf{C}) = \bigcup_{j=0}^n U_j, U_j = \{w_j \neq 0\}$ に属する変換関数系 $\{\phi_{jk} = \frac{w_k}{w_j}\}$ で決まる直線束は，$\mathbf{P}^n(\mathbf{C})$ 上の**超平面束** $H \to \mathbf{P}^n(\mathbf{C})$ と呼ばれる．そのエルミート計量が，各アファイン開集合 U_j 上

$$(2.3.9) \qquad \rho_j = 1 + \sum_{i \neq j} \frac{|w_i|^2}{|w_j|^2}$$

と定義される．その曲率型式は，$\omega_H > 0$ となる．つまり，$H > 0$ である．ケーラー計量 h_H は，**フビニ・ストゥディ計量**と呼ばれる．そのケーラー型式 ω_H は $\mathbf{P}^n(\mathbf{C})$ のフビニ・ストゥディ計量型式と呼ばれる．有理型写像 $f : \mathbf{C}^m \to \mathbf{P}^n(\mathbf{C})$ の既約表現を $f = [f_0, \ldots, f_n]$ とすると，f による ω_H の引き戻しは，次のように表される．

$$(2.3.10) \qquad f^*\omega_H = \frac{i}{2\pi} \partial \bar{\partial} \log \rho_j = \frac{i}{2\pi} \partial \bar{\partial} \log \left(\sum_{i=0}^n |f_i|^2 \right).$$

関数 $\log \left(\sum_{i=0}^n |f_i|^2 \right)$ は $\mathbf{C}^m$ 上の多重劣調和関数である．

複素射影代数的多様体 N とは，コンパクト複素多様体で正則埋め込み $\Psi : N \hookrightarrow \mathbf{P}^n(\mathbf{C})$ が存在するものをいう．引き戻し $\Psi^* H$ は正の直線束で，$H^0(N, \Psi^* H)$ の $n+1$ 個の元からなる一次独立系を適当にとれば，それの定める N から $\mathbf{P}^n(\mathbf{C})$ への有理型写像は Φ に一致する．この逆を与える次の小平の定理は，基本的で重要である．中野 [81] には，拡張された形で詳述さている．

2.3.11 [定理](小平 [54] [74])　　$E \to N$ をコンパクト複素多様体 N 上の直線束とする．$L \to N$ を正の直線束とする．このとき，ある番号 $l_0 > 0$ があり，$l \geqq l_0$ に対し，$\Phi_{L^l \otimes E} : N \to \mathbf{P}^{n_l - 1}(\mathbf{C})$（ただし，$n_l = \dim H^0(N, L^l \otimes E)$）は正則埋め込みである．従って，$N$ は射影代数的である．

N 上の因子 D は，正則直線束 $L(D)$ を定める．本書では，$L(D)$ が正であるとき D は**豊富**であるという．上述のように $L(D)$ の大域的切断が N の射影埋め込みを与えるときは，D は**十分豊富**であるという．

N をコンパクト複素多様体とする．部分ベクトル空間 $E \subset H^0(N, L)$, $\dim E = l + 1 \geqq 2$ をとる．元 $\sigma \in E \setminus \{0\}$ の決める因子 (σ) について，明らかに $(c\sigma) = (\sigma)$, $c \in \mathbf{C}^*$ が成立する．逆に $\sigma, \tau \in E \setminus \{0\}$ が $(\sigma) = (\tau)$ をみたせば，ある $c \in \mathbf{C}^*$ があって $\sigma = c\tau$ となる．従って次の同型を得る．

$$\{(\sigma); \sigma \in E \setminus \{0\}\} \cong (E \setminus \{0\})/\mathbf{C}^* = P(E) = \mathbf{P}^l(\mathbf{C}).$$

$P(E)$ は因子の線形系と呼ばれ，特に $E = H^0(N, L)$ のとき，**完備線形系**と呼ばれ $|L|$ と表される．解析的部分集合 $B(E) = \{x \in N; \sigma(x) = 0, \forall \sigma \in E\}$ を E の**底**と呼ぶ．

以下特にことわらない限り，N を複素射影代数的多様体とする．N 上の任意の直線束 L に対し，定理 2.3.11 により十分豊富な直線束 $L_i, i = 1, 2$ が存在して $L = L_1 \otimes L_2^{-1}$ と表されることが分かる．L_i のチャーン型式 $\omega_{L_i} > 0$ を使って，L のそれは，

$$\omega_L = \omega_{L_1} - \omega_{L_2}$$

と書ける．(2.3.10) に注意すると，次が分かる．

2.3.12 [補題]　N, L を上述の通りとする．$f : \mathbf{C}^m \to N$ を有理型写像とする．すると，$\mathbf{C}^m$ 上の多重劣調和関数 $\xi_i, i = 1, 2$ が存在して次が成立する．

$$f^*\omega_L = dd^c \xi_1 - dd^c \xi_2.$$

$L \to N$ を N 上の直線束とし，エルミート計量 $\|\cdot\|$ を入れておく．$D \in |L|$ に対し，正則切断 $\sigma \in H^0(N, L) \setminus \{0\}$ を $(\sigma) = D$ かつ $\|\sigma\| < 1$ となるように一つ固定する．$f : \mathbf{C}^m \to N$ を有理型写像で，$f(\mathbf{C}^m) \not\subset D$ と仮定する．ポアンカレ・ルロンの定理 2.2.15 から次を得る．

2.3.13 [補題]　記号を上述のものとすると，次のカレント方程式が成立する．

$$dd^c \left[\log \frac{1}{\|\sigma \circ f(z)\|^2} \right] = f^*\omega_L - f^*D.$$

個数関数 $N(r, f^*D)$ は，既に (2.2.17) で定義された．補題 2.3.12 と本章 1 節の結果からさらに次の二つの量が定義される．

$$(2.3.14) \qquad m_f(r, D) = \int_{\|z\|=r} \log \frac{1}{\|\sigma \circ f(z)\|} \gamma(z),$$
$$T_f(r, \omega_L) = \int_1^r \frac{dt}{t^{2m-1}} \int_{B(t)} f^*\omega_L \wedge \alpha^{n-1}, \qquad r > 1.$$

$m_f(r, D)$ を D に対する**接近関数**，または**近似関数**，$T_f(r, \omega_L)^3$ を**位数関数**と呼ぶ．$\omega_L \geqq 0$ ならば，補題 2.1.28 から，$T_f(r, \omega_L)$ は，$\log r$ の凸単調増加関数であることが分かる．ω_L' を他の計量から定まるチャーン型式とすると，(2.3.7) より

$$T_f(r, \omega_L) - T_f(r, \omega_L') = \frac{1}{2} \int_{\|z\|=r} b \circ f(z) \gamma(z) - \frac{1}{2} \int_{\|z\|=1} b \circ f(z) \gamma(z)$$
$$= O(1) \quad (r \to \infty).$$

従って，f の L に関する位数関数が

$$T_f(r, L) = T_f(r, \omega_L)$$

とおくことにより，有界な項を法として定まる．接近関数 $m_f(r, D)$ も同様な意味で，$r \geqq 0$ に関して有界な項を法として定まっている．

系 2.1.34 から，次の重要な式を得る．

2.3.15 [定理] (第一主要定理)　　$L \to N$ を複素射影代数的多様体 N 上の直線束，$f : \mathbf{C}^m \to N$ を有理型写像とする．$D \in |L|, D \not\supset f(\mathbf{C}^m)$ に対し次が成立する．

$$T_f(r, \omega_L) = N(r, f^*D) + m_f(r, D) - m_f(1, D),$$
$$T_f(r, L) = N(r, f^*D) + m_f(r, D) + O(1).$$

2.3.16 [系]　　定理 2.3.15 の条件のもとで，次のいずれかを仮定する．

(i) $f^*D \neq 0$.
(ii) $f^*\omega_L \geqq 0$ かつある点 $z_0 \in \mathbf{C}^m$ で $f^*\omega_L(z_0) > 0$.

---

[3] S. Lang [87] では，$T_{f,D}$ という記法を用いているが，この記法は本質を誤っている．位数関数は，個々の D にはよらず，その線形系または，そのコホモロジー類によるということが重要なのである．であるからこそ，第一主要定理 2.3.15 が意味をもつ．

このとき，ある定数 $C > 0$ が存在して，
$$C \log r \leqq T_f(r, \omega_L) + O(1).$$

証明 (i) の場合．ある $t_0 > 0$ で $n(t_0, f^*D) > 0$．定理 2.2.18 より $n(t, f^*D)$ は t の単調増加関数である．従って，
$$N(r, f^*D) \geqq \int_{t_0}^r \frac{n(t_0, f^*D)}{t} dt = n(t_0, f^*D)(\log r - \log t_0).$$

定理 2.3.15 より
$$T_f(r, \omega_L) \geqq N(r, f^*D) + O(1).$$

以上より，主張を得る．

(ii) の場合．(i) が成立していないとしてよい．つまり，$f^{-1}D = \emptyset$ とする．すると，$dd^c \log 1/\|\sigma \circ f\|^2 = f^*\omega_L \geqq 0$ であるから，$\log 1/\|\sigma \circ f(z)\|^2$ は多重劣調和関数になる．補題 2.1.28 より
$$\frac{1}{t^{2m-2}} \int_{B(t)} f^*\omega_L \wedge \alpha^{m-1}$$

は $t > 0$ の単調増加関数である．条件より $t_0 = \|z_0\| + 1$ に対し，
$$C_0 = \frac{1}{t_0^{2m-2}} \int_{B(t_0)} f^*\omega_L \wedge \alpha^{m-1} > 0.$$

定義より
$$T_f(r, \omega_L) \geqq \int_{t_0}^r \frac{dt}{t^{2m-1}} \int_{B(t)} f^*\omega_L \wedge \alpha^{m-1} \geqq C_0(\log r - \log t_0).$$

証了

2.3.17 [注意] 上の第一主要定理では，N は射影代数的と仮定したが，実は，N はコンパクト複素多様体であればよい．その場合は，$\Gamma(f)$ 上の積分 (定理 2.2.11 を参照) を考える．しかし，$\Gamma(f)$ 上でのイェンゼンの公式 (補題 2.1.30) の証明には，一般に特異点をもつ $\Gamma(f)$ 上のストークスの定理か，特異点の解消を必要とする．

2.3.18 [例] $\mathbf{P}^n(\mathbf{C})$ の同次座標系を $[w_0, \ldots, w_n]$, $H \to \mathbf{P}^n(\mathbf{C})$ を超平面束とする．有理型写像 $f : \mathbf{C}^m \to \mathbf{P}^n(\mathbf{C})$ をとり, $f = [f_0, \ldots, f_n]$ を既約表現とする． $w_j, 0 \leqq j \leqq n$ は $H^0(\mathbf{P}^n(\mathbf{C}), H)$ の基底をなす．正則切断 $\sigma = \sum_{j=0}^n c_j w_j, (c_j) \in \mathbf{C}^{n+1} \setminus \{0\}$ と，それで定まる超平面 $D = (\sigma)$ をとる．係数 (c_j) を正規化して,

$$\sum_{j=0}^n |c_j|^2 = 1$$

とする．(2.3.9) で与えられる H のエルミート計量に関する σ の長さは,

$$\|\sigma\| = \frac{|\sum_j c_j w_j|}{\sqrt{(\sum_j |w_j|^2)}} \leqq 1.$$

この場合第一主要定理 2.3.15 に現れる諸量は次のようになる．

$$f^* D = (\sum_j c_j f_j),$$
$$m_f(r, D) = \int_{\|z\|=1} \frac{\sqrt{\sum_j |f_j(z)|^2}}{|\sum_j c_j f_j(z)|} \gamma,$$
$$T_f(r, H) = \int_1^r \frac{dt}{t^{2m-1}} \int_{B(t)} dd^c \log \left(\sum_j |f_j|^2 \right) \wedge \alpha^{m-1}.$$

ここで $T_f(r, H)$ の表示にイェンゼンの公式（補題 2.1.30）を適用して次を得る．

(2.3.19)
$$T_f(r, H) = \int_{\|z\|=r} \log \left(\sum_{j=0}^n |f_j(z)|^2 \right)^{1/2} \gamma(z)$$
$$- \int_{\|z\|=1} \log \left(\sum_{j=0}^n |f_j(z)|^2 \right)^{1/2} \gamma(z).$$

部分ベクトル空間 $E \subset H^0(N, L), \dim E = l+1 \geqq 2$ をとる．$P(E)$ に同次座標 $[u_0, \ldots, u_l]$ をとる．フビニ・ストゥディ計量型式 $\omega_0 = dd^c \log \sum |u_j|^2$ から定まる体積要素 $\Omega = \omega_0^l$ は次をみたす．

$$\int_{|L|} \Omega = 1.$$

同次座標 $u_0,\dots,u_l$ のユニタリー変換の全体 $\mathrm{U}(l+1)$ は自然に $|L|$ に
$$(T,[(w_j)]) \in \mathrm{U}(l+1) \times |L| \to [T(w_j)] \in |L|$$
として作用する．この作用は，推移的で ω_0 および Ω を不変にする．任意の $D \in P(E)$ に対し，$\sigma = \sum c_j u_j$ を $(\sigma) = D, \sum |c_j|^2 = 1$ ととる．ベクトル (c_j) は一意的に決まらないが，$\dfrac{(\sum|u_j|^2)^{1/2}}{|\sum c_j u_j|}$ は D のみで決まる．この意味で，次が成立する．

(2.3.20) $$\int_{D=(\sigma)\in P(E)} \log \frac{(\sum|u_j|^2)^{1/2}}{|\sum c_j u_j|} \Omega(D) = C(l) > 0.$$

ここで，$C(l)$ は l のみによる定数である．実際計算すると (Weyl [38])，
$$C(l) = \frac{1}{2}\left(1 + \frac{1}{2} + \cdots + \frac{1}{l}\right).$$

2.3.21 [定理]　$L \to N$ は複素代数的多様体上の直線束とし，$E \subset H^0(N,L)$ を線形部分空間とする．$B(E) = \emptyset$ と仮定する．すると任意の有理型写像 $f : \mathbf{C}^m \to N$ に対し
$$T_f(r,L) = \int_{D \in P(E)} N(r,f^*D)\Omega(D) + O(1).$$

証明　E の基底 $\sigma_0,\dots,\sigma_l$ をとる．仮定より，$l \geqq 1$ で L のエルミート計量は，切断 $\sigma \in E$ に対し

(2.3.22) $$\|\sigma(x)\|^2 = \frac{|\sigma(x)|^2}{\sum|\sigma_j(x)|^2}$$

が成立するように与えられているとしてよい．(2.3.20) とフビニの定理から
$$\int_{D\in P(E)} m_f(r,D)\Omega(D) = \int_{\|z\|=r}\int_{D=(\sigma)\in P(E)} \log \frac{1}{\|\sigma(f(z))\|} \Omega(D)\gamma(z)$$
$$= C_0.$$

第一主要定理 2.3.15 から，
$$T_f(r,\omega_L) = \int_{D\in P(E)} N(r,f^*D)\Omega(D) = T_f(r,L) + O(1).$$

証了

位数関数 $T_f(r,L)$ の性質については,次の節でまとめて述べるが,$\omega_L \geqq 0$ である点で $\omega_L(f(z)) > 0$ ならば,定数 $c_0 > 0, r_0 > 0$ が存在して,

$$T_f(r,\omega_L) = T_f(r,L) + O(1) \geqq c_0 \log r, \quad r \geqq r_0,$$
$$T_f(r,L) \to \infty \quad (r \to \infty).$$

このとき,$D \in P(H^0(N,L))$ に対し,

$$\delta(f,D) = 1 - \varlimsup_{r \to \infty} \frac{N(r, f^*D)}{T_f(r,L)}$$

は**ネヴァンリンナの欠除指数**と呼ばれ,次をみたす.

$$0 \leqq \delta(f,D) \leqq 1.$$

$k \in \mathbf{N}$ に対して k-**欠除指数** $\delta_k(f,D)$ が次で定義される.

$$\delta_k(f,D) = 1 - \varlimsup_{r \to \infty} \frac{N_k(r, f^*D)}{T_f(r,L)}.$$

特に $f(\mathbf{C}^m) \cap D = \emptyset$ ならば,$\delta(f,D) = 1$ である.$\delta(f,D) > 0$ となる D を**ネヴァンリンナの除外因子**と呼ぶ.定理 2.3.21 より次が従う.

2.3.23 [定理] (カソラチ・ワイエルストラース) 定理 2.3.21 と同じ仮定のもとで,さらに $T_f(r,\omega_L) \to \infty \ (r \to \infty)$ とする.このとき,Ω の測度についてほとんど全ての $D \in P(E)$ に対し $\delta(f,D) = 0$,つまりネヴァンリンナの除外因子ではない.

定理 2.3.21 と定理 2.3.23 では,仮定 $B(E) = \emptyset$ が本質的である.$B(E) \neq \emptyset$ の場合を調べるには,接近関数 $m_f(r,D)$ を因子だけでなく,余次元の高いサイクルに対し接近関数を定義する必要が生ずる.シュトル (Stoll [70]),ボット・チャーン (Bott-Chern [65]) は,そのような場合を既に扱っている.最近,新しい見地からの興味深い研究[4]が出てきているので,ここで少し述べておく.ただし,連接層の基本事項は仮定せざるをえない.

---

[4] Yamanoi, K., Holomorphic curves in Abelian varieties and intersections with higher codimensional subvarieties, preprint, 2001.

以下 N は，コンパクト複素多様体とする．N 上の局所正則関数のなす構造層を $\mathcal{O}_N$ と書く．$\mathcal{I} \subset \mathcal{O}_N$ を連接イデアル層とする．N の開被覆 $N = \bigcup U_\lambda$ と U_λ 上の正則関数 $\zeta_{\lambda 1}, \ldots, \zeta_{\lambda l_\lambda}$ を，各点 $x \in U_\lambda$ でそれらが決める芽 $\underline{\zeta_{\lambda 1}}_x, \ldots, \underline{\zeta_{\lambda l_\lambda}}_x$ が $\mathcal{I}$ の x でのファイバー $\mathcal{I}_x$ を生成するようにとる．相対コンパクト開被覆 $V_\lambda \Subset U_\lambda, N = \bigcup V_\lambda$ をとる．$\rho_\lambda \in C_0^\infty(U_\lambda)$ を $\rho_\lambda|_{V_\lambda} \equiv 1$ ととり，

$$(2.3.24) \qquad d_\mathcal{I}(x) = \sum_\lambda \rho_\lambda(x) \left(\sum_{j=1}^{l_\lambda} |\zeta_{\lambda j}(x)|^2 \right)^{1/2}, \qquad x \in N$$

とおく．異なる開被覆，異なる $\mathcal{I}$ の生成系から同様に構成した関数を $d'_\mathcal{I}$ とすると，ある定数 $C > 0$ が存在して

$$(2.3.25) \qquad |\log d_\mathcal{I}(x) - \log d'_\mathcal{I}(x)| \leqq C, \qquad x \in N.$$

$d_\mathcal{I}(x)$ は x と，$\mathcal{I}$ で決まるサイクルとのいわば "距離" を表しているとみることができる．我々は，$\phi_\mathcal{I}(x) = -\log d_\mathcal{I}(x), x \in N$ を連接層 $\mathcal{I}$ の**接近（近似）ポテンシャル**と呼ぼう．有理型写像 $f: \mathbf{C}^m \to N, f(\mathbf{C}^m) \not\subset \operatorname{Supp} \mathcal{O}_N/\mathcal{I}$ に対し，$\mathcal{I}$ に関する**接近関数**（近似関数とも呼ばれる）を次の積分で定義する．

$$(2.3.26) \qquad m_f(r, \mathcal{I}) = \int_{\|z\|=r} \phi_\mathcal{I} \circ f(z) \gamma(z).$$

(2.3.24) より積分が有限であることが分かり，(2.3.25) より $m_f(r, \mathcal{I})$ が $O(1)$ 項を除いて定まることが分かる．

D を N 上の非負係数因子とする．各点 $x \in N$ の近傍 U_λ での D の定義式 σ_λ で生成される $\mathcal{O}_N$ のイデアル層 $\mathcal{I}(D)$ を考える．D で決まる直線束 $L(D)$ の正則切断 $\sigma \in H^0(N, L(D)), (\sigma) = D$ と $L(D)$ にエルミート計量 $\|\cdot\|$ を入れる．定義から，ある定数 $C' > 0$ があって

$$|-\log \|\sigma(x)\| - \phi_{\mathcal{I}(D)}(x)| \leqq C', \qquad x \in N.$$

従って，

$$m_f(r, D) = m_f(r, \mathcal{I}(D)) + O(1).$$

2.3.27 [定理]　連接層に関する接近（近似）関数は次の性質をもつ．

(i) $\mathcal{I} \subset \mathcal{J}$ ならば，$m_f(r, \mathcal{J}) \leqq m_f(r, \mathcal{I}) + O(1)$.

(ii) $m_f(r, \mathcal{I}_1 \otimes \mathcal{I}_2) = m_f(r, \mathcal{I}_1) + m_f(r, \mathcal{I}_2) + O(1)$.

特に, $m_f(r, \mathcal{I}^k) = km_f(r, \mathcal{I}) + O(1), k \in \mathbf{N}$.

(iii) $m_f(r, \mathcal{I}_1 + \mathcal{I}_2) \leqq m_f(r, \mathcal{I}_1) + m_f(r, \mathcal{I}_2) + O(1)$.

$E \subset H^0(N, L)$ をベクトル部分空間とし,各点 $x \in N$ で $\{\underline{\sigma}_x; \sigma \in E\}$ で生成される連接イデアル層を $\mathcal{I}_0$ とする. $\mathcal{I}_0$ は,共通因子の部分 $\mathcal{I}_1$ と,それ以外の部分 $\mathcal{I}_2$ に分解する. つまり,

$$\mathcal{I}_0 = \mathcal{I}_1 \otimes \mathcal{I}_2, \quad \text{codim Supp}\, \mathcal{O}_N/\mathcal{I}_1 = 1, \quad \text{codim Supp}\, \mathcal{O}_N/\mathcal{I}_2 \geqq 2.$$

$\mathcal{I}_1$ に対応する非負係数因子を D_1 とする. $D - D_1$ は非負係数因子であることに注意する. 次の定理は小林(亮)による.

2.3.28〔定理〕 記号は上述のものとする. 有理型写像 $f: \mathbf{C}^m \to N$, $f(\mathbf{C}^m) \not\subset B(E)$ に対し次が成立する.

$$\int_{D \in P(E)} m_f(r, D)\Omega(D) = m_f(r, D_1) + m_f(r, \mathcal{I}_2) + O(1),$$

$$T_f(r, L) = \int_{D \in P(E)} N(r, f^*D)\Omega(D) + m_f(r, D_1) + m_f(r, \mathcal{I}_2) + O(1).$$

証明 $\tau_1 \in H^0(N, L(D_1))$ を $(\tau_1) = D_1$ ととる. $\sigma_0, \ldots, \sigma_l$ を E の基底とする. 各 σ_j は次のように書ける.

$$\sigma_j = \tau_1 \otimes \tau_{2j}, \quad \tau_{2j} \in H^0(N, L(D - D_1)), \quad 0 \leqq j \leqq l.$$

任意の $\sigma = \sum c_j \sigma_j = \tau_1 \otimes (\sum c_j \tau_{2j})$ に対し

$$-\log \|\sigma(x)\| = -\log \|\tau_1(x)\| + \phi_{\mathcal{I}_2} + \log \frac{\left(\sum |\tau_{2j}(x)|^2\right)^{1/2}}{|\sum c_j \tau_{2j}(x)|} + b(x),$$

ただし, $b(x)$ は N 上の C^∞ 級関数である. 従って,

$$m_f(r, (\sigma)) = m_f(r, D_1) + m_f(r, \mathcal{I}_2)$$
$$+ \int_{\|z\|=r} \log \frac{\left(\sum |\tau_{2j}(f(z))|^2\right)^{1/2}}{|\sum c_j \tau_{2j}(f(z))|} \gamma(z) + O(1).$$

これを，$\Omega([c_j]), [c_j] \in \mathbf{P}^l(\mathbf{C})$ に関して積分すると，(2.3.20) より次を得る．
$$\int_{D \in P(E)} m_f(r, D)\Omega(D) = m_f(r, D_1) + m_f(r, \mathcal{I}_2) + O(1).$$
主張の二番目の式は，これと第一主要定理 2.3.15 から出る． **証了**

2.3.29 [例]　一般に $D_1 = 0$ でも $m_f(r, \mathcal{I}_2)$ は有界にはならない．次の正則写像を考えよう．
$$f : z \in \mathbf{C} \to [1, e^z, e^{cz}] = [w_0, w_1, w_2] \in \mathbf{P}^2(\mathbf{C}), \qquad c > 1.$$
$H \to \mathbf{P}^2(\mathbf{C})$ を超平面束とし，$E \subset H^0(\mathbf{P}^2(\mathbf{C}), H)$ を正則切断 w_1, w_2 で生成されるベクトル空間とする．このとき，$B(E) = \{[1,0,0]\}$ で，$\mathcal{I}_2$ は $\mathcal{O}_{N,[1,0,0]}$ の極大イデアルに一致する．その接近（近似）ポテンシャルは，
$$\phi_{\mathcal{I}_2} = \frac{1}{2} \log \frac{|w_0|^2 + |w_1|^2 + |w_2|^2}{|w_1|^2 + |w_2|^2}.$$
定義に従い $m_f(r, \mathcal{I}_2)$ を計算する．
$$\begin{aligned}
m_f(r, \mathcal{I}_2) &= \frac{1}{4\pi} \int_{|z|=r} \log \frac{1 + |e^z|^2 + |e^{cz}|^2}{|e^z|^2 + |e^{cz}|^2} d\theta \\
&= \frac{1}{4\pi} \int_{|z|=r} \log \left(1 + \frac{1}{e^{2r\cos\theta} + e^{2cr\cos\theta}}\right) d\theta \\
&= \frac{1}{4\pi} \int_{\cos\theta<0} \log \left(1 + \frac{1}{e^{2r\cos\theta} + e^{2cr\cos\theta}}\right) d\theta + O(1) \\
&= \frac{1}{4\pi} \int_{-\pi/2}^{\pi/2} \log \left(1 + \frac{1}{e^{-2r\cos\theta} + e^{-2cr\cos\theta}}\right) d\theta + O(1) \\
&= \frac{1}{4\pi} \int_{-\pi/2}^{\pi/2} \log \left(1 + \frac{e^{2r\cos\theta}}{1 + e^{(1-c)2r\cos\theta}}\right) d\theta + O(1) \\
&= \frac{1}{4\pi} \int_{-\pi/2}^{\pi/2} 2r\cos\theta \, d\theta + O(1) \\
&= \frac{r}{\pi} + O(1).
\end{aligned}$$

位数関数 $T_f(r, H)$ を計算する．(2.3.19) より
$$T_f(r, H) = \frac{1}{4\pi} \int_{|z|=r} \log \left(1 + |e^z|^2 + |e^{cz}|^2\right) d\theta + O(1)$$

（つづく）

$$\begin{aligned}
&= \frac{1}{4\pi} \int_{|z|=r} \log\left(1 + e^{2r\cos\theta} + e^{2cr\cos\theta}\right) d\theta + O(1) \\
&= \frac{1}{4\pi} \int_{\cos\theta>0} \log\left(1 + e^{2r\cos\theta} + e^{2cr\cos\theta}\right) d\theta + O(1) \\
&= \frac{1}{4\pi} \int_{-\pi/2}^{\pi/2} 2cr\cos\theta \, d\theta + O(1) \\
&= \frac{cr}{\pi} + O(1).
\end{aligned}$$

4. 位数関数

N を n 次元コンパクト複素多様体とし，有理型写像 $f\colon \mathbf{C}^m \to N$ の位数関数の定義をいくつか与え，それらを比較する．また最後に，N が射影代数的であるとき，f が有理的であることの位数関数による特徴付けをする．

(イ) 計量によるもの

N 上のエルミート計量

$$h = \sum_{j,k} h_{j\bar{k}} dx_j \otimes d\bar{x}_k$$

に付随するエルミート型式を $\omega = \sum_{j,k} \frac{i}{2} h_{j\bar{k}} dx_j \wedge d\bar{x}_k$ とする．$d\omega = 0$ のとき，ω をケーラー型式，h をケーラー計量，N をケーラー多様体と呼ぶ．(2.3.14) のように，f の ω に関する**位数関数**を次で定める．

(2.4.1) $$T_f(r,\omega) = \int_1^r \frac{dt}{t^{2m-1}} \int_{B(t)} f^*\omega \wedge \alpha^{m-1}, \qquad r > 1.$$

2.4.2 [補題] ω と ω' を N 上の二つのエルミート型式とすると，定数 $C > 0$ があって，任意の有理型写像 $f\colon \mathbf{C}^m \to N$ に対し次が成立する．

$$C^{-1} T_f(r,\omega) \leqq T_f(r,\omega) \leqq C T_f(r,\omega').$$

証明 ω と ω' はともに正値で，N はコンパクトであるから，ある定数 $C > 0$ が存在して

$$C\omega - \omega' \geqq 0, \qquad C\omega' - \omega \geqq 0.$$

従って，
$$Cf^*\omega \wedge \alpha^{m-1} - f^*\omega' \wedge \alpha^{m-1} \geqq 0,$$
$$f^*\omega' \wedge \alpha^{m-1} - f^*\omega \wedge \alpha^{m-1} \geqq 0.$$
これより，求める式が出る． 証了

記号 $S_f(r,\omega)$ を $T_f(r,\omega)$ に関して (1.2.4) と同様に定義する．すなわち，

(2.4.3) $\qquad S_f(r,\omega) = O(\log T_f(r,\omega)) + \delta \log r \,\|_{E(\delta)}.$

この定義は，補題 2.4.2 により ω の取り方によらないので，ω を特に指定する必要のないときは，単に
$$S_f(r) = S_f(r,\omega)$$
と書く．

2.4.4 [定理] N をコンパクトケーラー多様体とする．有理型写像 $f: \mathbf{C}^m \to N$ が定写像であるために，$\lim_{r \to \infty} T_f(r,\omega)/\log r = 0$ は必要十分条件である．また $T_f(r,\omega) = S_f(r,\omega)$ とも同値である．

証明 ともに必要性は明らかである．ω を N のケーラー型式とする．$f^*\omega$ は d-閉半正値 $(1,1)$-型式である．$\mathbf{C}^m$ 上でポアンカレ補題と $\bar{\partial}$-ポアンカレ補題を使うことにより，$\mathbf{C}^m$ 上の C^∞ な多重劣調和関数 φ で，$dd^c\varphi = f^*\omega$ となるものが存在する（ここでの議論では，任意の球体 $B(R), R > 0$ 上での存在だけで十分である）．補題 2.1.28 により，
$$n(t, f^*\omega) = \frac{1}{t^{2m-2}} \int_{B(t)} f^*\omega \wedge \alpha^{m-1}$$
は $t > 0$ の単調増加関数である．f が定写像であることと $f^*\omega \wedge \alpha^{m-1} \equiv 0$ は同値である．従って，f が定写像であることと $n(t, f^*\omega) \equiv 0$ は同値である．f が定写像でないとすると，ある $t_0 > 0$ があって，$n(t_0, f^*\omega) > 0$．$r > t_0$ に対し
$$T_f(r,\omega) = \int_1^r \frac{n(t,f^*\omega)}{t}dt \geqq \int_{t_0}^r \frac{n(t,f^*\omega)}{t}dt$$
$$\geqq n(t_0, f^*\omega) \int_{t_0}^r \frac{dt}{t} = n(t_0, f^*\omega)(\log r - \log t_0).$$

従って，$\varprojlim_{r \to \infty} T_f(r,\omega)/\log r \geqq n(t_0, f^*\omega) > 0$.

$T_f(r,\omega) = S_f(r,\omega)$ と仮定すると，任意の $\delta > 0$ に対し

$$\varlimsup_{r \to \infty} \frac{\log r}{T_f(r,\omega)} \geqq \frac{1}{\delta}.$$

従って，$\varprojlim_{r \to \infty} T_f(r,\omega)/\log r = 0$ となり，f は定写像である． 証了

2.4.5 [注意] 上述の証明から分かるように，$m = 1$ ならば，定理 2.4.4 で N のケーラー性は必要ない．

f を $\mathbf{C}^m$ 上の有理型関数とする．(1.1.11), (1.1.13) に従い

$$(2.4.6) \qquad m(r,f) = \int_{\|z\|=r} \log^+ |f(z)| \gamma(z),$$
$$T(r,f) = m(r,f) + N(r, (f)_\infty)$$

とおく．$T(r,f)$ を**ネヴァンリンナの位数関数**と呼ぶ．色々な評価の計算をするときはこれが便利である．

f は，互いに素な $\mathbf{C}^m$ 上の正則関数 f_0, f_1（つまり，$\mathrm{codim}\{f_0 = f_1 = 0\} \geqq 2$）をもって，$f = f_1/f_0$ と書ける．$\mathbf{P}^1(\mathbf{C})$ の同次座標を $[w_0, w_1]$ として，f を有理型写像

$$f : z \in \mathbf{C}^m \to [f_0(z), f_1(z)] \in \mathbf{P}^1(\mathbf{C})$$

と同一視する．$\mathbf{P}^1(\mathbf{C})$ 上のフビニ・ストゥディ計量型式 ω をとり，$T_f(r,\omega)$ と $T(r,f)$ との比較をする．次は，一般次元の清水・アールフォルスの定理と第一主要定理である．

2.4.7 [定理] $\mathbf{C}^m$ 上の有理型関数 f に対し次が成立する．

$$T(r,f) - T_f(r,\omega) = O(1).$$

特に，任意の $a \in \mathbf{C}$ に対して，

$$T\left(r, \frac{1}{f-a}\right) = T(r,f) + O(1).$$

証明 任意の $s \geqq 0$ に対し,
$$0 \leqq \log(1+s) - \log^+ s \leqq \log 2$$
に注意すると,
$$\begin{aligned}
T(r,f) &= \frac{1}{2}\int_{\|z\|=r} \log\left(1 + \left|\frac{f_1(z)}{f_0(z)}\right|^2\right)\gamma(z) \\
&\quad + \frac{1}{2}\int_{\|z\|=r} \log|f_0|^2 \gamma + O(1) \\
&= \frac{1}{2}\int_{\|z\|=r} \log\left(|f_0|^2 + |f_1|^2\right)\gamma + O(1).
\end{aligned}$$
これに補題 2.1.30 (イェンゼンの公式) を使うと,
$$\begin{aligned}
T(r,f) &= \int_1^r \frac{dt}{t^{2m-1}}\int_{B(t)} f^*\omega \wedge \alpha^{m-1} + O(1) \\
&= T_f(r,\omega) + O(1).
\end{aligned}$$

後半は,まず $T_{1/(f-a)}(r,\omega) = T_{(f-a)}(r,\omega)$ に注意する.既に示したことから,
$$\begin{aligned}
T\left(r, \frac{1}{f-a}\right) &= T(r, f-a) + O(1) \\
&= m(r, f-a) + N(r, (f-a)_\infty) + O(1) \\
&= m(r,f) + N(r, (f)_\infty) + O(1) \\
&= T(r,f) + O(1).
\end{aligned}$$
証了

2.4.8 [定理] $f: \mathbf{C}^m \to N$ を有理型写像,$L \to N$ をエルミート束とし,$L \geqq 0$ または N は射影代数的とする.一次独立な切断 $\sigma_0, \sigma_1 \in H^0(N, L)$ をとり,$f(\mathbf{C}^m) \not\subset \{\sigma_0 = 0\}$ とする.このとき,有理型関数 $g(z) = \sigma_1 \circ f(z)/\sigma_0 \circ f(z)$ に対し,
$$T(r,g) \leqq T_f(r,L) + O(1).$$

証明 L の計量を $\|\cdot\|$ とすると,
$$\log^+\left|\frac{\sigma_1}{\sigma_0}\right| = \log^+ \frac{\|\sigma_1\|}{\|\sigma_0\|}$$

$$\leqq \log^+ \frac{1}{\|\sigma_0\|} + \log^+ \|\sigma_1\|.$$

$\|\sigma_1\|$ は, N 上有界関数であるから, ある定数 C があって,

$$\log^+ \left|\frac{\sigma_1}{\sigma_0}\right| \leqq \log^+ \frac{1}{\|\sigma_0\|} + C.$$

定義より, $(g)_\infty \leqq f^*(\sigma_0)$ は明らか. よって,

$$N(r, (g)_\infty) \leqq N(r, f^*(\sigma_0)).$$

以上より,

$$T(r, g) \leqq m_f(r, (\sigma_0)) + N(r, f^*(\sigma_0)) + C$$
$$= T_f(r, L) + O(1). \hspace{2em} \text{証了}$$

2.4.9 [系](野口 [76b])　特に, σ_0 と σ_1 が共通零点をもたなければ,

$$T(r, g) = T_f(r, L) + O(1).$$

証明　仮定より, ある定数 $C > 0$ があって,

$$\left|\log^+ \left|\frac{\sigma_1}{\sigma_0}\right| - \log^+ \frac{1}{\|\sigma_0\|}\right| \leqq C.$$

さらに, $N(r, (g)_\infty) = N(r, f^*(\sigma_0))$ が成立している. 以上より, 主張が従う.
\hspace{2em} 証了

　$N = \mathbf{P}^1(\mathbf{C})$ とし $L \to \mathbf{P}^1(\mathbf{C})$ を超平面束とすると, 上の系は清水・アールフォルスの定理 1.1.21 の一般化である. f と有理関数との合成については, 次を得る.

2.4.10 [系]　$\mathbf{C}^m$ 上の有理型関数 $f(z)$ と, 一変数有理関数 Q の合成 $Q \circ f$ を考える. $f(\mathbf{C}^m) \not\subset \mathrm{Supp}\,(Q)_\infty$ と仮定する. Q の次数を d とすると,

$$T(r, Q \circ f) = dT(r, f) + O(1).$$

証明　共通零点をもたない $\sigma_0, \sigma_1 \in H^0(\mathbf{P}^1(\mathbf{C}), L^d)$ がとれて, $Q = \sigma_1/\sigma_0$ と表される. 従って,

$$T(r, Q \circ f) = dT_f(r, L) + O(1) = dT(r, f) + O(1). \hspace{1em} \text{証了}$$

(ロ) カルタンの位数関数

ここでは，$N = \mathbf{P}^n(\mathbf{C})$ とする．ω を $\mathbf{P}^n(\mathbf{C})$ 上のフビニ・ストゥディ計量型式とする．$\mathbf{P}^n(\mathbf{C})$ の同次座標を $w = [w_0, \ldots, w_n]$ とする．有理型写像 $f: \mathbf{C}^m \to \mathbf{P}^n(\mathbf{C})$ をとる．すると，$\mathbf{C}^m$ 上の正則関数 $f_0, \ldots, f_n$ で，codim$\{f_0 = \cdots = f_n = 0\} \geqq 2$,

$$f(z) = [f_0(z), \ldots, f_n(z)]$$

と表せるものがある．他のそのような表現 $f(z) = [g_0(z), \ldots, g_n(z)]$ をとると，$\mathbf{C}^m$ 上の零点をもたない正則関数 $h(z)$ が存在して，$f_j(z) = h(z)g_j(z), 0 \leqq j \leqq n, z \in \mathbf{C}^m$ が成立する．

2.4.11 [定理](カルタン)　　上述の記号のもとで，

$$\int_{\|z\|=r} \log \max_{0 \leqq j \leqq n} |f_j(z)|\gamma(z) = \int_{\|z\|=r} \log \left(\sum_{0 \leqq j \leqq n} |f_j(z)|^2 \right)^{1/2} \gamma(z) + O(1)$$
$$= T_f(r, \omega) + O(1).$$

これは，(2.3.19) より直ちに従う．

$\mathbf{P}^n(\mathbf{C})$ の同次座標 $[w_0, \ldots, w_n]$ の線形型式 $F_j = \sum c_{jk} w_k$ は，$\mathbf{P}^n(\mathbf{C})$ 上の超平面束の正則切断と同一視される．そのような二つの一次独立な線形型式 F_1, F_2 に対し，$f(z) = [f_0(z), \ldots, f_n(z)]$ との合成 $F_j(f(z)) = \sum c_{jk} f_k(z)$ を考える．$F_1(f(z)) \not\equiv 0$ ならば，$g(z) = F_2(f(z))/F_1(f(z))$ が定義される．これは，f の表現によらない．次の定理は，$m = 1$ のとき戸田 [70a]，Lemma 1 による．$m \geqq 2$ の場合も証明は同様である．

2.4.12 [定理]　　$f(z) = [f_0(z), \ldots, f_n(z)]$ と $g(z)$ を上述のものとすると，次が成立する．

(i) $T(r, g) \leqq T_f(r, \omega) + O(1)$.

(ii) $f_k \not\equiv 0$ とすると，

$$\frac{1}{n} \sum_{j=0}^n T\left(r, \frac{f_j}{f_k}\right) + O(1) \leqq T_f(r, \omega) \leqq \sum_{j=0}^n T\left(r, \frac{f_j}{f_k}\right) + O(1).$$

証明 (i) は，定理 2.4.8 の特別な場合である．(ii) の初めの不等式は，(i) から明らかである．後の不等式は，次のようにして分かる．$f_0 \not\equiv 0$ として一般性を失わない．このとき，

$$\begin{aligned}
T_f(r,\omega) &= \int_{\|z\|=r} \log\left(\max_{1\leqq j\leqq n}\left\{1, \frac{|f_j(z)|}{|f_0(z)|}\right\} \cdot |f_0(z)|\right)\gamma(z) + O(1) \\
&= \int_{\|z\|=r} \log^+ \max_{1\leqq j\leqq n}\left\{\frac{|f_j(z)|}{|f_0(z)|}\right\}\gamma(z) \\
&\quad + \int_{\|z\|=r} \log|f_0(z)|\gamma(z) + O(1) \\
&\leqq \sum_{j=1}^n \int_{\|z\|=r} \log^+\left|\frac{f_j}{f_0}\right|\gamma + N(r,(f_0)_0) + O(1) \\
&\leqq \sum_{j=1}^n \left\{\int_{\|z\|=r} \log^+\left|\frac{f_j}{f_0}\right|\gamma + N\left(r,\left(\frac{f_j}{f_0}\right)_\infty\right)\right\} + O(1) \\
&= \sum_{j=1}^n T\left(r,\frac{f_j}{f_0}\right) + O(1).
\end{aligned}$$

証了

(ハ) 有理関数族による

$\mathbf{P}^n(\mathbf{C})$ 上 $w_j/w_k, 0 \leqq j(\neq k) \leqq n$ は $\mathbf{P}^n(\mathbf{C})$ の有理関数体の $\mathbf{C}$ 上の超越基底であることに注意する．定理 2.4.12 (ii) から，正定数倍をのぞけば，$T_f(r,\omega)$ と $\sum_{j=0, j\neq k}^n T(r, f_j/f_k)$ は等価とみられる．これを一般の射影代数的多様体の場合に調べる．

2.4.13 [補題] 任意の $a \in \mathbf{C}$ に対し，

$$\frac{1}{2\pi}\int_0^{2\pi} \log|e^{i\theta} - a|d\theta = \log^+|a|.$$

証明は，読者に任す．

2.4.14 [補題] $\mathbf{C}^m$ 上の有理型関数 $g(z), A_1(z), \ldots, A_l(z)$ が，

$$(g(z))^l + A_1(z)(g(z))^{l-1} + \cdots + A_l(z) = 0$$

をみたすとする.このとき,
$$T(r,g) \leqq \sum_{j=1}^{l} T(r,A_j) + \log(l+1).$$

証明 変数 t を導入し,
$$B(z,t) = t^l + A_1(z)t^{l-1} + \cdots + A_l(z)$$

とおく.$z \in \mathbf{C}^m \setminus \bigcup_j \mathrm{Supp}\,(A_j)_\infty$ に対し,t の方程式 $B(z,t)=0$ の根を一般に $t_1(z) = g(z), t_2(z), \ldots, t_l(z)$ とおくと,
$$B(z,t) = \prod_{j=1}^{l}(t-t_j(z))$$

と表される.よって,
$$\frac{1}{2\pi}\int_0^{2\pi} \log|B(z,e^{i\theta})|d\theta = \sum_{j=1}^{l} \frac{1}{2\pi}\int_0^{2\pi} \log|e^{i\theta} - t_j(z)|d\theta,$$

補題 2.4.13 を使って,続けると,
$$= \log^+|g(z)| + \sum_{j=2}^{l} \log^+|t_j(z)|$$
$$\geqq \log^+|g(z)|.$$

一方,
$$\frac{1}{2\pi}\int_0^{2\pi} \log|B(z,e^{i\theta})|d\theta$$
$$\leqq \frac{1}{2\pi}\int_0^{2\pi} \log|e^{il\theta} + A_1(z)e^{i(l-1)\theta} + \cdots + A_l(z)|d\theta$$
$$\leqq \sum_{j=1}^{l} \log^+|A_j(z)| + \log(l+1).$$

以上より,

(2.4.15) $$m(r,g) \leqq \sum_{j=1}^{l} m(r,A_j) + \log(l+1).$$

互いに素な（共通既約因子成分をもたない）$\mathbf{C}^m$ 上の正則関数 g_0, g_1 をもって，$g = g_1/g_0$ と表す．$A_1, \ldots, A_l$ の極因子の最小公倍因子を (A_0) （A_0 は $\mathbf{C}^m$ 上の正則関数）とすると，

$$A_0(g_1)^l = -g_0(z)\{(A_0 A_1 (g_1)^{l-1} + \cdots + A_0 A_l (g_0)^{l-1}\}.$$

よって因子として，$(g_0) \leqq (A_0)$．従って，

(2.4.16) $\qquad N(r, (g)_\infty) \leqq N(r, (A_0)_0) \leqq \sum_{j=1}^l N(r, (A_j)_\infty).$

(2.4.15) と (2.4.16) から，

$$T(r, g) \leqq \sum_{j=1}^l \{m(r, A_j) + N(r, (A_j)_\infty)\} + \log(l+1)$$
$$= \sum_{j=1}^l T(r, A_j) + \log(l+1). \qquad \text{証了}$$

一般に N を n 次元複素射影的代数多様体とし，その有理関数体 $\mathbf{C}(N)$ の有限部分族 $\{\phi_j\}_{j=1}^s$ をとる．有理型写像 $f: \mathbf{C}^m \to N$ が $f(\mathbf{C}^m) \not\subset \bigcup_{j=1}^s \operatorname{Supp}(\phi_j)_\infty$ をみたすとする．f の $\{\phi_j\}$ に関する**位数関数**を次で定める．

$$T_f(r, \{\phi_j\}) = \sum_{j=1}^l T(r, \phi_j \circ f).$$

以下の議論では，$\{\phi_j\}_{j=1}^s$ が $\mathbf{C}(N)$ の超越基底を含む場合が本質的である．

$N \hookrightarrow \mathbf{P}^l(\mathbf{C})$ を一つの埋め込みとする．$\mathbf{P}^l(\mathbf{C})$ の超平面束の N への制限を L とする．

2.4.17 [定理] (i) $\{\phi_j\}_{j=1}^s$ は，$\mathbf{C}(N)$ の超越基底を含み，f は代数的非退化であるとする．このとき，f によらない定数 $C > 0$ が存在して，

$$C^{-1} T_f(r, L) + O(1) \leqq T_f(r, \{\phi_j\}) \leqq C T_f(r, L) + O(1).$$

(ii) $f: \mathbf{C}^m \to N$ を代数的非退化有理型写像，$\Phi: N \to M$ を他の複素射影代数的多様体 M への双有理写像とする．$H \to M$ を正直線束とする．このと

き，ある定数 $C_1 = C_1(L, H) > 0$ が存在して，

$$C_1^{-1} T_f(r, L) + O(1) \leqq T_{\Phi \circ f}(r, H) \leqq C_1^{-1} T_f(r, L) + O(1).$$

証明 (i) $\mathbf{P}^l(\mathbf{C})$ の同次座標 $[w_0, \ldots, w_l]$ をとり，$f : \mathbf{C}^m \to N \subset \mathbf{P}^l(\mathbf{C})$ を $\mathbf{P}^l(\mathbf{C})$ への写像とみなし，$f(z) = [f_0, \ldots, f_l]$ と表す．$f_0 \not\equiv 0$ として一般性を失わない．有理関数 w_k/w_0 の N への制限 ψ_k は，$\mathbf{C}(N)$ を生成するので，ϕ_j は，それらの有理関数で表される．

$$\phi_j = Q_j(\psi_1, \ldots, \psi_l).$$

$f(z)$ を代入して，

$$\phi_j \circ f(z) = Q_j(\psi_1 \circ f(z), \ldots, \psi_l \circ f(z)).$$

従って，$Q_j, 1 \leqq j \leqq n$ で決まる定数 $C > 0$ があって，

$$T(r, Q_j(\psi_k \circ f)) \leqq C \sum_{k=1}^{l} T(r, \psi_k \circ f) + O(1)$$
$$\leqq lC T_f(r, L) + O(1).$$

従って，

$$T(r, \{\phi_j\}) \leqq lnC T_f(r, L) + O(1).$$

逆を示そう．N 上の有理関数 ψ_k は $\{\phi_j\}$ 上代数的であるから，代数関係

$$(\psi_k)^{d_k} + A_{k1}(\phi_j)(\psi_k)^{d_k - 1} + \cdots + A_{k d_k}(\phi_j) = 0, \quad 1 \leqq k \leqq l$$

がある．f を代入して次の $\mathbf{C}^m$ 上の有理型関数の代数関係式を得る．

$$(\psi_k \circ f)^{d_k} + A_{k1}(\phi_j \circ f)(\psi_k \circ f)^{d_k - 1} + \cdots + A_{k d_k}(\phi_j \circ f) = 0,$$
$$1 \leqq k \leqq l.$$

補題 2.4.14 より

$$T(r, \psi_k \circ f) \leqq \sum_{h=1}^{d_k} T(r, A_{kh}(\phi_j \circ f)) + \log(d_k + 1)$$
$$\leqq C' \sum_{j=1}^{n} T(r, \phi_j \circ f) + O(1).$$

ここで，$C' > 0$ は，f によらない定数である．定理 2.4.12 より

$$T_f(r, L) \leqq \sum_{k=1}^{l} T(r, \psi_k \circ f) \leqq lC' \sum_{j=1}^{n} T(r, \phi_j \circ f) + O(1).$$

(ii) $\Phi^* : \mathbf{C}(M) \to \mathbf{C}(N)$ は $\mathbf{C}$ 上の体同型であるから，(i) より明らかである．　　　　　　　　　　　　　　　　　　　　　　　　　　　　　　証了

一般に N をコンパクト複素多様体，ω をその上のエルミート計量型式とする．有理型写像 $f : \mathbf{C}^m \to N$ に対し，その**位数** ρ_f を次で定める．

(2.4.18) $$\rho_f = \varlimsup_{r \to \infty} \frac{\log T_f(r, \omega)}{\log r}.$$

補題 2.4.2 により，ρ_f は ω の取り方によらないことが分かる．N が射影代数的で f が代数的非退化ならば定理 2.4.17 により，位数関数 $T_f(r, \{\phi_j\})$ を使っても ρ_f は同じである．

（二） 有理性の判定

$g \not\equiv 0$ を $\mathbf{C}^m$ 上の正則関数とする．$\log |g(z)|$ は，多重劣調和関数であり，$\mathbf{C}^m \cong \mathbf{R}^{2m}$ とみて劣調和関数である（定理 2.1.23 (i)）．$\mathbf{C}^m$ の標準エルミート内積を $(z, \zeta) = \sum z_j \bar{\zeta}_j$ とする．$\mathbf{C}^m$ の超球 $\{\|z\| = R\}$ 上のポアソン積分をとることにより，$\|z\| < R$ に対し

$$\log |g(z)| \leqq \int_{\|\zeta\|=R} \log |g(\zeta)| \frac{(R^2 - \|z\|^2)R^{2m-2}}{\|\zeta - z\|^{2m}} \gamma(\zeta)$$
$$\leqq \int_{\|\zeta\|=R} \log^+ |g(\zeta)| \frac{(R^2 - \|z\|^2)R^{2m-2}}{\|\zeta - z\|^{2m}} \gamma(\zeta)$$
$$\leqq \frac{(R^2 - \|z\|^2)R^{2m-2}}{(R - \|z\|)^{2m}} \int_{\|\zeta\|=R} \log^+ |g(\zeta)| \gamma(\zeta).$$

従って，次の補題を得る．

2.4.19 [補題][5]　$\mathbf{C}^m$ 上の正則関数 $g(z)$ と，$0 < r < R$ に対し

$$T(r, g) \leqq \log^+ \max_{\|z\|=r} |g(z)| \leqq \frac{1 - (r/R)^2}{(1 - r/R)^{2m}} T(R, g).$$

---

[5] この形の不等式は多変数では，Kneser [38] にみられるが具体的な式は書いていない．野口 [75] を参照．

2.4.20 [補題] $\mathbf{C}^m$ 上の正則関数 $g(z)$ が多項式であることと $T(r,g) = O(\log r)$ であることは, 同値である.

証明 $g(z)$ が多項式ならば, 簡単な評価で $T(r,g) = O(\log r)$ となる. 逆に, $T(r,g) \leqq d\log r + C$ とする. $R = \tau r, \tau > 1$ とおいて補題 2.4.19 を使うと,

$$\log^+ \max_{\|z\|=r} |g(z)| \leqq \frac{(\tau+1)\tau^{2m-2}}{(\tau-1)^{2m-1}}(d\log r + d\log \tau + C).$$

$d(\tau) = \frac{(\tau+1)\tau^{2m-2}}{(\tau-1)^{2m-1}}, C(\tau) = d\log\tau + C$ とおく. $g(z)$ をテイラー展開する (α を多重添え字とする):

$$g(z) = \sum_{|\alpha|=0}^{\infty} a_\alpha z^\alpha.$$

これより,

$$\left(\frac{1}{2\pi}\right)^m \int_0^{2\pi}\cdots\int_0^{2\pi} |g(e^{i\theta_1}z_1,\ldots,e^{i\theta_m}z_m)|^2 d\theta_1\cdots d\theta_m$$
$$= \sum_{|\alpha|=0}^{\infty} |a_\alpha|^2 |z_1|^{2\alpha_1}\cdots|z_m|^{2\alpha_m} \leqq \max_{\|z\|=r}|g(z)|^2$$
$$\leqq r^{2d(\tau)} \cdot e^{2C(\tau)}.$$

従って, $\sum_{|\alpha|>d(\tau)}^{\infty} |a_\alpha|^2 |z_1|^{2\alpha_1}\cdots|z_m|^{2\alpha_m} = 0$,

$$g(z) = \sum_{|\alpha|=0}^{d(\tau)} a_\alpha z^\alpha$$

となる. $\tau \to \infty$ とすると $d(\tau) \to d$ なので, $g(z)$ は高々 d 次の多項式である.
∎

2.4.21 [定理](Stoll [64])　E を $\mathbf{C}^m$ 上の非負係数因子とする. E が高々 d 次の多項式の因子であるための必要十分条件は,

$$N(r,E) \leqq d\log r + O(1).$$

証明は, ワイエルストラスの標準積を拡張するワイエルストラス・シュ

トル標準積を作ることにより示される．野口・落合 [90] にはルロンにより簡約化された証明を与えてあるが，ここでは証明を略す．

2.4.22 [定理] $\mathbf{C}^m$ 上の有理型関数 $g(z)$ が有理関数であることと

$$T(r,g) = O(\log r)$$

とは，同値である．

証明 まず，

$$N(r,(g)_\infty) \leqq T(r,g) = O(\log r).$$

シュトルの定理 2.4.21 により，多項式 g_0 で，$(g_0) = (g)_\infty$ となるものがとれる．$g_1 = gg_0$ とおくと，これは正則関数で

$$T(r,g_1) \leqq T(r,g) + T(r,g_0) = O(\log r).$$

補題 2.4.20 より，g_1 は多項式であることが分かる．よって，g は有理関数である． 証了

2.4.23 [定理] N を射影代数的多様体とし，ω をその上のエルミート計量型式とする．有理型写像 $f: \mathbf{C}^m \to N$ が有理写像であるための必要十分条件は，

$$T_f(r,\omega) = O(\log r).$$

証明 埋め込み $N \hookrightarrow \mathbf{P}^l(\mathbf{C})$ をとることにより，$N = \mathbf{P}^l(\mathbf{C})$ とし，ω はフビニ・ストゥディ計量型式であるとしてよい．$\mathbf{P}^l(\mathbf{C})$ の同次座標 $w = [w_0, \ldots, w_l]$ をとり，$f(\mathbf{C}^m) \not\subset \{w_0 = 0\}$ とする．定理 2.4.12 より，

$$T\left(r, f^* \frac{w_j}{w_0}\right) = O(\log r).$$

よって，$f^*(w_j/w_0)$ は有理関数である．従って，f は有理写像である． 証了

5. ネヴァンリンナ不等式

定理 1.1.16 を $\mathbf{C}^m$ 上の有理型関数，さらに有理型写像に拡張する．これは次章初めの対数微分の補題の証明で本質的な役を果たす．

$f_1,\ldots,f_n$ を $\mathbf{C}^m$ 上の整関数で, $\mathbf{C}$ 上一次独立とする. ベクトル $w = (w_j) \in \mathbf{C}^n$ に対し

$$I(w) = \int_{\|z\|=1} \log \left| \sum_{j=1}^n w_j f_j(z) \right| \gamma(z)$$

とおく.

2.5.1 [補題] $I(w)$ は, $\{\|w\|=1\}$ 上で有界である.

証明 $M = \sup \left\{ \left| \sum_{j=1}^n w_j f_j(z) \right|; \|w\|=1, \|z\|=1 \right\} (< \infty)$ とおく. $\Gamma = \{w \in \mathbf{C}^n; \|w\|=1\}$ とおくと, Γ 上 $I(w) \leq \log M$. $I(w)$ の下方有界性を示す. $\log |\sum_{j=1}^n w_j f_j(\zeta)|, \zeta \in \mathbf{C}^m \cong \mathbf{R}^{2m}$ は, 定理 2.1.23 (i) より劣調和関数である. ポアソン積分をとることにより次が成立する.

$$\log \left| \sum_{j=1}^n w_j f_j(\zeta) \right| \leq \int_{\|z\|=1} \left(\log \left| \sum_{j=1}^n w_j f_j(z) \right| \right) \frac{1 - \|\zeta\|^2}{\|z - \zeta\|^{2m}} \gamma(z),$$

$$\|\zeta\| < 1.$$

任意の $a = (a_j) \in \Gamma$ に対し $\zeta_0 \in B(1)(\subset \mathbf{C}^m)$ を $\sum_{j=1}^n a_j f_j(\zeta_0) \neq 0$ ととる. a の Γ 内の近傍 W があって, 任意の $w \in W$ に対し

$$\left| \sum_{j=1}^n w_j f_j(\zeta_0) \right| \geq \frac{1}{2} \left| \sum_{j=1}^n a_j f_j(\zeta_0) \right| > 0.$$

従って $w \in W$ に対し

$$\log \frac{1}{2} \frac{\left| \sum_{j=1}^n a_j f_j(\zeta_0) \right|}{M}$$
$$\leq \int_{\|z\|=1} \left(\log \frac{\left| \sum_{j=1}^n w_j f_j(z) \right|}{M} \right) \frac{1 - \|\zeta_0\|^2}{\|z - \zeta_0\|^{2m}} \gamma(z)$$
$$\leq \frac{1 - \|\zeta_0\|^2}{(1 + \|\zeta_0\|)^{2m}} \int_{\|z\|=1} \log \frac{\left| \sum_{j=1}^n w_j f_j(z) \right|}{M} \gamma(z)$$
$$\leq \frac{1 - \|\zeta_0\|^2}{2^{2m}} (I(w) - \log M).$$

よって $I(w), w \in W$ は下方有界である. Γ はコンパクトであるから, $I(w)$ は Γ 上で下方有界である. 　　　　　　　　　　　　　　　　　　　　**証了**

2.5.2 [注意]　$I(w)$ は, $w \in \mathbf{C}^n \setminus \{0\}$ の連続関数であることが示されるが, その証明はもっと長くなる. ルベーグ積分論での収束定理が使えないので工夫が必要になる.

2.5.3 [定理]（ネヴァンリンナ不等式）　f を $\mathbf{C}^m$ 上の非定数有理型関数とする. ある定数 C があって任意の $a \in \mathbf{C} \cup \{\infty\}$ に対し
$$N(r,(f-a)_0) < T(r,f) + C, \qquad r \geqq 1.$$

証明　共通零因子をもたない整関数 f_1, f_2 をもって $f = f_2/f_1$ と表す. f を有理型写像 $f: z \in \mathbf{C}^m \to [f_1(z), f_2(z)] \in \mathbf{P}^1(\mathbf{C})$ とみなす. $a = [a_2, -a_1] \in \mathbf{P}^1(\mathbf{C}) \cong \mathbf{C} \cup \{\infty\}$ とおく. $|a_1|^2 + |a_2|^2 = 1$ と仮定してよい. 例 2.3.18 より
$$(f-a)_0 = (a_1 f_1 + a_2 f_2)_0 = f^* a,$$
$$m_f(r,a) = \int_{\|z\|=r} \log \frac{\sqrt{|f_1(z)|^2 + |f_2(z)|^2}}{|a_1 f_1(z) + a_2 f_2(z)|} \gamma(z) \geqq 0.$$

$\mathbf{P}^1(\mathbf{C})$ のフビニ・ストゥディ計量形式を ω とする. 第一主要定理 2.3.15 から
$$N(r, f^*a) \leqq T_f(r,\omega) + m_f(1,a),$$
$$m_f(1,a) = \int_{\|z\|=1} \log \frac{\sqrt{|f_1(z)|^2 + |f_2(z)|^2}}{|a_1 f_1(z) + a_2 f_2(z)|} \gamma(z)$$
$$= \int_{\|z\|=1} \log \sqrt{|f_1(z)|^2 + |f_2(z)|^2} \gamma(z)$$
$$- \int_{\|z\|=1} \log |a_1 f_1(z) + a_2 f_2(z)| \gamma(z).$$

補題 2.5.1 より, ある定数 C があって
$$m_f(1,a) < C, \qquad \forall a \in \mathbf{P}^1(\mathbf{C}).$$

また定理 2.4.7 より, $T_f(r,\omega) = T(r,f) + O(1)$. 以上より求める式を得る.
　　　　　　　　　　　　　　　　　　　　　　　　　　　　　　証了

次章での応用には上述のネヴァンリンナ不等式で十分であるが, 一般の複素射影代数的多様体 N への有理型写像 $f: \mathbf{C}^m \to N$ の場合に拡張しておこう. $L \to N$ をエルミート直線束とする. 任意の線形部分空間 $E \subset H^0(N, L)$ をとる.

2.5.4 [定理] 上の記号のもとで,任意の $\sigma \in E \setminus \{0\}$ に対し $f(\mathbf{C}^m) \not\subset \mathrm{Supp}\,(\sigma)$ と仮定する.ある定数 C が存在して,任意の $\sigma \in E \setminus \{0\}$ に対し

$$N(r, f^*(\sigma)) < T_f(r, L) + C, \qquad r \geqq 1.$$

証明 L のエルミート計量を $\|\cdot\|$ とする.L の f による引き戻し f^*L は,$\mathbf{C}^m$ 上の正則直線束である.$\mathbf{C}^m$ 上では,全ての直線束は自明である.同型 $f^*L \cong \mathbf{C}^m \times \mathbf{C}$ を一つ固定する.E の基底 $\sigma_1,\ldots,\sigma_n$ をとる.同型 $f^*L \cong \mathbf{C}^m \times \mathbf{C}$ より,$\mathbf{C}^m$ 上の整関数 $f_j(z) = (f^*\sigma_j)(z)$, $1 \leqq j \leqq n$ と C^∞ 正値関数 $h(z)$ が存在して,

$$f^*\omega_L = dd^c \log h(z),$$
$$\sum_{j=1}^n \|\sigma_j(f(z))\|^2 = \frac{\sum_j |f_j(z)|^2}{h(z)} \leqq 1, \qquad 1 \leqq j \leqq n.$$

$\sigma = \sum w_j \sigma_j$, $\|(w_j)\| = 1$ と表せば,第一主要定理 2.3.15 より,

$$N(r, f^*(\sigma)) = T_f(r, L) + m_f(1, (\sigma)) - m_f(r, (\sigma)),$$
$$m_f(1, (\sigma)) = \int_{\|z\|=1} \log \frac{\sqrt{h(z)}}{|\sum w_j f_j(z)|} \gamma(z).$$

$m_f(r, (\sigma)) \geqq 0$ に注意する.取り方から $f_j, 1 \leqq j \leqq n$ は $\mathbf{C}$ 上一次独立である.補題 2.5.1 より $m_f(1, (\sigma))$ は,$\sigma = \sum w_j \sigma_j$, $\|(w_j)\| = 1$ について有界である.従って,ある定数 C があって

$$N(r, f^*(\sigma)) < T_f(r, L) + C, \qquad r \geqq 1$$

が成立する. □

6. $\mathbf{C}^m$ の有限分岐被覆

X を既約正規複素空間とする.$X \xrightarrow{\pi} \mathbf{C}^m$ が $\mathbf{C}^m$ の有限分岐被覆であるとは,π が固有な有限正則全射写像であることをいう.この節では,$\mathbf{C}^m$ の有限分岐被覆 X を定義領域とするコンパクト複素多様体 N への有理型写像 $f : X \to N$ について知られていることを要約する.$m = 1$ かつ $N = \mathbf{P}^1(\mathbf{C})$ の場合は,古

くレムンドス (Rémoundos [27]), A. ヴァリロン (Valiron [29] [31]), H.L. ゼルバーグ (Selberg [30] [34]), ウルリッヒ (Ullrich [32]) らにより研究が始められた. 本質的なのは, $X \overset{\pi}{\to} \mathbf{C}^m$ が代数的でなく, 分岐が超越的な場合である.

$\pi : X \to \mathbf{C}^m$ の被覆度を p とする. X の特異点集合を $S(X)$ とすると, X は正規と仮定しているので, codim$X \geqq 2$ となる. X の非特異点集合 $R(X) = X \setminus S(X)$ で, det $d\pi$ の零点が定める因子を, 定理 2.2.5 により自然に X 上に拡張したものを $\pi : X \to \mathbf{C}^m$ の**分岐因子**と呼び, R と書く.

$$X(r) = \{x \in X; \|\pi(x)\| < r\}, \qquad \partial X(r) = \{x \in X; \|\pi(x)\| = r\}$$

とおく.

N 上のエルミート計量型式 ω に関する位数関数 $T_f(r,\omega)$ を次で定める.

$$(2.6.1) \qquad T_f(r,\omega) = \frac{1}{p} \int_1^r \frac{dt}{t^{2m-1}} \int_{X(t)} f^*\omega \wedge \pi^*\alpha^{m-1}.$$

N 上の直線束 L についても, 同様に $T_f(r,L)$ が定まる.

E を X 上の因子として, $E = \sum_\lambda k_\lambda E_\lambda$ を既約分解とする. その個数関数を (2.2.17) と同様に,

$$(2.6.2) \qquad n_k(t,E) = \frac{1}{p} \int_{X(t) \cap (\sum_\lambda \min\{k,k_\lambda\} E_\lambda)} \alpha^{m-1},$$

$$N_k(r,E) = \int_1^r \frac{n_k(t,E)}{t^{2m-1}} dt,$$

$$n(t,E) = n_\infty(t,E), \qquad N(r,E) = N_\infty(r,E)$$

と定義する. N 上の非負係数因子 D に対し (2.3.14) でのように, 接近関数を

$$(2.6.3) \qquad m_f(r,D) = \frac{1}{p} \int_{\partial X(r)} \log \frac{1}{\|\sigma \circ f\|} \pi^*\gamma$$

と定義する.

以下結果を紹介するのみに留める. 証明は, 野口 [76a] [76b] を参照されたい.

2.6.4 [定理] (第一主要定理) $f(X) \not\subset D$ とすると,

$$T_f(r, L(D)) = N(r, f^*D) + m_f(r, D) + O(1).$$

有理型写像 $f: X \to N$ が π の**ファイバーを分離**するとは，ある点 $z \in \mathbf{C}^m$ があって，$\pi^{-1}(z) \cap (R \cup I(f)) = \emptyset$ かつ f が $\pi^{-1}(z)$ の各点で相異なる値をもつこととする．

2.6.5 [補題] 任意の $f: X \to N$ に対し，ある有限分岐被覆 $\pi': X' \to \mathbf{C}^m$, 固有な有限正則全射写像 $\eta: X \to X'$ および有理型写像 $f': X' \to N$ が存在して，次が成立する．

 (i) $\pi = \pi' \circ \eta$, $f = f' \circ \eta$.
 (ii) f' は，π' のファイバーを分離する．
 (iii) $T_{f'}(r, \omega) = T_f(r, \omega)$, $N(r, f'^*D) = N(r, f^*D)$, $m_{f'}(r, D) = m_f(r, D)$.

2.6.6 [補題] (代数性の判定 1) X がアファイン代数的で，$\pi: X \to \mathbf{C}^m$ が有理写像であるため必要十分条件は，
$$N(r, R) = O(\log r).$$
このとき，$X \xrightarrow{\pi} \mathbf{C}^m$ は代数的であるという．

2.6.7 [定理] L を $\mathbf{P}^n(\mathbf{C})$ 上の超平面束とする．有理型写像 $f: X \to \mathbf{P}^n(\mathbf{C})$ が π のファイバーを分離しているならば，次が成立する．

 (i) $N(r, R) \leqq (2p-2) T_f(r, L) + O(1)$.
 (ii) (代数性の判定 2) X が代数的かつ $f: X \to \mathbf{P}^n(\mathbf{C})$ が有理写像であるための必要十分条件は，
$$T_f(r, L) = O(\log r).$$

H.L. ゼルバーグ (Selberg [30]) は，$m = n = 1$ の場合に上述の (i) を証明した．

3
微分非退化写像の第二主要定理

1970年代に入り，P.A. グリフィスらはネヴァンリンナの理論を高次元化し，アファイン代数多様体 W から射影代数多様体 V への微分非退化な正則写像 $f: W \to V$ で，$\mathrm{rank}\, df = \dim V$ の場合に拡張した．これは，ネヴァンリンナ・ワイル・アールフォルスの理論の多変数化を進展させてきていた W. シュトルの扱いとは一線を画す斬新なものであった．有理型写像への拡張を含め多くの研究が行われ，応用も色々開発され，新しい局面を値分布論に開いた．

1. 対数微分の補題

第1章でみたように，第二主要定理の証明において，解析的部分の本質は対数微分の補題にあった．この節では，ヴィッター (Vitter [77]) によるその多変数版を証明する．ヴィッターの証明はグリフィス・キング (Griffiths-King [73]) のアイデアに基づく負曲率法を用いる．その別証明としてビアンコフィオーレ・シュトル (Biancofiore-Stoll [81]) によるものもある．ここでは第三の証明として，最も簡明なネヴァンリンナ不等式を用いるものを与える．これは，補題 1.2.2 の証明と同じアイデアに基づく．

$\mathbf{C}^m$ の標準座標系を $z = (z_1, \ldots, z_m)$ とし，$\mathbf{C}^m$ 上の有理型関数 g に対し，偏微分 $\partial g/\partial z_j, 1 \leqq j \leqq m$ をとり，

$$\|dg\| = \left(\sum_{j=1}^m \left| \frac{\partial g}{\partial z_j} \right|^2 \right)^{1/2}$$

とおく．(2.4.6) で定義された記号 $m(r, \bullet)$ を実関数に対しても使うことにして，

$$m\left(r, \frac{\|dg\|}{|g|}\right) = \int_{\|z\|=r} \log^+ \frac{\|dg\|}{|g|} \gamma$$

とおく．

3.1.1 [補題] $\mathbf{C}^m$ 上の有理型関数 $g \not\equiv 0$ に対して，
$$m\left(r, \frac{\frac{\partial g}{\partial z_j}}{g}\right) \leq m\left(r, \frac{\|dg\|}{|g|}\right) = S(r,g), \qquad 1 \leq j \leq m.$$

ただし，$S(r,g)$ は (1.2.4) で定義した量である．

証明 $\mathbf{P}^1(\mathbf{C})$ 上の特異計量型式
$$\Phi = \frac{1}{|w|^2(1+(\log|w|)^2)} \frac{i}{4\pi^2} dw \wedge d\bar{w}$$

を考える．
$$\int_{\mathbf{P}^1(\mathbf{C})} \Phi = 1,$$

(3.1.2) $\qquad 2m\pi g^*\Phi \wedge \alpha^{m-1} = \dfrac{\|dg\|^2}{|g|^2(1+(\log|g|)^2)} \alpha^m$

である．
$$\mu(r) = \int_1^r \frac{dt}{t^{2m-1}} \int_{\|z\|<t} g^*\Phi \wedge \alpha^{m-1}$$

とおく．フビニの定理より
$$\mu(r) = \int_{\mathbf{P}^1(\mathbf{C})} \int_1^r \frac{dt}{t^{2m-1}} \int_{\{\|z\|<t\} \cap (g-w)_0} \alpha^{m-1} \Phi(w)$$
$$\leq \int_{\mathbf{P}^1(\mathbf{C})} N(r,(g-w)_0) \Phi(w).$$

ネヴァンリンナ不等式，定理 2.5.3 から，

(3.1.3) $\qquad \mu(r) \leq \displaystyle\int_{\mathbf{P}^1(\mathbf{C})} (T(r,g)+C)\Phi(w) = T(r,g)+C.$

$\log$ が凹関数であることと (3.1.2) および補題 1.2.1 を使って以下の計算をする．

1. 対数微分の補題

(3.1.4) $m\left(r, \dfrac{\|dg\|}{|g|}\right)$

$\leqq \dfrac{1}{2}\displaystyle\int_{\|z\|=r} \log^+\left(\dfrac{\|dg\|^2}{(1+(\log|g|)^2)|g|^2}\left(1+(\log|g|)^2\right)\right)\gamma$

$\leqq \dfrac{1}{2}\displaystyle\int_{\|z\|=r} \log^+ \dfrac{\|dg\|^2}{(1+(\log|g|)^2)|g|^2}\gamma$

$\qquad +\dfrac{1}{2}\displaystyle\int_{\|z\|=r} \log^+\left(1+\left(\log^+|g|+\log^+\dfrac{1}{|g|}\right)^2\right)\gamma$

$\leqq \dfrac{1}{2}\displaystyle\int_{\|z\|=r} \log\left(1+\dfrac{\|dg\|^2}{(1+(\log|g|)^2)|g|^2}\right)\gamma$

$\qquad +\displaystyle\int_{\|z\|=r} \log^+\left(\log^+|g|+\log^+\dfrac{1}{|g|}\right)\gamma+\dfrac{1}{2}\log 2$

$\leqq \dfrac{1}{2}\log\left(1+\displaystyle\int_{\|z\|=r} \dfrac{\|dg\|^2}{(1+(\log|g|)^2)|g|^2}\gamma\right)$

$\qquad +\displaystyle\int_{\|z\|=r} \log\left(1+\log^+|g|+\log^+\dfrac{1}{|g|}\right)\gamma+\dfrac{1}{2}\log 2$

$\leqq \dfrac{1}{2}\log\left(1+\dfrac{1}{2mr^{2m-1}}\dfrac{d}{dr}\displaystyle\int_{B(r)} \dfrac{\|dg\|^2}{(1+(\log|g|)^2)|g|^2}\alpha^m\right)$

$\qquad +\log\left(1+m(r,g)+m\left(r,\dfrac{1}{g}\right)\right)+\dfrac{1}{2}\log 2$

$\leqq \dfrac{1}{2}\log\left(1+\dfrac{\pi}{r^{2m-1}}\dfrac{d}{dr}\displaystyle\int_{B(r)} g^*\Phi\wedge\alpha^{m-1}\right)$

$\qquad +\log^+ T(r,g)+O(1)$

$\leqq \dfrac{1}{2}\log\left(1+\dfrac{\pi}{r^{2m-1}}\left(\displaystyle\int_{B(r)} g^*\Phi\wedge\alpha^{m-1}\right)^{1+\delta}\right)$

$\qquad +\log^+ T(r,g)+O(1)\|_{E_1(\delta)}$

$\leqq \dfrac{1}{2}\log\left(1+\pi r^{\delta(2m-1)}\left(\dfrac{d}{dr}\displaystyle\int_1^r \dfrac{dt}{t^{2m-1}}\displaystyle\int_{B(t)} g^*\Phi\wedge\alpha^{m-1}\right)^{1+\delta}\right)$

$\qquad +\log^+ T(r,g)+O(1)\|_{E_1(\delta)}$

$\leqq \dfrac{1}{2}\log\left(1+\pi r^{\delta(2m-1)}\mu(r)^{(1+\delta)^2}\right)+\log^+ T(r,g)+O(1)\|_{E_2(\delta)}$

$\leqq \left(1+\dfrac{(1+\delta)^2}{2}\right)\log^+\mu(r)+\dfrac{\delta(2m-1)}{2}\log^+ r+O(1)\|_{E_2(\delta)}.$

これと (3.1.3) より，
$$m\left(r, \frac{\|dg\|}{|g|}\right) = S(r, g)$$
が従う． 証了

2. 微分非退化写像の第二主要定理

V を n 次元複素射影代数的多様体とし，有理型写像 $f: \mathbf{C}^m \to V$ を考える．f が**微分非退化**であるとは，ある点 $z \in \mathbf{C}^m \setminus I(f)$ で微分 df の階数が m になることをいう．

微分非退化な正則写像 $f: \mathbf{C}^n \to V$ と V 上の因子に対する第二主要定理は，初めカールソン・グリフィス (Carlson-Griffiths [72]) で示され，その後グリフィス・キング (Griffiths-King [73]) が定義域を $m (\geqq n)$ 次元複素アフィン代数多様体の場合に拡張した．さらに，酒井 [74a] は，小平次元の概念を用いて拡張し，シッフマン (Shiffman [75]) は微分非退化有理型写像 $f: \mathbf{C}^m \to V$ の場合に拡張した．$\mathbf{C}^m$ 上の有限分岐被覆空間から V への微分非退化有理型写像の場合は，野口 [76a] で証明された．シュトル (Stoll [77a]) は，定義域をさらに一般の放物型多様体の場合に一般化した．

さて，読者は次のような疑問をもつであろう．$f: \mathbf{C}^n \to V$ が微分非退化ならば，測度零の集合を除いてほとんど全ての点 $x \in f(\mathbf{C}^n)$ に対して逆像 $f^{-1}x$ は離散集合になり，その分布を調べるのが自然であろう．因子の逆像を調べる理由は何なのであろうか．この問題の背後には，安定性の問題が横たわっているように思われる．ある意味で，因子の逆像にはたとえ写像が超越的でもある種の安定性がある．それを示すのが第二主要定理であるともいえる．一方，点の逆像には，少なくとも次のような理由で安定性がない．

(i) (ファツー (Fatou [22]), ビーベルバッハ (Bieberbach [33])) 単射正則写像 $f: \mathbf{C}^2 \to \mathbf{C}^2$ で，ヤコビアン $J(f) \equiv 1$ であるが，$\mathbf{C}^2 \setminus f(\mathbf{C}^2)$ が非空開集合を含むものがある．さらに，別のそのような単射正則写像 $g: \mathbf{C}^2 \to \mathbf{C}^2$ で，$f(\mathbf{C}^2) \cap g(\mathbf{C}^2) = \emptyset$ となるものがとれる．このような f に対しては $f^{-1}x$ は，ある開集合上空集合で，また別の開集合上では 1 点集合になり，安定性がない．

(ii) 最近ブッザード・ルウ (Buzzard-Lu [00]) は，$n (\geqq 2)$ 次元複素トーラス

N と非空開集合 $U \subset N$ に対し，微分非退化正則写像 $f: \mathbf{C}^n \to N \setminus U$ を構成した．$\pi: \mathbf{C}^n \to N$ を普遍被覆写像とし，$\tilde{U} = \pi^{-1}U$ とおく．$\tilde{f}: \mathbf{C}^n \to \mathbf{C}^n$ を f の持ち上げとする．$\tilde{f}$ は微分非退化で，格子状に分布している開集合 $\tilde{U}$ に対し，$\tilde{f}^{-1}\tilde{U} = \emptyset$ である．

(iii) (コルナルバ・シッフマン (Cornalba-Shiffman [72])) やはり正則写像 $f: z \in \mathbf{C}^2 \to (f_1(z), f_2(z)) \in \mathbf{C}^2$ を考える．各正則関数 f_1, f_2 の位数が零でも，共通零点 $f^{-1}0$ は，離散集合で位数が無限になるものが作れる．$\mathbf{C}^m$ のいくつかの解析集合 A_ν の増大度から共通部分 $\bigcap_\nu A_\nu$ の増大度を評価する問題は，超越ベズー問題と呼ばれるが，この例は，それが一般には成立しないことを示している．これは，(i), (ii) の理由に比べると少し弱い感じがするが，それでも点の逆像分布を調べる難しさを十分に表している．

一般に n 次元複素多様体 N 上に非負値 $2n$ 型式 Ω が与えられているとする．N の正則局所座標 $x = (x_1, \ldots, x_n)$ について，$\Omega(x) = A(x)\bigwedge_{j=1}^n \frac{i}{2\pi} dx_j \wedge d\bar{x}_j$ と表すとき，その**リッチ型式** $\mathrm{Ric}\,\Omega$ を

$$\mathrm{Ric}\,\Omega = dd^c \log A(x) = \frac{i}{2\pi}\partial\bar{\partial}\log A(x)$$

と定義する．もちろんこれは，定義可能な所でのみ考える．

$\mathbf{P}^n(\mathbf{C})$ 上のフビニ・ストゥディ計量型式 ω_0 に対しては，

(3.2.1) $$\mathrm{Ric}\,\omega_0^n = -(n+1)\omega_0.$$

さて，V 上に被約因子 $D = \sum_{j=1}^q D_j$ が与えられているとする．これが，**正規交叉的**であるとは，各点 $a \in V$ に正則局所座標近傍 $U(x_1, \ldots, x_n)$ と $0 \leq k \leq n$ がとれて，

$$U \cap D = \{x_1 \cdots x_k = 0\}$$

となることとする．$k = 0$ のときは，$U \cap D = \emptyset$ と考える．さらに各 D_j が非特異であるとき，D は**単純正規交叉的**であるという．K_V で V の標準束（正則 n-型式の直線束）を表す．

3.2.2 [定理](第二主要定理 (Carlson-Griffiths [72], Griffiths-King [73])) $L \to V$ を直線束，$f: \mathbf{C}^m \to V$ $(m \geq n)$ を微分非退化有理型写像とする．

$D = \sum_{j=1}^{q} D_j \in |L|$ を単純正規交叉的因子とする.V 上のエルミート計量型式 ω を一つ固定する.このとき次が成立する.

$$T_f(r, L) + T_f(r, K_V) \leq \sum_{j=1}^{q} N_1(r, f^* D_j) + S_f(r, \omega).$$

証明 各直線束 $L(D_j)$ にエルミート計量 $\|\cdot\|$ をとり,$\sigma_j \in H^0(V, L(D_j))$ を,$(\sigma_j) = D_j, \|\sigma_j\| < 1$ ととる.$L = \bigotimes_{j=1}^{q} L(D_j), \omega_L = \sum_{j=1}^{q} \omega_{L(D_j)}$ に注意する.V 上に特異体積型式 Φ を次のように定める.

$$\Phi = \frac{1}{\prod_{j=1}^{q} \|\sigma_j\|^2} \omega^n.$$

単純正規交叉の条件から,V のアファイン被覆 $\{U_\lambda\}$ と U_λ 上の有理正則関数 $x_{\lambda 1}, \ldots, x_{\lambda n}$ が存在して,

$$U_\lambda \cap D = \{x_{\lambda 1} \cdots x_{\lambda k_\lambda} = 0\}, \quad \exists k_\lambda \leq n,$$
$$dx_{\lambda 1} \wedge \cdots \wedge dx_{\lambda n}(a) \neq 0, \quad \forall a \in U_\lambda$$

が成立するようにできる.さらに,$L(D_j)|_{U_\lambda} \cong U_\lambda \times \mathbf{C}, 1 \leq j \leq q$ と自明化されているとしてよい.各 U_λ 上

$$\Phi|_{U_\lambda} = \frac{\phi_\lambda}{|x_{\lambda 1}|^2 \cdots |x_{\lambda k_\lambda}|^2} \bigwedge_{k=1}^{n} \frac{i}{2\pi} dx_{\lambda k} \wedge d\bar{x}_{\lambda k}$$

と書かれる.ただし,ϕ_λ は正値 C^∞ 級関数である.$\{U_\lambda\}$ に属する 1 の分割 $\{c_\lambda\}$ をとり,

$$\Phi_\lambda = c_\lambda \phi_\lambda \bigwedge_{k=1}^{k_\lambda} \left(\frac{i}{2\pi} \frac{dx_{\lambda k} \wedge d\bar{x}_{\lambda k}}{|x_{\lambda k}|^2} \right) \wedge \bigwedge_{k=k_\lambda+1}^{n} \frac{i}{2\pi} dx_{\lambda k} \wedge d\bar{x}_{\lambda k}$$

とおくと,$\Phi = \sum_\lambda c_\lambda \Phi|_{U_\lambda} = \sum_\lambda \Phi_\lambda$.$\Phi_\lambda$ を U_λ の外では 0 として V 上に拡張しておく.$x_{\lambda k} \circ f(z) = f_{\lambda k}(z)$ と表すと,

(3.2.3) $$f^* \Phi_\lambda = c_\lambda \circ f \cdot \phi_\lambda \circ f \cdot \bigwedge_{k=1}^{k_\lambda} \left(\frac{i}{2\pi} \frac{df_{\lambda k} \wedge d\bar{f}_{\lambda k}}{|f_{\lambda k}|^2} \right)$$
$$\wedge \bigwedge_{k=k_\lambda+1}^{n} \frac{i}{2\pi} df_{\lambda k} \wedge d\bar{f}_{\lambda k}.$$

$f_{\lambda k}$ は, V 上の有理関数 $x_{\lambda k}$ の引き戻しであるから定理 2.4.17 より次が分かる.

(3.2.4) $$T(r, f_{\lambda k}) = O(T_f(r, \omega)) + O(1).$$

f は微分非退化であるから, $f^*\Phi \wedge \alpha^{m-n} \not\equiv 0$ で,

$$f^*\Phi \wedge \alpha^{m-n} = \xi \alpha^m, \qquad f^*\Phi_\lambda \wedge \alpha^{m-n} = \xi_\lambda \alpha^m$$

と定義すると, $\xi = \sum_\lambda \xi_\lambda$ となり, 次のカレント不等式を得る.

(3.2.5) $$dd^c[\log \xi] = dd^c \left[\log\left(\sum_\lambda \xi_\lambda\right)\right] \geqq f^*\mathrm{Ric}\,\Phi - \mathrm{Supp}\, f^*D$$
$$= f^*\omega_L + f^*\mathrm{Ric}\,\omega^n - \mathrm{Supp}\, f^*D.$$

これにイェンゼンの公式 (補題 2.1.30) を適用すると,

(3.2.6) $T_f(r, \omega_L) + T_f(r, \mathrm{Ric}\,\omega^n)$
$$\leqq N_1(r, f^*D) + \int_{\|z\|=r} \log\left(\sum_\lambda \xi_\lambda\right)\gamma - \int_{\|z\|=1} \log\left(\sum_\lambda \xi_\lambda\right)\gamma.$$

ここで,
$$f^*\omega \wedge \alpha^{m-1} = \zeta \alpha^m$$

とおく. (3.2.3) で c_λ がかかっていることに注意すると, ξ_λ は ζ と対数偏微分の絶対値 $|(\partial f_{\lambda k}/\partial z_j)/f_{\lambda k}|, 1 \leqq j \leqq m, 1 \leqq k \leqq n$ の多項式 $P_\lambda(\zeta, |(\partial f_{\lambda k}/\partial z_j)/f_{\lambda k}|)$ で上から評価されることが分かる. つまり,

$$\xi_\lambda \leqq P_\lambda(\zeta, |(\partial f_{\lambda k}/\partial z_j)/f_{\lambda k}|).$$

これより,
$$\log^+ \xi_\lambda \leq O\left(\log^+ \zeta + \sum_k \log^+ \frac{\|df_{\lambda k}\|}{|f_{\lambda k}|}\right) + O(1).$$

よって, 次の評価が得られる.
$$\int_{\|z\|=r} \log\left(\sum_\lambda \xi_\lambda\right)\gamma \leqq \sum_\lambda \int_{\|z\|=r} \log^+ \xi_\lambda \gamma + O(1)$$
$$\leqq O\left(\sum_{\lambda,k} \int_{\|z\|=r} \log^+ \frac{\|df_{\lambda k}\|}{|f_{\lambda k}|}\gamma\right) + O\left(\int_{\|z\|=r} \log^+ \zeta \gamma\right) + O(1).$$

ここで第一項に補題 3.1.1 と (3.2.4) を使って，
$$\int_{\|z\|=r} \log\left(\sum_\lambda \xi_\lambda\right)\gamma \leqq S_f(r,\omega) + O\left(\int_{\|z\|=r} \log^+ \zeta\gamma\right).$$
従って，次が示されれば証明は終わる．

(3.2.7) $$\int_{\|z\|=r} \log^+ \zeta\gamma = S_f(r,\omega).$$

これは，((3.1.4)) の計算と同じ方法を使う．$0 < \delta < 1$ を任意にとり補題 1.2.1 (ボレルの補題) を適用し，以下のように計算する．

(3.2.8)
$$\int_{\|z\|=r} \log^+ \zeta\gamma \leqq \int_{\|z\|=r} \log(1+\zeta)\gamma$$
$$\leqq \log\left(1 + \int_{\|z\|=r} \zeta\gamma\right)$$
$$\leqq \log\left(1 + \frac{1}{2mr^{2m-1}}\frac{d}{dr}\int_{B(r)} \zeta\alpha^m\right)$$
$$\leqq \log\left(1 + \frac{1}{2mr^{2m-1}}\left(\int_{B(r)} f^*\omega \wedge \alpha^{m-1}\right)^{1+\delta}\right)\|_{E_1(\delta)}$$
$$\leqq \log\left(1 + \frac{r^{(2m-1)\delta}}{2m}\left(\frac{d}{dr}\int_1^r \frac{dt}{t^{2m-1}}\int_{B(t)} f^*\omega \wedge \alpha^{m-1}\right)^{1+\delta}\right)\|_{E_1(\delta)}$$
$$\leqq \log\left(1 + \frac{r^{(2m-1)\delta}}{2m}\left(\int_1^r \frac{dt}{t^{2m-1}}\int_{B(t)} f^*\omega \wedge \alpha^{m-1}\right)^{(1+\delta)^2}\right)\|_{E_2(\delta)}$$
$$\leqq \log\left(1 + \frac{r^{(2m-1)\delta}}{2m}(T_f(r,\omega))^{(1+\delta)^2}\right)\|_{E_2(\delta)}$$
$$\leqq 4\log^+ T_f(r,\omega) + (2m-1)\delta\log r + O(1)\|_{E_2(\delta)}$$
$$= S_f(r,\omega).$$

これで (3.2.7) が分かったので，定理の証明が完結した． **証了**

3.2.9 [系] D を V 上の単純正規交叉的被約因子とする．次のどちらかを仮定する．

(i) $c_1(L(D) \otimes K_V) > 0$.

(ii) (2.3.8) の記号を用いて，$\sup\{\dim \Phi_{(L(D) \otimes K_V)^\nu}(V); \nu \in \mathbf{N}\} = \dim V$.

このとき，任意の有理型写像 $f: \mathbf{C}^m \to V \setminus D$, $m \geqq \dim V$ は微分退化する．

特に，$\sup\{\dim \Phi_{K_V^\nu}(V); \nu \in \mathbf{N}\} = \dim V$ （このとき代数多様体の分類理論で，V は一般型多様体と呼ばれる）ならば，任意の有理型写像 $f: \mathbf{C}^m \to V$, $m \geqq \dim V$ は微分退化する．

証明 条件 (i) がみたされれば，定理 2.3.11 により，(ii) がみたされる．しかし直接にも，(i) ならば直ちに非定写像 $f: \mathbf{C}^m \to V$ に対し系 2.3.16 より定数 $C > 0$ があって，

$$T_f(r, L(D) \otimes K_V) \geqq C \log r + O(1)$$

が分かるので，主張は定理 3.2.2 より従う．

(ii) の場合は，仮定よりある $\nu \in \mathbf{N}$ があって，

$$\dim \Phi_{(L(D) \otimes K_V)^\nu}(V) = \dim V.$$

$H^0(V, (L(D) \otimes K_V)^\nu)$ の基底 $\sigma_j, 0 \leqq j \leqq N$ をとり $\phi_j = \sigma_j/\sigma_0$ とおけば，V 上の有理関数族 $\{\phi_j\}_{j=1}^N$ は $\mathbf{C}(V)$ の超越基底を含む．有理型写像 $f: \mathbf{C}^m \to V \setminus D$ が微分非退化とすると，もちろん代数的非退化で，$f^*\phi_j$ が定義される．V 上の直線束 $L_0 > 0$ をとる．定理 2.4.8 と定理 3.2.2 により

$$T_f(r, \{\phi_j\}) \leqq T_f(r, (L(D) \otimes K_V)^\nu) + O(1) \leqq S_f(r, \omega_{L_0}).$$

定理 2.4.17 によりある定数 $C_1 > 0$ が存在して，

$$C_1^{-1} T_f(r, \{\phi_j\}) + O(1) \leqq T_f(r, L_0) \leqq C_1 T_f(r, \{\phi_j\}) + O(1).$$

系 2.3.16 よりある定数 $C_2 > 0$ があって

$$\log r \leqq C_2 T_f(r, L_0) + O(1).$$

以上より，任意の $\delta > 0$ に対し，

$$T_f(r, L_0) \leqq O(\log T_f(r, L_0)) + \delta \log r \parallel_{E(\delta)}.$$

よって矛盾，$1 \leqq C_2 \delta$, を得る． □

第二主要定理 3.2.2 の上述の証明は，もとのグリフィスらのものと異なり，計算的にはだいぶ簡略化されている．与えられた因子から計量を構成し，それを適当な直線束の部分と不変な微分（対数微分）の部分に分ける形がよく出ている．本書では，各種の第二主要定理全てにこの考え方による証明を与えた．第1章の一変数有理型関数の第二主要定理の証明もそのようになっているので，参照されたい．

グリフィスらによるこれまでの証明では，負曲率法と呼ばれるものによっていた．これは，$L(D) \otimes K_V > 0$ の条件下，D に特異性をもつある特異計量 Ψ を，$\mathrm{Ric}\, \Psi \geqq \Psi$ がみたされるように V 上に構成し，それを用いるものであった．負曲率法はそれ自体として興味深く，有力な方法であるので学ぶ価値がある．カールソン・グリフィス (Carlson-Griffiths [72]) の証明を直接参照されたい．ここまでの知識で十分読むことができるはずである．

一般に，V 上の直線束 L に対し，次のようにおく．

$$(3.2.10) \quad \underline{\left[\frac{c_1(L)}{\omega}\right]} = \sup\{s \in \mathbf{R}; \exists \omega_L \in c_1(L), \omega_L > s\omega\},$$

$$\overline{\left[\frac{c_1(L)}{\omega}\right]} = \inf\{s \in \mathbf{R}; \exists \omega_L \in c_1(L), \omega_L < s\omega\}.$$

定義より次が簡単に分かる．

$$(3.2.11) \quad \underline{\left[\frac{c_1(L)}{\omega}\right]} \leqq \varliminf_{r \to \infty} \frac{T_f(r, L)}{T_f(r, \omega)} \leqq \varlimsup_{r \to \infty} \frac{T_f(r, L)}{T_f(r, \omega)} \leqq \overline{\left[\frac{c_1(L)}{\omega}\right]}.$$

定理 3.2.2 より，

$$\sum_{i=1}^{q} (T_f(r, L(D_i)) - N_1(r, f^*D_i)) \leqq T_f(r, K_V^{-1}) + S_f(r, \omega).$$

従って，

$$\sum \left(1 - \frac{N_1(r, f^*D_i)}{T_f(r, L(D_i))}\right) \cdot \frac{T_f(r, L(D_i))}{T_f(r, \omega)} \leqq \frac{T_f(r, K_V^{-1})}{T_f(r, \omega)} + \frac{S_f(r, \omega)}{T_f(r, \omega)}.$$

これより，

$$(3.2.12) \quad \sum \delta_1(f, D_i) \varliminf_{r \to \infty} \frac{T_f(r, L(D_i))}{T_f(r, \omega)} \leqq \varlimsup_{r \to \infty} \frac{T_f(r, K_V^{-1})}{T_f(r, \omega)}.$$

$f^*D_i = \sum_\lambda \mu_{i\lambda} A_{i\lambda}$ (既約分解) とするとき, $\min_\lambda \{\mu_{i\lambda}\} = \mu_i$ とおき, f は D_i で μ_i-**完全分岐**しているという. $f^{-1}D_i = \emptyset$ の場合は, $\mu_i = \infty$ と考える. 以上より, (3.2.11) と (3.2.12) から次を得る.

3.2.13 [定理]　定理 3.2.2 と同じ条件を仮定する.

(i) (欠除指数関係式)

$$\sum_{i=1}^q \delta_1(f, D_i) \underline{\left[\frac{c_1(L(D_i))}{\omega}\right]} \leqq \overline{\left[\frac{c_1(K_V^{-1})}{\omega}\right]}.$$

特に, $c_1(L(D_1)) = \cdots = c_1(L(D_q)) = [\omega] > 0$ ならば,

$$\sum \delta_1(f, D_i) \leqq \overline{\left[\frac{c_1(K_V^{-1})}{\omega}\right]}.$$

(ii) （分岐定理）f が各 D_i で, μ_i-完全分岐していれば,

$$\sum \left(1 - \frac{1}{\mu_i}\right) \underline{\left[\frac{c_1(L(D_i))}{\omega}\right]} \leqq \overline{\left[\frac{c_1(K_V^{-1})}{\omega}\right]}.$$

(ii) の証明は, 定理 1.2.13 と同様である.

3.2.14 [例]　(i) $V = \mathbf{P}^n(\mathbf{C}), D_i, 1 \leqq i \leqq q$ を d_i 次超曲面とし, $\sum D_i$ は単純正規交叉的であるとする. ω_0 をフビニ・ストゥディ計量型式とすると, (3.2.1) より, $c_1(K_{\mathbf{P}^n(\mathbf{C})}) = -(n+1)[\omega_0], c_1(L(D_i)) = d_i[\omega_0]$ となる. 有理型写像 $f : \mathbf{C}^n \to \mathbf{P}^n(\mathbf{C})$ が, 微分非退化ならば,

$$\sum \delta_1(f, D_i) d_i \leqq n + 1.$$

全ての D_i が超平面のときは, $d_i = 1$ なので,

$$\sum \delta_1(f, D_i) \leqq n + 1.$$

特に,

$$f : (z_1, \ldots, z_n) \in \mathbf{C}^n \to [1, e^{z_1}, \ldots, e^{z_n}] = [x_0, \ldots, x_n] \in \mathbf{P}^n(\mathbf{C}),$$
$$D_i = \{x_i = 0\}, \quad 0 \leqq i \leqq n$$

を考えれば，$\delta_1(f, D_i) = 1, 0 \leqq i \leqq n, \sum_i \delta_1(f, D_i) = n+1$ となる．

(ii)（酒井）定理 3.2.2 で D の正規交叉性に関する条件は，外せない．実際，$\mathbf{P}^2(\mathbf{C})$ でその同次座標を $[w_0, w_1, w_2]$ とするとき

$$D = \{F = (w_0)^{k-1} w_2 - (w_1)^k = 0\}, \qquad k > 1$$

とおくと，D は $[0,0,1]$ で特異点をもっている．微分非退化正則写像

$$f : (z_1, z_2) \in \mathbf{C}^2 \to [1, z_1, (z_1)^k + e^{z_2}] \in \mathbf{P}^2(\mathbf{C})$$

について，$F \circ f(z) = e^{z_2}$．従って，$f(\mathbf{C}^2) \cap D = \emptyset, \forall k > 1$．一方，

$$c_1(L(D)) + c_1(K_{\mathbf{P}^2(\mathbf{C})}) = (k-3)[\omega_0] > 0, \qquad k \geqq 4$$

となり，$k \geqq 4$ に対し定理 3.2.2 は成立しえない．

(iii) $V \subset \mathbf{P}^{n+1}(\mathbf{C})$ を d 次非特異超曲面とすると，V の法線束の計算から簡単に（例えば，野口・落合 [90]，p. 252）

$$c_1(K_V) = (n+1-d)[\omega_0|V].$$

$D_i, 1 \leqq i \leqq q$ を d_i 次超曲面と V との切り口とし，$\sum D_i$ は単純正規交叉的であるとする．このとき，微分非退化有理型写像 $f : \mathbf{C}^n \to V$ に対して，

$$\sum \delta_1(f, D_i) d_i \leqq n+1-d.$$

つまり，そのような f が存在するためには，$d \leqq n+1$ が必要条件となる．$n = 3$ とすると，$d \leqq 4$ である．$d \leqq 3$ ならば，V は有理曲面であるから，確かにそのような f は存在する．$d = 4$ のときは，V は K3 曲面と呼ばれるものになる．フェルマー型の 4 次曲面は，クンマー曲面と呼ばれる，あるアーベル曲面 A（この場合は，ある楕円曲線の直積）を位数 2 の自己同型群 $\{\pm 1\}$ で割ったもの $A/\{\pm 1\}$ の 16 個の固定点からくる特異点を 1 回改変操作したものになっている（Pjateckiĭ-Šapiro-Safarevič [71]）．従って，構成の仕方から微分非退化有理型写像 $f : \mathbf{C}^2 \to V$ がある．さらに，ブッザード・ルウ（Buzzard-Lu [00]）によれば，16 個の固定点を除外する微分非退化正則写像 $g : \mathbf{C}^2 \to A$ があるということであるから，これと商写像を合成することにより，微分非退化な正則写像 $h : \mathbf{C}^2 \to V$ もできることになる．

ちなみに，これは Green [78], Theorem 2 の反例を与えていることを注意しておこう．

(iv) V を n 次元アーベル多様体 A とする．$K_A = \mathbf{1}_A$ である．まず任意の有理型写像 $f : \mathbf{C}^m \to A$ は，正則になることが次のように分かる．$\mathrm{codim} I(f) \geqq 2$ であることから，$\mathbf{C}^m \setminus I(f)$ は単連結になり，$f|(\mathbf{C}^n \setminus I(f))$ は，持ち上げ $F : \mathbf{C}^m \setminus I(f) \to \mathbf{C}^n$ をもつ．接続定理 2.2.6 (ii) から，F は $\mathbf{C}^m$ 上に正則に接続される．よって，f も正則になる．

D を任意の非特異既約因子とする．$\mathrm{St}(D)$ を $\{x \in A; x + D = D\}$ の 0 を含む連結成分すると $\mathrm{St}(D)$ は A のアーベル部分多様体になる．商写像 $\lambda : A \to A/\mathrm{St}(D)$ による D の像を D_0 とすると，$\lambda^{-1}(D_0) = D$，かつ $L(D_0) > 0$ となることが知られている (Weil [58])．従って，初めから $L(D) > 0$ としてよい．定理 3.2.2 より微分非退化正則写像 $f : \mathbf{C}^n \to A$ に対し，

$$(3.2.15) \qquad \delta_1(f, D) = 0.$$

実は，アーベル多様体に対しては D に任意の特異点を許しても類似の結果が証明される（定理 4.10.3 を参照）．

3. 応用と一般化

（イ） 応用について

ここで述べる応用は，これまで定理としてまとめてきた内容の直接的応用ではなく，そこで使われてきた証明法の応用である．

$\mathbf{P}^n(\mathbf{C})$ と双有理型同型なコンパクト複素多様体を**有理多様体**と呼ぶ．二次元コンパクト複素多様体を特に（複素）曲面と呼ぶ．曲面については詳細な分類理論がある（小平 [75], Barth-Peters-Van de Ven [84]）．それによれば，次が成立する．ただし，$b_1(N) = \dim H_1(N, \mathbf{R})$ は N の第一ベッチ数を表す．

3.3.1 [定理](小平 [68] Theorem 54) 複素曲面 N に対し，$b_1(N) = 0$ かつ任意の $l > 0$ に対し $H^0(N, K_N^l) = \{0\}$ ならば，N は有理曲面である．

複素多様体 N 上の，正則 k 型式の層を $\Omega^k(N)$ と表し，その l 次対称テンソル積を $S^l \Omega^k(N)$ と表す．

3.3.2 [定理] N を n 次元コンパクト複素多様体とし，微分非退化有理型写像 $f\colon \mathbf{C}^m \to N (m \geqq n)$ が存在して，位数 $\rho_f < 2$ と仮定する．このとき，任意の $l_k \geqq 0, \sum_{k=1}^n l_k > 0$ に対し，

$$H^0(N, S^{l_1}\Omega^1(N) \otimes \cdots \otimes S^{l_n}\Omega^n(N)) = \{0\}.$$

証明 $\tau \in H^0(N, S^{l_1}\Omega^1(N) \otimes \cdots \otimes S^{l_n}\Omega^1(N)) \setminus \{0\}$ が存在したとせよ．N 上にエルミート計量 h をとり，その計量型式を ω とする．τ の h に関するノルムを $\|\tau\|_h$ とすると，ある定数 $c_1 > 0$ が存在して，

$$(3.3.3) \qquad \|\tau\|_h \leqq c_1.$$

$\mathbf{C}^m$ 上の関数 ζ を次で定める．

$$f^*\omega \wedge \alpha^{m-1} = \zeta \alpha^m.$$

f は微分非退化であるから，$f^*\tau \not\equiv 0$．$\mathbf{C}^m$ の標準複素座標 $(z_1, \ldots, z_m)$ に関する $f^*\tau$ の係数関数等を ξ_λ と書き，

$$(3.3.4) \qquad \|f^*\tau\|_{\mathbf{C}^m}^2 = \sum_\lambda |\xi_\lambda|^2 \not\equiv 0$$

とおく．(3.3.3) より，正定数 c_2, c_3 が存在して，

$$(3.3.5) \qquad \zeta \geqq c_2 \|f^*\tau\|_{\mathbf{C}^m}^{2c_3}.$$

(3.3.4) から $\|f^*\tau\|_{\mathbf{C}^m}^{2c_3}$ は多重劣調和関数である．$f^*\tau \not\equiv 0$ は正則であるから，

$$\int_{\|z\|=1} \|f^*\tau\|_{\mathbf{C}^m}^{2c_3} \gamma = c_4 > 0.$$

イェンゼンの補題 2.1.30 と球面 $\{\|z\| = r\}$ 上では $\gamma = (1/r^{2m-1})d^c\|z\|^2 \wedge \alpha^{m-1}$ であることから，

$$\int_{\|z\|=r} \|f^*\tau\|_{\mathbf{C}^m}^{2c_3} d^c\|z\|^2 \wedge \alpha^{m-1} \geqq c_4 r^{2m-1}, \qquad r > 1.$$

従って，

$$\int_{\|z\| \leqq r} \|f^*\tau\|_{\mathbf{C}^m}^{2c_3} \alpha^m \geqq \frac{c_4}{2m}(r^{2m} - 1), \qquad r > 1.$$

これを用いて計算すると，

$$T_f(r,\omega) = \int_1^r \frac{dt}{t^{2m-1}} \int_{B(t)} \zeta \alpha^m$$
$$\geqq c_2 \int_1^r \frac{dt}{t^{2m-1}} \int_{B(t)} \|f^*\tau\|_{\mathbf{C}^m}^{2c_3} \alpha^m$$
$$\geqq \frac{c_2 c_4}{2m} \int_1^r \left(t - \frac{1}{t^{2m-1}} \right) dt.$$

従って，$\rho_f = \overline{\lim_{r \to \infty}} \log T_f(r,\omega)/\log r \geqq 2$. これは，仮定に反する． 証了

3.3.6 [注意] N が複素トーラスで，$f: \mathbf{C}^n \to N$ を普遍被覆写像とすると，$\rho_f = 2$ で，任意の $l_k \geqq 0, \sum_{k=1}^n l_k > 0$ に対し，

$$H^0(N, S^{l_1}\Omega^1(N) \otimes \cdots \otimes S^{l_n}\Omega^1(N)) \neq \{0\}.$$

3.3.7 [定理] ケーラー曲面 N に微分非退化有理型写像 $f: \mathbf{C}^2 \to N$ が存在して，$\rho_f < 2$ ならば，N は有理曲面である．

証明 定理 3.3.2 より，$b_1(N) = 2\dim H^0(N,\Omega^1) = 0$，さらに $H^0(N, K_N^l) = \{0\}, \forall l > 0$．定理 3.3.1 より，$N$ は有理曲面である． 証了

コンパクトでない複素多様体 X の**コンパクト化**とは，本書ではコンパクト複素多様体 N で，稠密な像をもつ開正則埋め込み $f: X \to N$ が存在し，$N \setminus f(X)$ が N の解析的部分集合であるものをいう．

3.3.8 [定理](小平 [71]) N を $\mathbf{C}^n$ のコンパクト化とすると，$b_1(N) = 0$，かつ任意の $l > 0$ に対し $H^0(N, K_N^l) = \{0\}$．特に，$\mathbf{C}^2$ のコンパクト化は，有理曲面である．

証明 $\tau \in H^0(N, K_N^l) \setminus \{0\}$ が存在したとする．N の正則局所座標近傍 $U(x_1, \ldots, x_n)$ をとり，

$$\tau = \tau_U(x)(dx_1 \wedge \cdots \wedge dx_n)^l$$

と表したとき，

$$|\tau|^{2/l} = |\tau_U(x)|^{2/l} \bigwedge_{j=1}^n \frac{i}{2} dx_j \wedge d\bar{x}_j$$

とおくと，これは N 上定義された連続 (n,n) 型式になる．N はコンパクトなので，もちろん
$$0 < \int_N |\tau|^{2/l} = C < \infty.$$
$f: \mathbf{C}^n \to N$ を開正則埋め込みとする．$\mathbf{C}^n$ の標準座標を $(z_1, \ldots, z_n)$ とし，
$$f^*\tau(z) = \xi(z)(dz_1 \wedge \cdots \wedge dz_n)^l$$
とおく．$\xi(z)$ は正則関数で，$\xi \not\equiv 0$ なので平行移動で，$\xi(0) \neq 0$ としてよい．$f^*|\tau|^{2/l} = |\xi|^{2/l} \frac{\pi^n}{n!} \alpha^n$ で，$|\xi|^{2/l}$ は，多重劣調和関数であるから，(2.1.22) により
$$\int_{B(r)} |\xi(z)|^{2/l} \alpha^n \geqq r^{2n}|\xi(0)|^{2/l}.$$
一方，
$$\int_{B(r)} |\xi(z)|^{2/l} \alpha^n = \frac{n!}{\pi^n} \int_{B(r)} f^*|\tau|^{2/l}$$
$$\leqq \frac{n!}{\pi^n} \int_N |\tau|^{2/l} = \frac{n!}{\pi^n} C.$$
従って，$|\xi(0)|^{2/l} \leqq C n!/\pi^n r^{2n}$. $r \to \infty$ として，$|\xi(0)| = 0$ となり，矛盾を得る．

$N \setminus f(\mathbf{C}^n)$ は真解析的部分集合なので，$b_1(N) \leqq b_1(\mathbf{C}^n) = 0$ となる．$n = 2$ のときは，定理 3.3.1 から，N は有理曲面になる． **証了**

(ロ) 一般化

微分非退化有理型写像に対する第二主要定理がどこまで一般化されているかを紹介しよう．酒井 [74a]（酒井 [74b] [76] では，定義域が開球の場合を扱っている）は，小平次元の概念を用いて，グリフィスらの結果を拡張した．ここで示した定理 3.2.2 はそれより一般化されている．

B. シッフマン (Shiffman [75]) は，グリフィスらの微分非退化正則写像に対する第二主要定理を有理型写像の場合に拡張するとともに，因子 D が特異点をもつ場合を扱っている．その第二主要定理は次のようなものである．定理 3.2.2 の記号を用いるが，D は特異点集合 $\mathrm{Sing}(D)$ を許すとする．

(3.3.9) $$T_f(r,L) + T_f(r,K_V) \leqq \sum_{j=1}^{q} N_1(r, f^*D_j)$$
$$+ m_f(r, \mathrm{Sing}(D)) + S_f(r, \omega).$$

f が有理型写像で定義域が $\mathbf{C}^m$ の有限分岐被覆空間 X の場合を野口 [76a] は扱っている．$\pi: X \to \mathbf{C}^m$ を有限分岐被覆空間とし，p を被覆度，R を π の分岐因子とする．g を X 上の有理型関数とする．g の z_j に関する偏微分 $\partial g/\partial z_j$ を次の関係式で定義する．

$$dg = \sum_{j=1}^{m} \frac{\partial g}{\partial z_j} \pi^* dz_j.$$

$\partial g/\partial z_j$ は，まず X の非特異点集合 $X \setminus S(X)$ 上定義され，X が正規空間であることを使って，それが X 上有理型に拡張される．補題 3.1.1 と同様にして，次が示される．

3.3.10 [補題] 上述の記号のもとで，
$$m\left(r, \frac{\|dg\|}{|g|}\right) = S(r, g).$$

これは，$m=1$ のときはヴァリロン (Valiron [29] [31]) による．補題 3.3.10 と定理 2.6.7 (i) を使うと次の第二主要定理を得る：$D_j \in |L|, 1 \leqq j \leqq q, L > 0$ で $\sum_j D_j$ は単純正規交叉的とする．微分非退化有理型写像 $f: X \to V$ に対し

(3.3.11) $$qT_f(r, L) + T_f(r, K_V) \leqq \sum_{j=1}^{q} N_1(r, f^*D_j)$$
$$+ \mu(2p-2)T_f(r, L) + S_f(r).$$

ここで，μ は L のみで決まり，L が十分豊富なら $\mu = 1$．

$\dim X = \dim V = 1$ に特化すると次のようになる (野口 [76b])．Y の種数を g とする．$f: X \to Y$ を正則写像とする．ω を Y 上の計量型式で，$\int_Y \omega = 1$ とする．Y の任意の相異なる q 個の点 $a_i, 1 \leqq i \leqq q$ に対し，

(3.3.12) $$(q + 2g - 2 - 2(p-1)(2g+1))T_f(r, \omega) \leqq \sum_{i=1}^{p} N_1(r, f^*a_i) + S_f(r).$$

$g=0, p=1$ の場合は, $q+2g-2-2(p-1)(2g+1) = q-2$ となり, ネヴァンリンナの第二主要定理 1.2.5 と一致する. $Y = \mathbf{P}^1(\mathbf{C})$ の場合は $g=0$ となり H.L. ゼルバーグ (Selberg [30] [34]) による結果と同じになる.

さらに, W. シュトル (Stoll [77a]) は, 定義域が放物的空間 M の場合に拡張した. その第二主要定理は次のような型である.

$$(3.3.13) \quad qT_f(r,L) + T_f(r,K_V) \leqq \sum_{j=1}^{q} N(r, f^*D_j) + N(r, \Xi) + S_f(r).$$

ここで, Ξ は M 上のある因子である.

4

正則曲線の第二主要定理

　第3章でみたように射影代数的多様体 V への微分非退化な有理型写像 $f: \mathbf{C}^m \to V$ に対する第二主要定理は，ほぼ満足する形で確立された．次は，$m < \dim V$ の場合が問題である．この場合，像の V 内での自由度が非常に大きく取り扱いが難しくなり，微分非退化の場合のような一般的第二主要定理は，まだ得られていず未解決問題である．その典型的な場合として $m = 1$ の場合を本章で扱う．章の前半では，$V = \mathbf{P}^n(\mathbf{C})$ の場合のカルタン・ノチカの定理を示す．

　カルタンの第二主要定理を初めて学ぶ読者は，第1節をとばし第2節を正則曲線が線形非退化で，超平面が一般の位置にある場合 ($N = n$, $\omega(j) = 1$, $\tilde{\omega} = 1$) に限定してまず読むことを薦める．

1. ノチカ荷重

　最も一般的には，リーマン面から複素多様体への正則写像のことを**正則曲線**と呼ぶ．定義域が複素平面 $\mathbf{C}$ 全体のときは，整正則曲線と呼ぶべきであるが，本書では特にことわらない限りこれを単に正則曲線と呼ぶことにする．

　H. カルタン（Cartan [33]）は，線形非退化な正則写像（定義は本章2節の初め）$f: \mathbf{C} \to \mathbf{P}^n(\mathbf{C})$ と $\mathbf{P}^n(\mathbf{C})$ の一般の位置にある超平面族（定義4.1.1参照）に対して第二主要定理を証明した．その論文の中でカルタンは，f が線形退化の場合の第二主要定理の形を予想した（カルタン予想）．この予想は，半世紀後に，ノチカ（Nochka [83]）によって解決された．しかし Nochka [83] はあまり読みやすい論文ではない．W. チェン（Chen [90]）は，これを大いに改良した．藤本 [93] もそれに基づいている．

　この節では，カルタン予想の解決に於いて重要な役を果たしたノチカ荷重について，W. チェン（Chen [90]），藤本 [93] に沿って解説する．ノチカ荷重

の構成は，かなり複雑・巧妙であまり見通しのよいものとは残念ながらいえない．導入部分で述べたように，初めて正則曲線の理論を学ぶ読者には，この節をひとまずとばし，第2節を超平面が一般の位置にある（定義4.1.1）場合に限定して読まれることを薦める．そのほうが，この節で示そうとするノチカ荷重の意味についての見通しをもてると考えるからである．

$H_j, 1 \leqq j \leqq q$ を $\mathbf{P}^n(\mathbf{C})$ 内の超平面で，$\mathbf{P}^n(\mathbf{C})$ の同次座標 $[w_0, \ldots, w_n]$ に関して次の式で定義されているとする．

$$H_j : \sum_{k=0}^{n} h_{jk} w_k = 0, \quad 1 \leqq j \leqq q.$$

添え字集合を $Q = \{1, \ldots, q\}$ と記し，その部分集合 $R \subset Q$ に対し $|R|$ でその含む元の個数を表す．

4.1.1 [定義]　$N \geqq n, q \geqq N+1$ とする．$\{H_j\}_{j \in Q}$ が N-準一般の位置にあるとは，任意の $R \subset Q, |R| = N+1$ に対し

$$\bigcap_{j \in R} H_j = \emptyset.$$

n-準一般の位置にあることを，単に**一般の位置**にあるという．

N-準一般の位置とは，任意の $(N+1, n+1)$ 行列 $(h_{jk})_{j \in R, 0 \leqq k \leqq n}$ に対し

$$\mathrm{rank}\, (h_{jk})_{j \in R, 0 \leqq k \leqq n} = n+1$$

であることと同値である．

一般に $R \subset S \subset Q$ に対し次のように定める．

(4.1.2)　$V(R) = $ ベクトル $(h_{jk})_{0 \leqq k \leqq n}, j \in R$ の張る線形部分空間 $\subset \mathbf{C}^{n+1}$,

$\mathrm{rk}\,(R) = \dim V(R), \qquad \mathrm{rk}\,(\emptyset) = 0,$

$\mathrm{rk}\,_R(S) = \mathrm{rk}\,(S) - \mathrm{rk}\,(R),$

$\mathrm{sl}\,_R(S) = \dfrac{\mathrm{rk}\,(S) - \mathrm{rk}\,(R)}{|S| - |R|}. \quad$ ただし，$|S| > |R|$ とする．

$\mathrm{sl}\,_R(S)$ は，添え字集合が増大するときの階数 $\mathrm{rk}\,(S)$ の増加する傾き (slant, slope) を意味している．もちろん，$0 \leqq \mathrm{sl}\,_R(S) \leqq 1$ である．

4.1.3 [補題]　$\{H_j\}_{j\in Q}$ は，N-準一般の位置にあるとする．

(i) $R \subset S_i \subset Q, i = 1, 2$ に対し次が成立する．
$$\mathrm{rk}\,_R(S_1 \cup S_2) + \mathrm{rk}\,_R(S_1 \cap S_2) \leqq \mathrm{rk}\,_R(S_1) + \mathrm{rk}\,_R(S_2).$$

(ii) $R \subset S \subset Q, |S| \leqq N + 1$ に対し，
$$|R| - \mathrm{rk}\,(R) \leqq |S| - \mathrm{rk}\,(S) \leqq N - n.$$

証明　(i) 線形空間論の初歩より，
$$\dim(V(S_1) + V(S_2)) + \dim(V(S_1) \cap V(S_2)) = \dim V(S_1) + \dim V(S_2).$$
従って，
$$\mathrm{rk}\,(S_1 \cup S_2) + \mathrm{rk}\,(S_1 \cap S_2) \leqq \mathrm{rk}\,(S_1) + \mathrm{rk}\,(S_2).$$
両辺から $2\,\mathrm{rk}\,(R)$ を引けば求める式を得る．

(ii) (i) から
$$\mathrm{rk}\,(S) = \mathrm{rk}\,(R \cup (S \setminus R)) \leqq \mathrm{rk}\,(R) + \mathrm{rk}\,(S \setminus R)$$
$$\leqq \mathrm{rk}\,(R) + |S \setminus R| = \mathrm{rk}\,(R) + |S| - |R|.$$
移項して，初めの不等号を得る．

$R' \subset Q$ を $R' \supset R$, $|R'| = N + 1$ ととる．N-準一般の位置の定義から $\mathrm{rk}\,(R') = n + 1$. 従って，
$$|R| - \mathrm{rk}\,(R) \leqq |R'| - \mathrm{rk}\,(R') = N - n. \qquad \text{証了}$$

4.1.4 [補題]　$\{H_j\}_{j\in Q}$ は，N-準一般の位置にあるとする．$N > n, q > 2N - n + 1$ と仮定する．このとき，次の条件をみたす Q の部分集合 $N_i, 0 \leqq i \leqq s$ が存在する．

(i) $N_0 = \emptyset \subset N_1 \subset \cdots \subset N_s, \mathrm{rk}\,(N_s) < n + 1.$
(ii) $0 < \mathrm{sl}\,_{N_0}(N_1) < \mathrm{sl}\,_{N_1}(N_2) < \cdots < \mathrm{sl}\,_{N_{s-1}}(N_s) < \frac{n+1-\mathrm{rk}\,(N_s)}{2N-n+1-|N_s|} < 1.$
(iii) 任意の $1 \leqq i \leqq s$ と $R \subset Q, R \supset N_{i-1}$ に対し，もし $\mathrm{rk}\,(N_{i-1}) < \mathrm{rk}\,(R) < n + 1$ ならば
$$\mathrm{sl}\,_{N_{i-1}}(N_i) \leqq \mathrm{sl}\,_{N_{i-1}}(R).$$
さらに，等号は $R \subset N_i$ の場合に限る．

(iv) 任意の $R \subset Q, R \supset N_s, \mathrm{rk}\,(N_s) < \mathrm{rk}\,(R) < n+1$ に対し
$$\mathrm{sl}_{N_s}(R) \geqq \frac{n+1-\mathrm{rk}\,(N_s)}{2N-n+1-|N_s|}.$$

証明 まず，$N_0 = \emptyset$ とおき，帰納的に N_i をとってゆく．(i)〜(iii) をみたすように $\{N_i\}_{i=0}^{s}$ がとれたとして，これが (iv) をみたせば終わり，もしそうでなければ $N_{s+1} \subset Q$, $N_{s+1} \supset N_s$ をみつけ $\{N_i\}_{i=0}^{s+1}$ が (i)〜(iii) をみたすようにできればよい．

N-準一般の位置の仮定から，$\mathrm{rk}\,(N_s) < n+1$ なので $|N_s| \leqq N$ である．補題 4.1.3 (ii) より，
$$|N_s| - \mathrm{rk}\,(N_s) \leqq N - n < 2N - 2n.$$
よって，
$$\frac{n+1-\mathrm{rk}\,(N_s)}{2N-n+1-|N_s|} < 1.$$
(iv) が成立していないと仮定する．
$$\mathcal{R} = \{R; N_s \subset R \subset Q, \mathrm{rk}\,(N_s) < \mathrm{rk}\,(R) < n+1\}$$
とおく．$\mathcal{R} \neq \emptyset$ である．$R \in \mathcal{R}$ ならば，$|R| \leqq N$ である．$\epsilon_0 = \min\{\mathrm{sl}_{N_s}(R); R \in \mathcal{R}\}$ とおく．仮定より，

(4.1.5) $$\epsilon_0 < \frac{n+1-\mathrm{rk}\,(N_s)}{2N-n+1-|N_s|} < 1.$$

(iii) より，$\mathrm{sl}_{N_{s-1}}(N_s) < \mathrm{sl}_{N_{s-1}}(R), \forall R \in \mathcal{R}$．図 4.1.1 から明らかなように，

(4.1.6) $$\mathrm{sl}_{N_{s-1}}(N_s) < \mathrm{sl}_{N_s}(R).$$

$\mathcal{R}' = \{R \in \mathcal{R}; \mathrm{sl}_{N_s}(R) = \epsilon_0\}$ とおく．次の主張を示そう．

4.1.7 [主張] $R_1, R_2 \in \mathcal{R}'$ ならば，$R_1 \cup R_2 \in \mathcal{R}'$．

なぜなら，$R_1, R_2 \in \mathcal{R}'$ であるから，
$$\epsilon_0 = \frac{\mathrm{rk}\,(R_1) - \mathrm{rk}\,(N_s)}{|R_1| - |N_s|} = \frac{\mathrm{rk}\,(R_2) - \mathrm{rk}\,(N_s)}{|R_2| - |N_s|}.$$

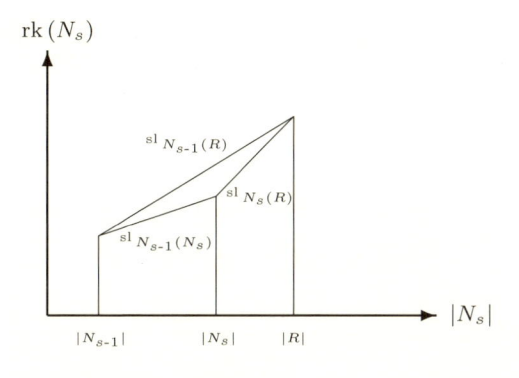

[図 4.1.1: rk(N_s) を縦軸, $|N_s|$ を横軸とするグラフ. sl $N_{s-1}(R)$, sl $N_s(R)$, sl $N_{s-1}(N_s)$ の各線分が示され, 横軸上に $|N_{s-1}|$, $|N_s|$, $|R|$ が記されている.]

図 4.1.1

補題 4.1.3 (ii) を使って計算すると,

$$\mathrm{rk}\,(R_1) + \mathrm{rk}\,(R_2) - 2\mathrm{rk}\,(N_s)$$
$$= \mathrm{rk}\,(R_1) - \mathrm{rk}\,(N_s) + \mathrm{rk}\,(R_2) - \mathrm{rk}\,(N_s)$$
$$= \epsilon_0(|R_1| - |N_s| + |R_2| - |N_s|)$$
$$\leqq \epsilon_0(\mathrm{rk}\,(R_1) + N - n + \mathrm{rk}\,(R_2) + N - n - 2|N_s|)$$
$$= \epsilon_0(\mathrm{rk}\,(R_1) + \mathrm{rk}\,(R_2) + 2N - 2n - 2|N_s|)$$
$$= \epsilon_0(\mathrm{rk}\,(R_1) + \mathrm{rk}\,(R_2) - 2\mathrm{rk}\,(N_s)$$
$$\quad + 2N - 2n - 2|N_s| + 2\mathrm{rk}\,(N_s)).$$

よって

$$\mathrm{rk}\,(R_1) + \mathrm{rk}\,(R_2) - 2\mathrm{rk}\,(N_s) \leqq \frac{\epsilon_0}{1-\epsilon_0}(2N - 2n - 2|N_s| + 2\mathrm{rk}\,(N_s))$$
$$= \left(\frac{1}{1-\epsilon_0} - 1\right)(2N - 2n - 2|N_s| + 2\mathrm{rk}\,(N_s))$$

(4.1.5) を使って続けると,

$$< \frac{(n+1-\mathrm{rk}\,(N_s))(2N - 2n - 2|N_s| + 2\mathrm{rk}\,(N_s))}{2N - 2n - |N_s| + \mathrm{rk}\,(N_s)}$$

$|N_s| \geqq \mathrm{rk}\,(N_s)$ だから,

$$\leqq n + 1 - \mathrm{rk}\,(N_s).$$

よって, $\operatorname{rk}(R_1) + \operatorname{rk}(R_2) - \operatorname{rk}(N_s) < n+1$ が出た. これと補題 4.1.3 (i) より

$$\operatorname{rk}(R_1 \cup R_2) \leqq \operatorname{rk}(R_1) + \operatorname{rk}(R_2) - \operatorname{rk}(R_1 \cap R_2)$$
$$\leqq \operatorname{rk}(R_1) + \operatorname{rk}(R_2) - \operatorname{rk}(N_s) < n+1.$$

従って, $\operatorname{rk}(N_s) < \operatorname{rk}(R_1) \leqq \operatorname{rk}(R_1 \cup R_2) < n+1$ となり, $R_1 \cup R_2 \in \mathcal{R}$ が分かる. 次が示されれば主張 4.1.7 が従う.

(4.1.8) $$\epsilon_0 = \operatorname{sl}_{N_s}(R_1 \cup R_2).$$

定義より, $\epsilon_0 \leqq \operatorname{sl}_{N_s}(R_1 \cup R_2)$. 逆を示すために, 次の不等式を示そう.

(4.1.9) $\operatorname{rk}_{N_s}(R_1 \cap R_2) = \operatorname{rk}(R_1 \cap R_2) - \operatorname{rk}(N_s) \geqq \epsilon_0(|R_1 \cap R_2| - |N_s|).$

$\operatorname{rk}(R_1 \cap R_2) > \operatorname{rk}(N_s)$ の場合は, $R_1 \cap R_2 \in \mathcal{R}$ となり, ϵ_0 の定義から分かる. $\operatorname{rk}(R_1 \cap R_2) = \operatorname{rk}(N_s)$ の場合は, $R_1 \cap R_2 = N_s$ となることを示せば終わる. $|R_1 \cap R_2| > |N_s|$ と仮定して矛盾を導こう. $\operatorname{rk}(R_1 \cap R_2) - \operatorname{rk}(N_{s-1}) = \operatorname{rk}(N_s) - \operatorname{rk}(N_{s-1}) > 0$ かつ $\operatorname{rk}(R_1 \cap R_2) \leqq \operatorname{rk}(R_1) < n+1$ なので, (iii) から

$$\operatorname{sl}_{N_{s-1}}(N_s) \leqq \operatorname{sl}_{N_{s-1}}(R_1 \cap R_2) = \frac{\operatorname{rk}(R_1 \cap R_2) - \operatorname{rk}(N_{s-1})}{|R_1 \cap R_2| - |N_{s-1}|}$$
$$< \frac{\operatorname{rk}(N_s) - \operatorname{rk}(N_{s-1})}{|N_s| - |N_{s-1}|} = \operatorname{sl}_{N_{s-1}}(N_s).$$

これは, 矛盾である.

補題 4.1.3 (i), $R_1, R_2 \in \mathcal{R}'$ であることと (4.1.9) を使って以下の計算をする.

$$\operatorname{sl}_{N_s}(R_1 \cup R_2) = \frac{\operatorname{rk}_{N_s}(R_1 \cup R_2)}{|R_1 \cup R_2| - |N_s|}$$
$$\leqq \frac{\operatorname{rk}_{N_s}(R_1) + \operatorname{rk}_{N_s}(R_2) - \operatorname{rk}_{N_s}(R_1 \cap R_2)}{(|R_1| - |N_s|) + (|R_2| - |N_2|) - (|R_1 \cap R_2| - |N_s|)}$$
$$\leqq \epsilon_0.$$

よって (4.1.8) が示され, 主張 4.1.7 が分かった.

$$N_{s+1} = \bigcup_{R \in \mathcal{R}'} R$$

とおく. 主張 4.1.7 より, $N_{s+1} \in \mathcal{R}'$ となり, $\{N_i\}_{i=0}^{s+1}$ は作り方から (i)〜(iii) をみたす. 以上で証明が完了した. **証了**

4.1.10 [定理] $\{H_j\}_{j \in Q}$ を $\mathbf{P}^n(\mathbf{C})$ 内の N-準一般の位置にある超平面族とし,$q > 2N - n + 1$ とする.このとき,次の条件をみたす有理定数 $\omega(j), j \in Q$ が存在する.

(i) $0 < \omega(j) \leqq 1, \forall j \in Q$.
(ii) $\tilde{\omega} = \max_{j \in Q} \omega(j)$ とおくと,
$$\sum_{j=1}^{q} \omega(j) = \tilde{\omega}(q - 2N + n - 1) + n + 1.$$
(iii) $\dfrac{n+1}{2N-n+1} \leqq \tilde{\omega} \leqq \dfrac{n}{N}$ [1].
(iv) $R \subset Q$, $0 < |R| \leqq N+1$ ならば,$\sum_{j \in R} \omega(j) \leqq \operatorname{rk}(R)$.

上の定理に現れる $\omega(j)$ を**ノチカ荷重**,$\tilde{\omega}$ を**ノチカ定数**という.

証明 $N = n$ の場合は,$\omega(j) = 1$ とすればよい.

$N > n$ と仮定する.$\{N_i\}_{i=0}^{s}$ を補題 4.1.4 のようにとる.その (i) から $|N_s| \leqq N$ が分かる.$N_{s+1} \subset Q$ を $N_{s+1} \supset N_s$ かつ

(4.1.11) $\qquad |N_{s+1}| = 2N - n + 1 > N + 1$

ととる.$\operatorname{rk}(N_{s+1}) = n + 1, \operatorname{sl}_{N_s}(N_{s+1}) = \dfrac{n + 1 - \operatorname{rk}(N_s)}{2N - n + 1 - |N_s|}$ である.次のように定める.

(4.1.12)
$$\omega(j) = \begin{cases} \operatorname{sl}_{N_i}(N_{i+1}), & j \in N_{i+1} \setminus N_i, \quad 0 \leqq i \leqq s, \\ \operatorname{sl}_{N_s}(N_{s+1}) = \dfrac{n + 1 - \operatorname{rk}(N_s)}{2N - n + 1 - |N_s|}, & j \notin N_{s+1}. \end{cases}$$

これらが,(i)～(iv) をみたすことを以下順に示す.

(i) 補題 4.1.3 (ii) より $-\operatorname{rk}(N_s) \leqq -|N_s| + N - n$.よって,
$$\operatorname{sl}_{N_s}(N_{s+1}) \leqq \dfrac{n + 1 - |N_s| + N - n}{2N - n + 1 - |N_s|}$$
(つづく)

---

[1] 最後の評価は,Nochka [83], Chen [90] では $\frac{n+1}{N+1}$ であった.この改良は戸田暢茂先生の示唆による.

$$\leq \frac{N+1-|N_s|}{2N-n+1-|N_s|}$$
$$< \frac{N+1-|N_s|}{N+1-|N_s|} = 1.$$

次に, $\omega(j) \leq \mathrm{sl}_{N_s}(N_{s+1}), j \in N_{s+1}$ を示そう. $j \notin N_s$ ならば自明である. $j \in N_s$ の場合は, $j \in N_{i+1} \setminus N_i, 0 \leq i \leq s-1$ となる i が唯一つある. 補題 4.1.4 (ii) より $\omega(j) < \mathrm{sl}_{N_s}(N_{s+1})$ が出る.

(ii) 上の議論より, $\tilde{\omega} = \mathrm{sl}_{N_s}(N_{s+1})$ となる. $Q = (Q \setminus N_{s+1}) \cup (N_{s+1} \setminus N_s) \cup \cdots \cup (N_1 \setminus N_0)$ と分割すると,

$$\sum_{j=1}^{q} \omega(j) = \sum_{j \in Q \setminus N_{s+1}} \omega(j) + \sum_{i=1}^{s+1} \sum_{j \in N_i \setminus N_{i-1}} \omega(j)$$
$$= \tilde{\omega}(q - |N_{s+1}|) + \sum_{i=1}^{s+1} \sum_{j \in N_i \setminus N_{i-1}} \frac{\mathrm{rk}\,(N_i) - \mathrm{rk}\,(N_{i-1})}{|N_i| - |N_{i-1}|}$$

ここで (4.1.11) を使うと

$$= \tilde{\omega}(q - 2N + n - 1) + \sum_{i=1}^{s+1} (\mathrm{rk}\,(N_i) - \mathrm{rk}\,(N_{i-1}))$$
$$= \tilde{\omega}(q - 2N + n - 1) + \mathrm{rk}\,(N_{s+1})$$
$$= \tilde{\omega}(q - 2N + n - 1) + n + 1.$$

(iii) 既に示された (i), (ii) より

$$n + 1 = \sum_{j=1}^{q} \omega(j) - \tilde{\omega}(q - 2N + n - 1)$$
$$\leq q\tilde{\omega} - \tilde{\omega}(q - 2N + n - 1)$$
$$= \tilde{\omega}(2N - n + 1).$$

よって, $\tilde{\omega} \geq (n+1)/(2N-n+1)$. もし $s = 0$ ならば,
$$\tilde{\omega} = \frac{n+1}{2N-n+1} \leq \frac{n}{N}.$$
$s > 0$ ならば $\mathrm{rk}\,(N_s) \geq 1$ であり, 補題 4.1.3 (ii) より
$$\tilde{\omega} = \frac{n+1-\mathrm{rk}\,(N_s)}{(N+1)+(N-n-|N_s|)} \leq \frac{n+1-\mathrm{rk}\,(N_s)}{N+1-\mathrm{rk}\,(N_s)}$$

(つづく)

$$= 1 - \frac{N-n}{N+1-\mathrm{rk}\,(N_s)} \leqq 1 - \frac{N-n}{N} = \frac{n}{N}.$$

(iv) $R \subset Q, 0 < |R| \leqq N+1$ を任意にとる.

(イ) $\mathrm{rk}\,(R \cup N_s) = n+1$ の場合. 補題 4.1.3 (ii) より,

(4.1.13)
$$|R| \leqq \mathrm{rk}\,(R) + N - n,$$
$$|N_s| \leqq \mathrm{rk}\,(N_s) + N - n.$$

これと, 同じ補題の (i) から,

$$n+1-\mathrm{rk}\,(N_s) = \mathrm{rk}\,(R \cup N_s) - \mathrm{rk}\,(N_s)$$
$$\leqq \mathrm{rk}\,(R) - \mathrm{rk}\,(R \cap N_s)$$
$$\leqq \mathrm{rk}\,(R).$$

既に示した (i), (4.1.12), (4.1.13) から

$$\sum_{j \in R} \omega(j) \leqq \tilde{\omega}|R| \leqq \tilde{\omega}(\mathrm{rk}\,(R) + N - n)$$
$$= \tilde{\omega}\,\mathrm{rk}\,(R) \left(1 + \frac{N-n}{\mathrm{rk}\,(R)}\right)$$
$$\leqq \tilde{\omega}\,\mathrm{rk}\,(R) \left(1 + \frac{N-n}{n+1-\mathrm{rk}\,(N_s)}\right)$$
$$= \mathrm{rk}\,(R) \frac{N+1-\mathrm{rk}\,(N_s)}{2N-n+1-|N_s|}$$
$$\leqq \mathrm{rk}\,(R) \frac{N+1-\mathrm{rk}\,(N_s)}{2N-n+1-(\mathrm{rk}\,(N_s)+N-n)}$$
$$= \mathrm{rk}\,(R).$$

(ロ) $\mathrm{rk}\,(R \cup N_s) < n+1$ の場合. まず, $|R \cup N_s| \leqq N$ である.

$$R_i = \begin{cases} R \cap N_i, & 0 \leqq i \leqq s, \\ R, & i = s+1 \end{cases}$$

とおく.

(4.1.14) $1 \leqq i \leqq s+1$ なる i について, $|R_i| > |R_{i-1}|$ ならば, $\mathrm{rk}\,(R_i \cup N_{i-1}) > \mathrm{rk}\,(N_{i-1})$.

以下まず，これを示そう．$i = 1$ ならば，$\mathrm{rk}\,(R_1 \cup N_0) = \mathrm{rk}\,(R_1) > 0 = \mathrm{rk}\,(N_0)$ だから，成り立っている．$i > 1$ とする．$\mathrm{rk}\,(R_i \cup N_{i-1}) = \mathrm{rk}\,(N_{i-1})$ と仮定する．すると，

$$\mathrm{rk}\,_{N_{i-2}}(R_i \cup N_{i-1}) = \mathrm{rk}\,(N_{i-1}) - \mathrm{rk}\,(N_{i-2}) > 0.$$

また，$\mathrm{rk}\,(R_i \cup N_{i-1}) \leqq \mathrm{rk}\,(R \cup N_s) < n+1$ であるから，補題 4.1.4 (iii) から，

$$\mathrm{sl}\,_{N_{i-2}}(N_{i-1}) \leqq \mathrm{sl}\,_{N_{i-2}}(N_{i-1} \cup R_i).$$

一方，

$$\begin{aligned}
\mathrm{sl}\,_{N_{i-2}}(N_{i-1} \cup R_i) &= \frac{\mathrm{rk}\,(N_{i-1} \cup R_i) - \mathrm{rk}\,(N_{i-2})}{|N_{i-1} \cup R_i| - |N_{i-2}|} \\
&\leqq \frac{\mathrm{rk}\,(N_{i-1}) - \mathrm{rk}\,(N_{i-2})}{|N_{i-1}| - |N_{i-2}|} = \mathrm{sl}\,_{N_{i-2}}(N_{i-1}).
\end{aligned}$$

従って，$\mathrm{sl}\,_{N_{i-2}}(N_{i-1}) = \mathrm{sl}\,_{N_{i-2}}(N_{i-1} \cup R_i)$ となり，再び補題 4.1.4 (iii) より $|R_i| = |R_{i-1}|$ となり矛盾をきたす．これで，主張 (4.1.14) が示された．

これを使って次の不等式を示そう．

(4.1.15) $\quad (|R_i| - |R_{i-1}|)\mathrm{sl}\,_{N_{i-1}}(N_i) \leqq \mathrm{rk}\,(R_i) - \mathrm{rk}\,(R_{i-1}), \quad 1 \leqq i \leqq s+1.$

$|R_i| - |R_{i-1}| > 0$ としてよい．主張 4.1.14 より，$\mathrm{rk}\,(N_{i-1} \cup R_i) > \mathrm{rk}\,(N_{i-1})$ である．$1 \leqq i \leqq s$ には補題 4.1.4 (iii) を使い，$i = s+1$ には仮定 $\mathrm{rk}\,(R \cup N_s) < n+1$ に注意して補題 4.1.4 (iv) と (4.1.12) を使うと，

(4.1.16) $\qquad \mathrm{sl}\,_{N_{i-1}}(N_i) \leqq \mathrm{sl}\,_{N_{i-1}}(N_{i-1} \cup R_i).$

定義と補題 4.1.3 (i) より，

$$\begin{aligned}
|R_i \cup N_{i-1}| &= |N_{i-1}| + |R_i| - |R_i \cap N_{i-1}| \\
&= |N_{i-1}| + |R_i| - |R_{i-1}|, \\
\mathrm{rk}\,(R_i \cup N_{i-1}) &\leqq \mathrm{rk}\,(N_{i-1}) + \mathrm{rk}\,(R_i) - \mathrm{rk}\,(R_i \cap N_{i-1}) \\
&= \mathrm{rk}\,(N_{i-1}) + \mathrm{rk}\,(R_i) - \mathrm{rk}\,(R_{i-1}).
\end{aligned}$$

1. ノチカ荷重　111

これらと (4.1.16) から

$$\mathrm{sl}_{N_{i-1}}(N_i) \leqq \mathrm{sl}_{N_{i-1}}(N_{i-1} \cup R_i)$$
$$= \frac{\mathrm{rk}(R_i \cup N_{i-1}) - \mathrm{rk}(N_{i-1})}{|R_i \cup N_{i-1}| - |N_{i-1}|}$$
$$\leqq \frac{\mathrm{rk}(R_i) - \mathrm{rk}(R_{i-1})}{|R_i| - |R_{i-1}|}.$$

これで，(4.1.15) が分かった．

さて，(4.1.12) と (4.1.15) から

$$\sum_{j \in R} \omega(j) = \sum_{i=1}^{s+1} \sum_{j \in R_i \setminus R_{i-1}} \omega(j) = \sum_{i=1}^{s+1} \sum_{j \in R_i \setminus R_{i-1}} \mathrm{sl}_{N_{i-1}}(N_i)$$
$$= \sum_{i=1}^{s+1} (|R_i| - |R_{i-1}|) \mathrm{sl}_{N_{i-1}}(N_i)$$
$$\leqq \sum_{i=1}^{s+1} (\mathrm{rk}(R_i) - \mathrm{rk}(R_{i-1}))$$
$$= \mathrm{rk}(R) - \mathrm{rk}(R_s) + \sum_{i=1}^{s} (\mathrm{rk}(R_i) - \mathrm{rk}(R_{i-1}))$$
$$= \mathrm{rk}(R).$$

これで，本定理の証明が完結した．　　　　　　　　　　　　　　証了

4.1.17 [補題]　　$q > 2N - n + 1$，$\{H_j\}_{j \in Q}$ を $\mathbf{P}^n(\mathbf{C})$ 内の N-準一般の位置にある超平面族とし，$\{\omega(j)\}_{j \in Q}$ をノチカ荷重とする．任意に定数 $E_j \geqq 1, j \in Q$ をとる．このとき，任意の部分集合 $R \subset Q, 0 < |R| \leqq N+1$ に対し，相異なる $j_1, \cdots, j_{\mathrm{rk}(R)} \in R$，$\mathrm{rk}(\{j_l\}_{l=1}^{\mathrm{rk}(R)}) = \mathrm{rk}(R)$ が存在して，

$$\prod_{j \in R} E_j^{\omega(j)} \leqq \prod_{l=1}^{\mathrm{rk}(R)} E_{j_l}.$$

証明　添え字の順序を交換して，$E_1 \geqq E_2 \geqq \cdots \geqq E_q$，となっているとしてよい．まず，$j_1 = \min R$，$R_1 = \{j_1\}$，$S_1 = \{j \in R; H_j \in V(R_1)\}$（記号 $V(\cdot)$ は (4.1.2) を参照）とおく．帰納的に，$R_l = \{j_1, \ldots, j_l\}, S_l$ までが決まったら，

$$j_{l+1} = \min\{j \in R; H_j \notin V(R_l)\},$$
$$R_{l+1} = R_l \cup \{j_{l+1}\},$$
$$S_{l+1} = \left\{j \in R \setminus \bigcup_{k=1}^{l} S_k; H_j \in V(R_{l+1})\right\}$$

とおく．このようにして，$j_1 < j_2 < \cdots < j_{\mathrm{rk}(R)}$ と互いに素な $S_1, S_2, \ldots,$ $S_{\mathrm{rk}(R)}$ を決める．$j_l = \min S_l$ に注意して，

$$E_j \leqq E_{j_l}, \quad j \in S_l,$$
$$R = S_1 \cup \cdots \cup S_{\mathrm{rk}(R)}.$$

$T_l = S_1 \cup \cdots \cup S_l, 1 \leqq l \leqq \mathrm{rk}(R)$ とおくと，定理 4.1.10 (iv) より

$$\sum_{j \in T_l} \omega(j) \leqq \mathrm{rk}(T_l) = l.$$

これらから，

$$\prod_{j \in R} E_j^{\omega(j)} = \prod_{l=1}^{\mathrm{rk}(R)} \prod_{j \in S_l} E_j^{\omega(j)} \leqq \prod_{l=1}^{\mathrm{rk}(R)} E_{j_l}^{\sum_{j \in S_l} \omega(j)}$$
$$\leqq E_{j_1} E_{j_1}^{-1+\sum_{j \in T_1} \omega(j)} \prod_{l=2}^{\mathrm{rk}(R)} E_{j_l}^{\sum_{j \in S_l} \omega(j)}$$
$$\leqq E_{j_1} E_{j_2}^{-1+\sum_{j \in T_1} \omega(j)} \prod_{l=2}^{\mathrm{rk}(R)} E_{j_l}^{\sum_{j \in S_l} \omega(j)}$$
$$= E_{j_1} E_{j_2} E_{j_2}^{-2+\sum_{j \in T_2} \omega(j)} \prod_{l=3}^{\mathrm{rk}(R)} E_{j_l}^{\sum_{j \in S_l} \omega(j)}$$
$$\cdots$$
$$= E_{j_1} E_{j_2} \cdots E_{j_{\mathrm{rk}(R)}} \cdot E_{j_{\mathrm{rk}(R)}}^{-\mathrm{rk}(R)+\sum_{j \in R} \omega(j)}.$$

定理 4.1.10 (iv) より，$-\mathrm{rk}(R) + \sum_{j \in R} \omega(j) \leqq 0$ であるから結局次を得る．

$$\prod_{j \in R} E_j^{\omega(j)} \leqq \prod_{l=1}^{\mathrm{rk}(R)} E_{j_l}. \qquad \textbf{証了}$$

2. カルタン・ノチカの定理

N 次元複素射影空間 $\mathbf{P}^N(\mathbf{C})$ 内の正則曲線 $f: \mathbf{C} \to \mathbf{P}^N(\mathbf{C})$ と一般の位置にある超平面族 $\{H_j\}_{j=1}^q$ を考える．像 $f(\mathbf{C})$ を含む最小の線形部分空間を $\mathbf{P}^n(\mathbf{C}) \subset \mathbf{P}^N(\mathbf{C})$ とする．$n = N$ のとき，f は**線形非退化**であるという．H. カルタン (Cartan [33]) は，線形非退化な正則曲線 $f: \mathbf{C} \to \mathbf{P}^N(\mathbf{C})$ と $\{H_j\}_{j=1}^q$ に対し第二主要定理を証明し，線形退化 $(n < N)$ の場合について第二主要定理の形を予想した．H. カルタンの第二主要定理の証明には，$N = n$, ノチカ荷重と定数を全て $\omega(j) = \tilde{\omega} = 1$ として，以下を読めばよい．

ノチカ (Nochka [83]) によるカルタン予想の証明を述べよう．チェン (Chen [90]), 藤本 [93] には，ワイル・アールフォルス流の証明が与えられている．ここでは，より直接的な少々工夫を加えたカルタン法に基づく証明を与える．

添え字集合を $Q = \{1, \ldots, q\}$ と記す．f を線形非退化正則曲線 $f: \mathbf{C} \to \mathbf{P}^n(\mathbf{C})$ とみなす．切り口 $H_j \cap \mathbf{P}^n(\mathbf{C}), j \in Q$ は，N-準一般の位置にあることになる．以降，$H_j, j \in Q$ は $\mathbf{P}^n(\mathbf{C})$ 内の N-準一般の位置にある超平面を表すことにする．$\mathbf{P}^n(\mathbf{C})$ の同次座標 $w = [w_0, \ldots, w_n]$ をとり，$f(z) = [f_0(z), \ldots, f_n(z)]$ を既約表現とする．H_j は，次のように定義されているとする．

(4.2.1) $\qquad H_j: \qquad \hat{H}_j(w) = \displaystyle\sum_{k=0}^n h_{jk} w_k = 0, \quad 1 \leqq j \leqq q,$

$$\|\hat{H}_j\| = \left(\sum_k |h_{jk}|^2\right)^{1/2} = 1,$$

$$\frac{|\hat{H}_j(w)|}{\|w\|} \leq 1.$$

ロンスキアン $W(f_0, \ldots, f_n)$ と対数的ロンスキアン $\Delta(f_0, \ldots, f_n)$ を次のように定義する．

$$W(f_0, \ldots, f_n) = \begin{vmatrix} f_0 & \cdot & f_n \\ \frac{d}{dz} f_0 & \cdots & \frac{d}{dz} f_n \\ \vdots & \vdots & \vdots \\ \frac{d^n}{dz^n} f_0 & \cdots & \frac{d^n}{dz^n} f_n \end{vmatrix},$$

$$\Delta(f_0, \ldots, f_n) = \begin{vmatrix} 1 & \cdots & 1 \\ \frac{\frac{d}{dz}f_0}{f_0} & \cdots & \frac{\frac{d}{dz}f_n}{f_n} \\ \vdots & \vdots & \vdots \\ \frac{\frac{d^n}{dz^n}f_0}{f_0} & \cdots & \frac{\frac{d^n}{dz^n}f_n}{f_n} \end{vmatrix}.$$

g を $\mathbf{C}$ 上の有理型関数とすると，ロンスキアンと対数的ロンスキアンは次の関数等式をみたす．

(4.2.2)
$$W(gf_0, \ldots, gf_n) = g^{n+1} W(f_0, \ldots, f_n),$$
$$\Delta(gf_0, \ldots, gf_n) = \Delta(f_0, \ldots, f_n),$$
$$\Delta\left(1, \frac{f_1}{f_0}, \ldots, \frac{f_n}{f_0}\right) = \Delta(f_0, \ldots, f_n).$$

証明は，やさしい．最後の式は，二番目の式で $g = 1/f_0$ としたものである．

$R \subset Q, |R| = n+1$ に対して $W((\hat{H}_j \circ f, j \in R)), \Delta((\hat{H}_j \circ f, j \in R))$ で添え字を小さいものから大きいものへ順に並べた $\hat{H}_j \circ f, j \in R$ のロンスキアンと対数的ロンスキアンを表す．

4.2.3 [補題] $q > 2N - n + 1$ とし，$\omega(j), \tilde{\omega}$ を $\{H_j\}_{j \in Q}$ のノチカ荷重とノチカ定数とする．このとき，$\{\hat{H}_j\}_{j \in Q}$ で決まる正定数 C が存在して，任意の $z \in \mathbf{C}$ に対し，

$$\|f(z)\|^{\tilde{\omega}(q-2N+n-1)} \leqq C \frac{\prod_{j \in Q} |\hat{H}_j(f(z))|^{\omega(j)}}{|W(f_0, \ldots, f_n)(z)|}$$
$$\cdot \left\{ \sum_{R \subset Q, |R|=n+1} |\Delta((\hat{H}_j \circ f, j \in R))(z)| \right\}.$$

証明 N-準一般の位置の定義から，任意の点 $w \in \mathbf{P}^n(\mathbf{C})$ に対し，ある $S \subset Q, |S| = q - N - 1$ があって $\prod_{j \in S} \hat{H}_j(w) \neq 0$. 従ってある定数 $C_1 > 0$ が存在して，

(4.2.4) $\quad C_1^{-1} < \displaystyle\sum_{|S|=q-N-1} \prod_{j \in S} \left(\frac{|\hat{H}_j(w)|}{\|w\|} \right)^{\omega(j)} < C_1, \quad \forall w \in \mathbf{P}^n(\mathbf{C}).$

中の各項を, $R = Q \setminus S$ として, 次のように変形する.

$$\prod_{j \in S} \left(\frac{|\hat{H}_j(w)|}{\|w\|}\right)^{\omega(j)} = \prod_{j \in R} \left(\frac{\|w\|}{|\hat{H}_j(w)|}\right)^{\omega(j)} \cdot \frac{\prod_{j \in Q} |\hat{H}_j(w)|^{\omega(j)}}{\|w\|^{\sum_{j \in Q} \omega(j)}}.$$

ここで定理 4.1.10 (ii) と, R に対し $\operatorname{rk}(R) = n+1$ に注意して補題 4.1.17 で決まる添え字を $\{j_1, \ldots, j_{n+1}\} = R^\circ$ とすると,

$$(4.2.5) \quad \prod_{j \in S} \left(\frac{|\hat{H}_j(w)|}{\|w\|}\right)^{\omega(j)} \leq \left(\prod_{j \in R^\circ} \frac{\|w\|}{|\hat{H}_j(w)|}\right) \cdot \frac{\prod_{j \in Q} |\hat{H}_j(w)|^{\omega(j)}}{\|w\|^{\tilde{\omega}(q-2N+n-1)+n+1}}$$

$$= \frac{1}{\prod_{j \in R^\circ} |\hat{H}_j(w)|} \cdot \frac{\prod_{j \in Q} |\hat{H}_j(w)|^{\omega(j)}}{\|w\|^{\tilde{\omega}(q-2N+n-1)}}.$$

ロンスキアンの性質から, ある定数 $c(R^\circ) > 0$ があって

$$c(R^\circ) \frac{|W((\hat{H}_j \circ f, j \in R^\circ))|}{|W(f_0, \ldots, f_n)|} = 1$$

これと (4.2.5) から,

$$\prod_{j \in S} \left(\frac{|\hat{H}_j \circ f|}{\|w\|}\right)^{\omega(j)} \leq c(R^\circ) \frac{1}{\|f\|^{\tilde{\omega}(q-2N+n-1)}}$$

$$\cdot \frac{\prod_{j \in Q} |\hat{H}_j \circ f|^{\omega(j)}}{|W(f_0, \ldots, f_n)|} \cdot \frac{|W((\hat{H}_j \circ f, j \in R^\circ))|}{\prod_{j \in R^\circ} |\hat{H}_j \circ f|}$$

$$= c(R^\circ) \frac{1}{\|f\|^{\tilde{\omega}(q-2N+n-1)}}$$

$$\cdot \frac{\prod_{j \in Q} |\hat{H}_j \circ f|^{\omega(j)}}{|W(f_0, \ldots, f_n)|} \cdot |\Delta((\hat{H}_j \circ f, j \in R^\circ))|.$$

従って, $C = C_1 \max_{R^\circ} \{c(R^\circ)\}$ とおけば, 求める不等式を得る. **証了**

$\hat{H}_j \circ f(z)$ の $z = a$ での零の位数を $\operatorname{ord}_a \hat{H}_j \circ f$ と表す. 次の補題は藤本 [93] の補題 3.2.13 による.

4.2.6 [補題] 記号は上述のものとする. $\mathbf{C}$ 上の有理係数の因子として, 次の不等式が成立する.

$$\sum_{j \in Q} \omega(j)(\hat{H}_j \circ f) - (W(f_0, \ldots, f_n))$$

$$\leqq \sum_{j \in Q} \omega(j) \sum_{a \in \mathbf{C}} \min\{\mathrm{ord}_a \hat{H}_j \circ f, n\} \cdot a.$$

証明 簡単のため，$W = W(f_0, \ldots, f_n)$ と書く．

$$\min\{\mathrm{ord}_a \hat{H}_j \circ f, n\} + (\mathrm{ord}_a \hat{H}_j \circ f - n)^+ = \mathrm{ord}_a \hat{H}_j \circ f$$

に注意すると主張は，

(4.2.7) $$\sum_{j \in Q} \omega(j) \sum_{a \in \mathbf{C}} (\mathrm{ord}_a \hat{H}_j \circ f - n)^+ \cdot a \leqq (W)$$

を示すことと同じである．

任意の点 $a \in \mathbf{C}$ をとり，次のようにおく．

$$S = \{j \in Q; \mathrm{ord}_a \hat{H}_j \circ f \geqq n+1\}.$$

$S \neq \emptyset$ としてよく，N-準一般の位置の仮定から，$|S| \leqq N$．$\mathrm{ord}_a \hat{H}_j \circ f, j \in S$ を大きいほうから順に，$m_1 > m_2 > \cdots > m_t \geqq n+1$ とする．S の部分集合の列

$$S_0 = \emptyset \neq S_1 \subset S_2 \subset \cdots \subset S_t = S$$

を，$\mathrm{ord}_a \hat{H}_j = m_l, \forall j \in S_l \setminus S_{l-1}$ が成り立つように決める．各 S_l について部分集合 $T_l \subset S_l$ を，$|T_l| = \mathrm{rk}\,(T_l) = \mathrm{rk}\,(S_l), T_l \supset T_{l-1}$ が成立するようにとる．$|T_l \setminus T_{l-1}| = \mathrm{rk}\,(S_l) - \mathrm{rk}\,(S_{l-1})$ が成立する．$m_l^* = m_l - n$ とおく．定理 4.1.10 (iv) を使うと，

(4.2.8)
$$\sum_{j \in Q} \omega(j)(\mathrm{ord}_a \hat{H}_j \circ f - n)^+ = \sum_{j \in S} \omega(j)(\mathrm{ord}_a \hat{H}_j \circ f - n)$$

$$= \sum_{l=1}^{t} \sum_{j \in S_l \setminus S_{l-1}} \omega(j) m_l^*$$

$$= (m_1^* - m_2^*) \sum_{j \in S_1} \omega(j) + (m_2^* - m_3^*) \sum_{j \in S_2} \omega(j) + \cdots + m_t^* \sum_{j \in S_t} \omega(j)$$

$$\leqq (m_1^* - m_2^*)\mathrm{rk}\,(S_1) + (m_2^* - m_3^*)\mathrm{rk}\,(S_2) + \cdots + m_t^* \mathrm{rk}\,(S_t)$$

(つづく)

$$= \operatorname{rk}(S_1) m_1^* + (\operatorname{rk}(S_2) - \operatorname{rk}(S_1)) m_2^* + \cdots + (\operatorname{rk}(S_t) - \operatorname{rk}(S_{t-1})) m_t^*$$
$$= |T_1| m_1^* + |T_2 \setminus T_1| m_2^* + \cdots + |T_t \setminus T_{t-1}| m_t^*.$$

さて, $T_t = \{j_0, \ldots, j_k\}$ とおく. W の a での零の位数は, $f_0, \ldots, f_n$ を線形変換しても変わらないので, $f_0 = \hat{H}_{j_0} \circ f, \ldots, f_k = \hat{H}_{j_k} \circ f$ としてよい. ロンスキアンの簡単な計算から,

$$\operatorname{ord}_a W \geqq |T_1| m_1^* + |T_2 \setminus T_1| m_2^* + \cdots + |T_t \setminus T_{t-1}| m_t^*.$$

これと (4.2.8) から (4.2.7) が従う. **証了**

4.2.9 [補題] $g \not\equiv 0$ を $\mathbf{C}$ 上の有理型関数とする. $k \geqq 1$ に対し, 次が成り立つ.

(i) $m\left(r, \left(\frac{d^k g}{dz^k}\right)/g\right) = S(r, g)$. (記号 $S(r, g)$ については, (1.2.4) を参照.)

(ii) $T\left(r, \frac{d^k g}{dz^k}\right) \leqq (k+1) T(r, g) + S(r, g)$.

証明 k についての帰納法を使う. $k = 1$ のときは, (i) は既に補題 1.2.2 で示された. (ii) は, 次から出る.

$$T(r, g') = N(r, (g')_\infty) + m(r, g')$$
$$\leqq 2 N(r, (g)_\infty) + m(r, g) + m(r, g'/g)$$
$$\leqq 2 T(r, g) + S(r, g).$$

$k - 1$ で, (i), (ii) が正しいとする. 帰納法の仮定を使って計算すると,

$$m\left(r, \left(\frac{d^k g}{dz^k}\right)/g\right) \leqq m\left(r, \left(\frac{d^{k-1} g}{dz^{k-1}}\right)/g\right)$$
$$+ m\left(r, \left(\frac{d^k g}{dz^k}\right) / \left(\frac{d^{k-1} g}{dz^{k-1}}\right)\right)$$
$$= S(r, g) + S\left(r, \frac{d^{k-1} g}{dz^{k-1}}\right)$$
$$= S(r, g).$$

よって, (i) が示された. (ii) は, $N(r, (\frac{d^k g}{dz^k})_\infty) \leqq (k+1) N(r, (g)_\infty)$ を使えば, $k = 1$ の場合と同様に示される. **証了**

4.2.10 [補題] $R \subset Q, |R| = n+1$, に対し,

$$m(r, \Delta(\hat{H}_j \circ f, j \in R)) = S_f(r).$$

証明 R は $j_0 < \cdots < j_n$ からなっているとする. $\hat{H}_{j_0} \circ f \not\equiv 0$ と仮定しても一般性を失わない. (4.2.2) から,

$$\Delta(\hat{H}_{j_0} \circ f, \ldots, \hat{H}_{j_n} \circ f) = \Delta\left(1, \frac{\hat{H}_{j_0} \circ f}{\hat{H}_{j_0} \circ f}, \ldots, \frac{\hat{H}_{j_n} \circ f}{\hat{H}_{j_0} \circ f}\right).$$

定理 2.4.12 と補題 4.2.9, (1.1.12) を使えば, 求める評価を得る.　　　　**証了**

次が, カルタン・ノチカの第二主要定理である.

4.2.11 [定理](第二主要定理 (Cartan [33], Nochka [83])**)**　　$L \to \mathbf{P}^N(\mathbf{C})$ を超平面束とする. $f : \mathbf{C} \to \mathbf{P}^N(\mathbf{C})$ を正則曲線で, その像を含む最小の線形部分空間が $\mathbf{P}^n(\mathbf{C}) \subset \mathbf{P}^N(\mathbf{C})$ であるとする. $H_j \not\supset \mathbf{P}^n(\mathbf{C}), 1 \leqq j \leqq q$ を $\mathbf{P}^N(\mathbf{C})$ 内の一般の位置にある超平面の族とする. このとき, 次の評価式が成立する.

$$(q - 2N + n - 1)T_f(r, L) \leqq \sum_{j=1}^q N_n(r, f^*H_j) + S_f(r).$$

証明　f を線形非退化な正則曲線 $f : \mathbf{C} \to \mathbf{P}^n(\mathbf{C})$ とみなし, $H_j \cap \mathbf{P}^n(\mathbf{C})$ を改めて H_j と書く. $Q = \{1, \ldots, q\}$ とする. $\{H_j\}_{j \in Q}$ は N-準一般の位置にある. $q - 2N + n - 1 > 0$ としてよい.

補題 4.2.3, 補題 4.2.6 と補題 1.1.5（イェンゼンの公式）から,

(4.2.12)

$$\tilde{\omega}(q - 2N + n - 1)T_f(r, L)$$
$$\leqq \sum_{j=1}^q \omega(j) N_n(r, f^*H_j)$$
$$+ \frac{1}{2\pi} \int_{|z|=r} \log\left(\sum_{R \subset Q, |R|=n+1} |\Delta((\hat{H}_j \circ f, j \in R))|\right) d\theta + O(1)$$

(つづく)

$$\leqq \tilde{\omega} \sum_{j=1}^{q} N_n(r, f^*H_j)$$
$$+ \frac{1}{2\pi} \int_{|z|=r} \log \left(\sum_{R \subset Q, |R|=n+1} |\Delta((\hat{H}_j \circ f, j \in R))| \right) d\theta + O(1).$$

従って,

(4.2.13)
$$(q-2N+n-1)T_f(r,L) \leqq \sum_{j=1}^{q} N_n(r, f^*H_j)$$
$$+ \frac{1}{2\pi\tilde{\omega}} \int_{|z|=r} \log \left(\sum_{R \subset Q, |R|=n+1} |\Delta((\hat{H}_j \circ f, j \in R))| \right) d\theta + O(1).$$

補題 4.2.10 を使って計算すると,

$$\frac{1}{2\pi\tilde{\omega}} \int_{|z|=r} \log \left(\sum_{R \subset Q, |R|=n+1} |\Delta((\hat{H}_j \circ f, j \in R))| \right) d\theta$$
$$\leqq \frac{1}{\tilde{\omega}} \left(\sum_{R \subset Q, |R|=n+1} \frac{1}{2\pi} \int_{|z|=r} \log^+ |\Delta((\hat{H}_j \circ f, j \in R))| d\theta \right) + O(1)$$
$$= S_f(r).$$

これと (4.2.13) より求める式を得る. 　　　　　　　　　　　　　　証了

定理 4.2.11 の条件を仮定する. 超平面 $H \subset \mathbf{P}^N(\mathbf{C}), H \not\supset f(\mathbf{C})$ に対し f の H に対する k-**欠除指数** ($k \in \mathbf{N} \cup \{\infty\}$) を次で定義する.

$$\delta_k(f, H) = 1 - \varlimsup_{r \to \infty} \frac{N_k(r, f^*H)}{T_f(r, L)},$$
$$\delta(f, H) = \delta_\infty(f, H).$$

4.2.14 [系]　　定理 4.2.11 の条件のもとで, 次が成立する.

(i) (欠除指数関係式) $\sum_{j=1}^{q} \delta_n(f, H_j) \leqq 2N - n + 1$.
(ii) (分岐定理) f が各 H_j で μ_j-完全分岐しているならば,

$$\sum_{j=1}^{q}\left(1 - \frac{n}{\mu_j}\right) \leqq 2N - n + 1.$$

証明 (i) これは, 定理 4.2.11 と $\varlimsup_{r \to \infty} S_f(r)/T_f(r, L) = 0$ から出る.

(ii) $\mu_j < \infty$ ならば,

$$\varlimsup_{r \to \infty} \frac{N_n(r, f^*H_j)}{T_f(r, L)} \leqq n \varlimsup_{r \to \infty} \frac{N_1(r, f^*H_j)}{T_f(r, L)}$$
$$\leqq n \varlimsup_{r \to \infty} \frac{N_1(r, f^*H_j)}{N(r, f^*H_j)} \leqq \frac{n}{\mu_j}.$$

$\mu_j = \infty$ の場合は, 上式は自明である. これと, 定理 4.2.11 から分かる. **証了**

以上は, $n = N$ の場合, H. カルタン により証明された. この場合が基本的であり, 応用上有用でもあるのでまとめておく.

4.2.15 [系](Cartan [33])　　$L \to \mathbf{P}^n(\mathbf{C})$ を超平面束, $f: \mathbf{C} \to \mathbf{P}^n(\mathbf{C})$ を線形非退化な正則曲線とし, $\{H_j\}_{j=1}^{q}$ を $\mathbf{P}^n(\mathbf{C})$ の一般の位置にある超平面族とする.

(i) $(q - n - 1)T_f(r, L) \leqq \sum_{j=1}^{q} N_n(r, f^*H_j) + S_f(r)$.
(ii) $\sum_{j=1}^{q} \delta_n(f, H_j) \leqq n + 1$.
(iii) f が各 H_j で μ_j-完全分岐していれば,

$$\sum_{j=1}^{q}\left(1 - \frac{n}{\mu_j}\right) \leqq n + 1.$$

4.2.16 [定理](一般化ボレルの定理)　　$F_j \not\equiv 0, 1 \leqq j \leqq n$ を $\mathbf{C}$ 上の正則関数で, $d \in \mathbf{N}$ とし関数等式

(4.2.17) $\qquad\qquad F_1^d + \cdots + F_n^d = 0$

がみたされているとする. $d > n(n-2)$ ならば, 添字の分割 $\{1, \ldots, n\} = \bigcup I_\alpha$ が存在して次が成立する.

(i) 各 I_α の元の個数 $|I_\alpha| \geqq 2$,
(ii) $i, j \in I_\alpha$ に対し，$F_i/F_j = c_{ij} \in \mathbf{C}$,
(iii) $\sum_{i \in I_\alpha} F_i^d = 0$.

証明 n に関する帰納法による．$n = 2$ ならば自明である．$n \geq 3$ として，$n - 1$ 個以下の整関数について成立しているとする．$\mathbf{P}^{n-2}(\mathbf{C})$ の斉次座標を $[w_1, \ldots, w_{n-1}]$ として正則曲線

$$f : z \in \mathbf{C} \to [F_1^d(z), \ldots, F_{n-1}^d(z)] \in \mathbf{P}^{n-2}(\mathbf{C})$$

を考える．これがもし，線形非退化であるとすると，n 個の一般の位置にある超平面

$$H_j = \{w_j = 0\}, \quad 1 \leqq j \leqq n-1,$$
$$H_n = \{w_0 + \cdots + w_{n-1} = 0\}$$

をとると，$z \in f^{-1}H_j$ に対して，必ず $\mathrm{ord}_z f^*H_j \geqq d$．系 4.2.15 (iii) より

$$\sum_{j=1}^n \left(1 - \frac{n-2}{d}\right) \leqq n-1.$$

従って，$d \leqq n(n-2)$ となり，矛盾である．従って f は線形退化である．非自明な線形関係を

$$c_1 F_1^d + \cdots + c_{n-1} F_{n-1}^d = 0$$

とする．添字を適当に変更して $c_1 = 1$ としてよい．(4.2.17) とから

$$(1 - c_2) F_2^d + \cdots + (1 - c_{n-1}) F_{n-1}^d + F_n^d = 0.$$

帰納法の仮定から $1 - c_j \neq 0, 2 \leqq j \leqq n$ である添字の F_j について定理の主張が成立している．その結論と (4.2.17) を用いれば，$(n-1)/2$ 以下の個数の関数 F_{i_l} が存在して，線形関係

$$F_1^d + \sum_l c'_l F_{i_l}^d = 0$$

を得る．再び帰納法の仮定を用いれば，求める主張を得る． **証了**

4.2.18 [系] (ボレルの定理)　　零をもたない整関数 $G_j, 1 \leqq j \leqq n$ が

$$G_1 + \cdots + G_n = 0$$

をみたせば，定理 4.2.16 の結論が成立する．

証明は，$F_j = G_j^{1/d}, d > n(n-2)$ とおけば，定理より直ちに出る．

4.2.19 [歴史的補足]　　カルタンの定理である系 4.2.15 は，Cartan [29b] で結果のみの紹介が行われ，証明を含む詳しい内容は Cartan [33] で発表された．L. アールフォルスは論文 Ahlfors [41] を出すに際し，手元にカルタンの論文の別刷りがあったのだが気づかなかった，申し訳なしと述べている (Ahlfors [82], Vol. 1, p. 363)．

系 4.2.18 は，ボレル (E. Borel [1897]) による．それは，ピカールの定理をモジュラー関数を用いずに初等的に証明するのが目的であった．その関係は，$f(z)$ を $\mathbf{C}$ 上の $0, 1$ をとらない正則関数とすると，恒等式

$$f(z) + (1 - f(z)) + (-1) = 0$$

により与えられる．

3. 一般化と応用について

(イ)　導来曲線 (derived curves)

正則曲線 $f = [f_0, \ldots, f_N] : \mathbf{C} \to \mathbf{P}^N(\mathbf{C})$ が与えられたとき，$\tilde{f} = (f_0, \ldots, f_N) : \mathbf{C} \to \mathbf{C}^{N+1} \setminus \{0\}$ とおく．$\mathbf{C}^{N+1}$ の $k+1$ 次元ベクトル空間を元とするグラスマン多様体を $\mathrm{Gr}(k+1, N+1)$ とする．$\tilde{f}$ の微分 $\tilde{f}^{(k)} = (\frac{d^k}{dz^k} f_0, \ldots, \frac{d^k}{dz^k} f_N)$ ($\tilde{f}^{(0)} = \tilde{f}$) を考えると，次の正則曲線を得る．

$$f^{(k)} = [f \wedge f^{(1)} \wedge \cdots \wedge f^{(k)}] : \mathbf{C} \to \mathrm{Gr}(k+1, N+1) \hookrightarrow \mathbf{P}^{\binom{N+1}{k+1}-1}(\mathbf{C}).$$

これを，f の k 階**導来曲線**と呼ぶ ($f^{(0)} = f$)．もちろん，この定義が意味をもつことが条件となるが，f が線形非退化ならば，$f^{(k)}, 0 \leqq k \leqq N-1$ は非定値正則曲線になる．しかし，その場合でも $f^{(k)}$ は $\mathbf{P}^{\binom{N+1}{k+1}-1}(\mathbf{C})$ への写像として線形非退化とは限らない．

4.3.1 [例](藤本)　$a_i, 1 \leqq i \leqq 4$ を互いに異なる定数で, $a_1 + a_2 = a_3 + a_4$ をみたすものとする. 正則曲線

$$f : z \in \mathbf{C} \to [e^{a_1 z}, e^{a_2 z}, e^{a_3 z}, e^{a_4 z}] \in \mathbf{P}^3(\mathbf{C})$$

は, 線形非退化である. 1-導来曲線は,

$$f^{(1)} = [\ldots, (a_j - a_i)e^{(a_i + a_j)z}, \ldots]_{i<j} \in \mathbf{P}^{\binom{4}{2}}(\mathbf{C})$$

となり, 線形退化である.

$\mathbf{P}^{\binom{N+1}{k+1}-1}(\mathbf{C})$ の超平面が**分解可能**とは, その線形形式が $\mathbf{C}^{N+1}$ の双対空間の元 $v_j \in (\mathbf{C}^{N+1})^{\vee}, 0 \leqq j \leqq k$ をもって $v_0 \wedge \cdots \wedge v_k$ と表されることである. ワイル父子 Weyl [38] は, 正則曲線 $f^{(k)}, 0 \leqq k \leqq N-1$ を全て同次に扱う値分布論を提案し, その第二主要定理の部分は L. アールフォルス (Ahlfors [41]) が完成した (ワイル・アールフォルスの理論). これは, H. カルタンの第二主要定理の評価を, 対数微分の補題を使い, k 階導来曲線 $0 \leqq k \leqq N-1$ の間の各ステップごとの評価に分け, 最後にまとめることにより同じ第二主要定理を導くものである. f を線形非退化とする. E_j を $\mathbf{P}^{\binom{N+1}{k+1}-1}(\mathbf{C})$ の一般の位置にある分解可能超平面とすると, $f^{(k)}$ に対する欠除指数関係式は次のようになる.

(4.3.2) $$\sum_j \delta(f^{(k)}, E_j) \leqq \binom{N+1}{k+1}.$$

藤本 [82a] [91] は, f が線形非退化の場合, $f^{(k)}$ に対し打ち切り個数関数による第二主要定理を示し, 次の欠指数関係式を示した.

(4.3.3) $$\sum_j \delta_{(k+1)(N-k)}(f^{(k)}, E_j) \leqq \binom{N+1}{k+1}.$$

W. チェン (Chen [90]) は, f が線形退化の場合を, ノチカ荷重を用いて扱っている. 像 $f(\mathbf{C})$ を含む $\mathbf{P}^N(\mathbf{C})$ 内の最小の線形部分空間を $\mathbf{P}^n(\mathbf{C})$ とすると,

(4.3.4) $$\sum_j \delta(f^{(k)}, E_j) \leqq 2\binom{N+1}{k+1} - \binom{n+1}{k+1}, \quad 0 \leqq k < n.$$

(ロ) 定義域の高次元化

ワイル・アールフォルスの理論で定義域を一般次元の $\mathbf{C}^m$, さらに放物的と呼ばれる複素多様体に拡張したのが W. シュトル (Stoll [53b] [54]) である. 定義域を $\mathbf{C}^m$ とすれば, W. シュトルは線形非退化な有理型写像 $f : \mathbf{C}^m \to \mathbf{P}^n(\mathbf{C})$ の導来曲線 $f^{(k)}$ に対し, 欠除指数関係式 (4.3.2) とそれを導く第二主要定理を得た.

ヴィッター (Vitter [77]) は補題 3.1.1 を証明し, 定義域が $\mathbf{C}^m$ の場合にカルタンの方法によりシュトルの結果 (f に対する第二主要定理) の別証明を与えた.

(ハ) 有限分岐被覆空間

$\pi : X \to \mathbf{C}^m$ を有限分岐被覆空間とし, その分岐因子を R, 葉数を p とする. 第 2 章 6 節の記号を用いる. 有理型写像 $f : X \to \mathbf{P}^n(\mathbf{C})$ に対し, 表現 $f(z) = [f_0(z), \ldots, f_n(z)]$ をとる. これは必ずしも既約表現にはとれないことに注意する. そのロンスキアン $W(f_0, \ldots, f_n)$ を分岐点以外の点で, 野口 [97] の方法と同じに定義し, 分岐点では有理型関数として拡張しておく. 偏微分の階数を考えて次を得る.

$$(4.3.5) \qquad (W(f_0, \ldots, f_n)) + \frac{n(n+1)}{2} R \geqq 0.$$

補題 4.2.3 と補題 4.2.6 を使って (4.2.12) を導くところで, 因子 $(W(f_0, \ldots, f_n))$ に注意して計算することにより, N-準一般の位置にある $\{H_j\}_{j=1}^q$ に対し, 次を得る.

$$(4.3.6) \qquad \tilde{\omega}(q - 2N + n - 1) T_f(r, L) \leqq \tilde{\omega} \sum_{j=1}^q N_n(r, f^* H_j) \\ + \frac{n(n+1)}{2} N(r, R) + S_f(r).$$

定理 2.6.7 (i) より

$$(4.3.7) \qquad \frac{n(n+1)}{2} N(r, R) \leqq n(n+1)(p-1) T_f(r, L) + O(1).$$

(4.3.6), (4.3.7) と定理 4.1.10 (iii) より定理 4.2.11 に対応するものとして次の定理が得られる.

4.3.8 [定理] $f: X \to \mathbf{P}^n(\mathbf{C})$ を線形非退化な有理型写像とする．$\{H_j\}_{j=1}^q$ を N-準一般の位置にある超平面族とする．このとき，次が成立する．

$$\bigl(q - 2N + n - 1 - (p-1)n(2N - n + 1)\bigr)T_f(r, L)$$
$$\leqq \sum_{j=1}^q N_n(r, f^*H_j) + S_f(r).$$

(ニ) エレメンコ・ゾーディンの第二主要定理

$\mathbf{P}^n(\mathbf{C})$ の超平面則を L と表し，次数 d_j の超曲面 $D_j \in |L^{d_j}|, 1 \leqq j \leqq q$ をとる．エレメンコ・ゾーディン (Eremenko-Sodin [91]) は，本書で述べた方法とはまったく異なるポテンシャル論的方法により次の定理を示した．

4.3.9 [定理] $D_j, 1 \leqq j \leqq q$ の任意の $n+1$ 個の共通部分は空集合であるとする．任意の正則曲線 $f: \mathbf{C} \to \mathbf{P}^n(\mathbf{C})$ に対し，

$$(q - 2n)T_f(r, L) \leqq \sum_{j=1}^q \frac{1}{d_j} N(r, f^*D_j) + o(T_f(r, L))\|_E.$$

右辺の個数関数を打ち切り個数関数で置き換えられるかは，興味ある問題である．

(ホ) クルチンの定理

定理 1.2.15 (i) の $\alpha > 1/3$ の場合の拡張として次のクルチンによる定理がある．

4.3.10 [定理](Krutin' [79]) $f: \mathbf{C} \to \mathbf{P}^n(\mathbf{C})$ を線形非退化な正則曲線とする．$\{H_j\}$ を一般の位置にある任意な超平面族とする．f の下位数は有限と仮定すると，$\alpha > 1/3$ に対し，

$$\sum_j \delta(f, H_j)^\alpha < \infty.$$

定理 1.2.15 の全てが $f: \mathbf{C} \to \mathbf{P}^n(\mathbf{C})$ に対して成立するかどうかは，未だ分かっていない．

(ヘ) 動標的 (moving targets) の場合

これは，超平面を定義する式 (4.2.1) で係数 h_{jk} を定数でなく，$\mathbf{C}$ 上の有理型関数 $a_{jk}(z)$ にとる．ただし，与えられた正則曲線 $f: \mathbf{C} \to \mathbf{P}^n(\mathbf{C})$ に対し位数関数が小さい，しなわち $T(r, a_{jk}) = o(T_f(r, L))\|_E$ をみたすものとする．$n = 1$ のとき，この場合でも欠除指数関係式の定理 1.2.11 が成立するであろうとネヴァンリンナは予想した (R. Nevanlinna [29])．この予想は，シュタインメッツ (Steinmetz [85]) により証明された．一般の $n \geq 1$ のときも，系 4.2.14 (i) が動標的の場合に拡張されている (Ru-Stoll [91])．城崎 [91] は，線形非退化な f に対してカルタン法による簡明な証明を与えた．

(ト) 応用

この節で得られた第二主要定理は，有理型写像 $f: \mathbf{C}^m \to \mathbf{P}^n(\mathbf{C})$ に関する一致問題や有限性問題に応用され，興味深い結果が得られている．この方面には，藤本 [75] [88b] [00] その他 [93] の文献，および相原 [91] [98] [02] 等を参照されたい．

他の興味深い応用として関数体上のアーベル多様体に入りうるレベル構造の上限評価がある (Nadel [89a], 野口 [91])．この結果は，有界対称領域の離散群による商空間を考え，そのコンパクト化への有理型写像の値分布論と関係する (相原・野口 [91])．

4. 対数的微分とジェット束

(イ) 対数的微分

M を m 次元複素多様体，D をその被約因子とする．$\mathcal{O}(M)$ で M 上の正則関数の層を，Ω_M^k で M 上の正則 k-型式の層を表す．任意の点 $x_0 \in M$ で，D の局所定義方程式が，
$$\sigma_1 \cdots \sigma_s = 0,$$
ただし各 σ_j は既約であるとする（これを**局所被約定義方程式**と呼ぶ）．このとき局所的に

(4.4.1) $$\Omega_M^1(\log D) = \sum_{j=1}^s \mathcal{O}_M \frac{d\sigma_j}{\sigma_j} + \Omega_M^1$$

で定義される有理型微分型式の層を D に沿う**対数的 1 型式の層**と呼ぶ．D が正規交叉的ならば，$\Omega^1_M(\log D)$ は局所自由になり M 上のある正則ベクトル束 W の局所切断の層 $\mathcal{O}(W)$ となる．対数的 k-微分の層は次で定義される，

$$\Omega^k_M(\log D) = \bigwedge^k \Omega^1_M(\log D).$$

特に，$\Omega^m_M(\log D)$ は，D に沿う対数的標準層と呼ぶ．D が正規交叉的ならば，$\Omega^m_M(\log D) = \mathcal{O}(K_M \cdot [D]^{-1})$．

4.4.2 [定理] M, D を上述のもの，N, E を別の複素多様体とその上の被約因子とする．$f : M \to N$ を有理型写像で，$f^{-1}E \subset D$ とする．f が正則であるか，または D が正規交叉的ならば，$\phi \in H^0(N, \Omega^k_N(\log E))$ に対し $f^*\phi \in H^0(M, \Omega^k_M(\log D))$ となる．

証明 簡単のために $k = 1$ とする．$k \geqq 2$ の場合も同様である．初め f は正則であるとする．$x_0 \in M, y_0 = f(x_0) \in N$ とする．$y_0 \notin E$ ならば，$f^*\phi$ は x_0 の近傍で正則な微分型式として定義される．$y_0 \in E$ のとき，E の y_0 での局所被約定義方程式

$$\psi_1 \cdots \psi_s = 0$$

をとる．x_0 での D のそれを，

$$\sigma_1 \cdots \sigma_t = 0$$

とする．$f^{-1}E \subset D$ であるから，$f^*\psi_j = a_j(x)(\sigma_1(x))^{\nu_{j1}} \cdots (\sigma_t(x))^{\nu_{jt}}, a_j \in \mathcal{O}^*_{N,x_0}$ $(= \mathcal{O}_{N,x_0}$ の可逆元の全体$)$ と書ける．従って，

$$f^* \frac{d\psi_j}{\psi_j} = \sum_{k=1}^t \nu_{jk} \frac{d\sigma_k}{\sigma_k} + \frac{da_j}{a_j} \in \Omega^1_M(\log D).$$

従って，$f^*\phi \in H^0(M, \Omega^1_M(\log D))$．

次に，f は有理型写像で，D が正規交叉的であるとする．$I(f)$ を f の不確定点集合とする．$x_0 \in I(f)$ を任意にとる．x_0 の近傍 U を小さくとれば，正則局所座標 $(x_1, \ldots, x_m)$ で次をみたすものがとれる．

$$D \cap U = \{x_1 \cdots x_l = 0\}$$

前半の議論から, $(f|_{M \setminus I(f)})^* \phi \in H^0(M \setminus I(f), \Omega^1_M(\log D))$ となっている. 従って,

$$(f|_{U \setminus I(f)})^* \phi = \sum_{j=1}^{l} a_j \frac{dx_j}{x_j} + \sum_{j=l+1}^{m} a_j dx_j, \ a_j \in \mathcal{O}_M(U \setminus I(f)).$$

$\operatorname{codim} I(f) \geqq 2$ であるから, 定理 2.2.6 より, a_j は U 上の正則関数に一意的に拡張される. よって, $(f|_{M \setminus I(f)})^* \phi$ は $H^0(M, \Omega^1_M(\log D))$ の元に一意的に拡張される. □

広中の特異点の解消理論によれば, D が単純正規交叉的でない特異点をもつ場合に, ある複素多様体 $\tilde{M}$, その単純正規交叉的被約因子 $\tilde{D}$ と固有正則写像 $f : \tilde{M} \to M$ が存在して次をみたす.

(i) $f^{-1}D = \tilde{D}$,
(ii) $f|_{\tilde{M} \setminus \tilde{D}} : \tilde{M} \setminus \tilde{D} \to M \setminus D$ は双正則写像である.

すると, $f^* H^0(M, \Omega^1_M(\log D)) \subset H^0(\tilde{M}, \Omega^1_{\tilde{M}}(\log \tilde{D}))$ となる. コンパクトケーラー多様体上の対数的微分型式については次の事実が知られている (藤木 [78], Deligne [71], 野口 [95]).

4.4.3 [定理] (i) M がコンパクトケーラー (射影代数的) ならば, 上述の $\tilde{M}$ もコンパクトケーラー (射影代数的) にとれる.

(ii) M がコンパクトケーラーならば, 任意の $H^0(M, \Omega^k_M(\log D))$ の元は, d-閉である.

(iii) M がコンパクトケーラーならば,

$$f^* H^0(M, \Omega^1_M(\log D)) = H^0(\tilde{M}, \Omega^1_{\tilde{M}}(\log \tilde{D})).$$

(iv) (ホモロジー群との関係) M はコンパクトケーラーとする.

$$H^0(M, \Omega^1_M) + \overline{H^0(M, \Omega^1_M)} \cong H_1(M, \mathbf{Z}) \otimes \mathbf{C},$$
$$H^0(M, \Omega^1_M(\log D))/H^0(M, \Omega^1_M) \cong (H_1(M \setminus D, \mathbf{Z})/H_1(M, \mathbf{Z})) \otimes \mathbf{C}.$$

M がコンパクトのとき, $q(M \setminus D) = \dim H^0(M, \Omega^1_M(\log D))$ を $M \setminus D$ の

不正則指数と呼ぶ．これは，$D = \emptyset$ の場合も含めて考える．$D \neq \emptyset$ の場合は，特に対数的不正則指数と呼ぶこともある．

M をケーラーと仮定する．$q = q(M), \bar{q} = q(M \setminus D)$, $t = \bar{q} - q$ とし，

$$\gamma_j \in H_1(M \setminus D, \mathbf{Z}), \quad 1 \leq j \leq t$$

を $H_1(M \setminus D, \mathbf{Z})/H_1(M, \mathbf{Z})$ の自由部分を生成するようにとる．さらに，

$$\gamma_j \in H_1(M, \mathbf{Z}), \quad t+1 \leq j \leq 2q+t$$

を $H_1(M, \mathbf{Z}) \otimes \mathbf{C}$ の基底になるようにとる．

$H^0(M, \Omega^1_M(\log D))$ の基底 $\omega_j, 1 \leq j \leq \bar{q}$ を，$\omega_j, t+1 \leq j \leq \bar{q}$ が $H^0(M, \Omega^1_M)$ の基底をなし，さらに次をみたすようにとれる．

$$\int_{\gamma_j} \omega_k = \delta_{jk} \text{ (クロネッカー記号)}, \quad 1 \leq j, k \leq t,$$
$$\int_{\gamma_h} \omega_i = 0, \quad 1 \leq h \leq t, \quad t+1 \leq i \leq \bar{q}.$$

ベクトル

$$\eta_j = \left(\int_{\gamma_j} \omega_1, \ldots, \int_{\gamma_j} \omega_{\bar{q}} \right) \in \mathbf{C}^{\bar{q}}, \quad 1 \leq j \leq t + 2q$$

とおき，$\Gamma = \sum_j \mathbf{Z} \eta_j$ とおくと，Γ は $\mathbf{C}^{\bar{q}}$ の加法的離散群になる．$\mathbf{C}^t \cong \mathbf{C}^t \times \{0\}^q \subset \mathbf{C}^{\bar{q}}$ とみなして，$\mathbf{C}^t/\mathbf{C}^t \cap \Gamma \cong (\mathbf{C}^*)^t$ となり，完全列

(4.4.4) $$0 \to (\mathbf{C}^*)^t \to \mathbf{C}^{\bar{q}}/\Gamma \to \mathbf{C}^q/\Gamma_0 \to 0$$

を得る．ここで，$\mathbf{C}^q \cong \mathbf{C}^{\bar{q}}/\mathbf{C}^t$ で，Γ_0 は Γ の像である．Γ_0 は，格子になり，トーラス $\mathbf{C}^q/\Gamma_0$ は M のアルバネーゼ多様体となる．$x_0 \in M \setminus D$ を一つ固定すると，正則写像

$$\alpha_{M \setminus D} : x \in M \setminus D \to \left(\int_{x_0}^x \omega_1, \ldots, \int_{x_0}^x \omega_{\bar{q}} \right) \in \mathbf{C}^{\bar{q}}/\Gamma$$

が定まり，これを $M \setminus D$ の**準アルバネーゼ写像**，$A_{M \setminus D} = \mathbf{C}^{\bar{q}}/\Gamma$ を $M \setminus D$ の**準アルバネーゼ多様体**と呼ぶ．

これは，$D = \emptyset$ の場合の通常のアルバネーゼ写像とアルバネーゼ多様体 A_M

の拡張を与えている．アルバネーゼ多様体の場合と同様に，α の像のザリスキー閉包 X は $A_{M\setminus D}$ を生成する．つまり，十分大きな番号 N をとれば，写像

$$(4.4.5) \qquad (x_1,\ldots,x_N) \in \prod_1^N X \to x_1 + \cdots + x_N \in A_{M\setminus D}$$

の像のザリスキー閉包は $A_{M\setminus D}$ に一致する．

完全列

$$0 \to \mathbf{C}^t = \mathbf{C}^t \times \{0\}^q \to \mathbf{C}^t \times \mathbf{C}^q \to \mathbf{C}^q \to 0$$

は，次の完全列を誘導する．

$$\begin{array}{ccccccccc} 0 & \to & (\mathbf{C}^*)^t & \to & A_{M'} & \to & A_M & \to & 0 \\ & & & & \uparrow & & \uparrow & & \\ & & & & M' & \hookrightarrow & M & & \end{array}$$

これより，$A_{M'}$ は $A_{M\setminus D}$ 上の $(\mathbf{C}^*)^t$-主ファイバー束ともみられる．コンパクト化 $(\mathbf{C})^t \hookrightarrow (\mathbf{P}^1(\mathbf{C}))^t$ をとれば，$A_{M'}$ のコンパクト化 $\bar{A}_{M'}$ が A_M 上の $(\mathbf{P}^1(\mathbf{C}))^t$-ファイバー束として得られる．構成から明らかなように，$\bar{A}_{M'} \setminus A_{M'}$ は単純正規交叉的である．

(ロ) ジェット束

再び，M は一般の m 次元複素多様体とする．1点 $x \in M$ とその周りの局所座標近傍 $U(x_1,\ldots,x_m)$ をとる．原点 $0 \in \mathbf{C}$ の近傍 V で定義された正則写像 $f : V \to M$ で $f(0) = x$ をみたすものをとる．$g : W \to M, g(0) = x$ も同様なものとする．もしある近傍 $0 \in V' \subset V \cap W$ が存在して $f|_{V'} = g|_{V'}$ が成立するとき $f \sim g$ と同値関係を定める．この同値類のすべてを $\mathrm{Hol}((\mathbf{C},0),(M,x))$ と書く．$f \in \mathrm{Hol}((\mathbf{C},0),(M,x))$ に対し，$f = (f_1,\ldots,f_m)$ と表し，その k 階微分を $f^{(k)}(z) = \left(\ldots, \frac{d^k}{dz^k} f_i(z), \ldots\right)$ と表す．$f, g \in \mathrm{Hol}((\mathbf{C},0),(M,x))$ に対し $f \overset{k}{\sim} g$ とは，

$$f^{(j)}(0) = g^{(j)}(0), \qquad 1 \leq j \leq k,$$

が成り立つこととする．これは，局所座標の取り方によらずに同値関係を定め

る．これによる f の同値類を $j_k(f)$ と表し，次のようにおく．

$$J_k(M)_x = \{j_k(f); f \in \text{Hol}((\mathbf{C},0),(M,x))\} \cong \mathbf{C}^{mk},$$
$$J_k(M) = \bigcup_{x \in M} J_k(M)_x \xrightarrow{\pi} M.$$

ここで，π は自然な射影であり，$J_k(M)$ は，自然に複素多様体となり，M 上の正則ファイバー束となる．これを，M の k-ジェット束という．$k > l$ に対し次の自然な射影がある．

(4.4.6) $\qquad p_{lk} : j_k(f) \in J_k(M) \to j_l(f) \in J_l(M).$

$\mathbf{C}$ の開集合 Z からの正則写像 $f : Z \to M$ があれば，

$$J_k(f) : w \in Z \to j_k(f(w+z)) \in J_k(M)$$

が定まり，これを f の k-ジェット持ち上げと呼ぶ．

$k = 1$ ならば，$J_1(M)$ は，M の正則接束 $\mathbf{T}(M)$ のことである．$k \geqq 2$ では，そのような線形構造はなくなる．$k = 2$ の場合，どのような変換がなされるか読者自ら計算されたい．

複素多様体間の正則写像 $\Phi : M \to N$ があれば，自然な正則写像

(4.4.7) $\qquad \Phi_* : j_k(f) \in J_k(M) \to j_k(\Phi \circ f) \in J_k(N)$

が誘導される．(4.4.6) と同様に $q_{lk} : J_k(N) \to J_l(N)$ を定義すると，

$$\Phi_* \circ p_{lk} = q_{lk} \circ \Phi_*.$$

正則 1-微分型式 $\omega \in H^0(M, \Omega_M^1)$ は，各ファイバーに沿って線形な正則汎関数 $\omega : \mathbf{T}(M) \to \mathbf{C}$ と同一視される．$f \in \text{Hol}((\mathbf{C},0),(M,x))$ に対し，$f^*\omega = A(z)dz$ とおき，さらに次のように汎関数を定義する．

$$d^{k-1}\omega : j_k(f) \in J_k(M) \to A^{(k-1)}(0) \in \mathbf{C}.$$

正則関数 ψ があって，$\omega = d\psi$ と書けているときは，$d^{k-1}d\psi = d^k\psi$ と記す．$\omega_i, 1 \leqq i \leqq m$ が Ω_M^1 を各点で生成していれば，$(d^l\omega_i)_{0 \leqq l \leqq k-1, 1 \leqq i \leqq m}$ は，$J_k(M)$ の自明化

$$j_k(f) \in J_k(M) \to (\pi(j_k(f)), \ldots, d^l\omega_i(p_{lk}(j_k(f))), \ldots) \in M \times \mathbf{C}^{mk}$$

を与える. このとき, 第二成分 $\mathbf{C}^{mk}$ への射影を**ジェット射影**と呼び, $\mathbf{C}^{qk}$ の標準座標を**ジェット座標**と呼ぶ. もし, ω が有理型微分ならば, $d^j\omega$ は, 有理型関数となる. 一般に $J_k(M)$ 上のファイバーに沿っては多項式の正則(有理型)汎関数を, **正則(有理型) k-ジェット微分**と呼ぶ.

例えば, x の周りの正則局所座標 $(x_1,\ldots,x_m)$ によって, $\omega = \sum \phi_i dx_i$ と書かれているとする. $f = (f_1,\ldots,f_m) \in \mathrm{Hol}((\mathbf{C},0),(M,x))$ に対し, $f^*\omega = \left(\sum \phi_i(f(z))\frac{df_i}{dz}(z)\right) dz$. よって,

$$\omega(j_1(f)) = \sum \phi_i(x) \frac{df_i}{dz}(0),$$
$$d\omega(j_2(f)) = \sum \phi_i(x) \frac{d^2 f_i}{dz^2}(0) + \sum_{ij} \frac{\partial \omega_i}{\partial x_j}(x) \frac{df_i}{dz}(0) \frac{df_j}{dz}(0).$$

$X \subset M$ を解析的部分集合とし, $\mathcal{I}(X)$ でそのイデアル層を表す. $x \in X$ で

$$J_k(X)_x = \left\{ j_k(f) \in J_k(M)_x; \frac{d^j \alpha \circ f}{dz^j}(0) = 0, \forall \alpha \in \mathcal{I}(X)_x, 1 \leqq j \leqq k \right\}$$

と定める. $\mathcal{I}(X)$ は連接層であるから, $J_k(X) = \bigcup_{x \in X} J_k(X)_x$ は $J_k(M)$ の解析的部分集合で, ファイバー方向へは代数的になる. もし, X が非特異ならば, $J_k(X)$ は, $X = M$ として定義したものと一致する.

(ハ) 対数的ジェット束 (野口 [86])

$D \subset M$ を被約因子とする. (4.4.1) で与えられる, D に沿う対数的 1-微分型式の層, $\Omega_M^1(\log D)$ を考える. 以下 U は M の開部分集合を表す. k-ジェット束 $J_k(M) \to M$ の局所正則切断 $\alpha : U \to J_k(M)$ の作る層を $\mathcal{J}_k(M)$ と表す. $k \geqq 2$ の場合, この層には加法等の代数演算は入らない. 一般に, 層やファイバー束の切断の全体を $\Gamma(\cdot)$ で表す. さらに, 任意の $\omega \in \Omega_M^1(\log D)_x$ に対して $(d^{j-1}\omega)(p_{jk}(\alpha)), 1 \leqq j \leqq k$ が全て正則になるような α のなす層を $\mathcal{J}_k(M, \log D)$ と書き, これを**対数的 k-ジェット層**と呼ぶ. U 上の局所的有理型 k-ジェット微分 α で, 任意の対数的 k-ジェットの切断 $\beta \in \Gamma(U, \mathcal{J}_k(M, \log D))$ に対し $\alpha(\beta)$ が正則になるものを**対数的 k-ジェット微分**と呼ぶ.

特に D が正規交叉的な場合を考える. $x_0 \in D$ を原点とする局所座標近傍 $U(x_1,\ldots,x_m)$ で,

$$D \cap U = \{x_1 \cdots x_s = 0\}$$

となるものをとる．$f \in \mathrm{Hol}((\mathbf{C},0),(M,x))$ に対し

(4.4.8)
$$f^* \frac{dx_j}{x_j} = \frac{f_j^{(1)}}{f_j} dz, \quad 1 \leqq j \leqq s,$$
$$\left(\frac{f_j^{(1)}}{f_j}\right)' = \frac{f_j^{(2)}}{f_j} - \left(\frac{f_j^{(1)}}{f_j}\right)^2, \quad 1 \leqq j \leqq s.$$

$dx_i, d^2 x_i$ により，$J_2(M)|_U$ の局所自明化を次のようにおく．

$$J_2(M)|_U \cong U \times \mathbf{C}^m \times \mathbf{C}^m \ni \left(x, (Z_i^1)_{1 \leqq i \leqq m}, (Z_i^2)_{1 \leqq i \leqq m}\right).$$

上の計算 (4.4.8) より，$\mathcal{J}_2(M, \log D)|_U$ は，次の形の切断で生成されることが分かる．

$$\left(x, \begin{pmatrix} x_1 \tilde{Z}_1^1 \\ \vdots \\ x_s \tilde{Z}_s^1 \\ Z_{s+1}^1 \\ \vdots \\ Z_m^1 \end{pmatrix}, \begin{pmatrix} x_1 \tilde{Z}_1^2 \\ \vdots \\ x_s \tilde{Z}_s^2 \\ Z_{s+1}^2 \\ \vdots \\ Z_m^2 \end{pmatrix}\right)$$

従って，U 上のファイバーが，

$$\left(\begin{pmatrix} \tilde{Z}_1^1 \\ \vdots \\ \tilde{Z}_s^1 \\ Z_{s+1}^1 \\ \vdots \\ Z_m^1 \end{pmatrix}, \begin{pmatrix} \tilde{Z}_1^2 \\ \vdots \\ \tilde{Z}_s^2 \\ Z_{s+1}^2 \\ \vdots \\ Z_m^2 \end{pmatrix}\right)$$

で与えられる M 上のファイバー束 $\mathcal{J}_2(M, \log D)$ と，ファイバー写像

$$\lambda : \mathcal{J}_2(M, \log D) \to J_2(M)$$

が得られ，誘導写像

$$\lambda_* : \Gamma(U, J_2(M, \log D)) \to \Gamma(U, \mathcal{J}_2(M, \log D))$$

は同型である．一般に，$k \geqq 2$ についても同様で $J_k(M, \log D)$ を得る．これを，**対数的 k-ジェット束**と呼ぶ．$\phi : M \to N$ が他の複素多様体 N への有理型写像で，N の被約因子 E があって，$\phi^{-1}E = D$ が成り立っているとする．このとき，ξ を N 上の E に沿う対数的 k-ジェット微分とすると，引き戻し $\phi^*\xi$ は M 上の D に沿う対数的 k-ジェット微分である．

5. 対数的ジェット微分の補題

この節では，野口 [77] で得られた，ネヴァンリンナの対数微分の補題を拡張する対数的ジェット微分の補題を解説する．複素多様体 M は，射影代数的と仮定する．

D を M の被約因子とし，$f : \mathbf{C} \to M$ を正則曲線で，$f(\mathbf{C}) \not\subset D$ とする．ω を M 上の D に沿う対数的 k-ジェット微分とする．このとき，

$$\xi(z) = \omega(J_k(f)(z))$$

は，$\mathbf{C}$ 上の有理型関数となる．

4.5.1 [補題] (対数的ジェット微分の補題) 上述の記号のもとで，$m(r, \xi) = S_f(r)$.

証明 広中の特異点解消理論により，D の特異点を中心とする吹き上げ (blowing-up) $\phi : (\tilde{M}, \tilde{D}) \to (M, D)$ で，$\tilde{D}$ を単純正規交叉的にできる．正則曲線 $\tilde{f} : \mathbf{C} \to \tilde{M}$ で，$\phi \circ \tilde{f} = f$ となるものがある．$\tilde{\xi}(z) = \phi^*\omega(J_k(\tilde{f})(z)) = \xi(z)$ であるから，$\tilde{\xi}$ と $T_{\tilde{f}}(r)$ について主張を証明すれば，定理 2.4.17 により，証明が終わる．従って，D は単純正規交叉的であると仮定してよい．

M のアファイン被覆 $\{U_\alpha\}$ とその上の正則有理関数 $(x_{\alpha 1}, \ldots, x_{\alpha m})$ を次のようにとる．

$$dx_{\alpha 1} \wedge \cdots \wedge dx_{\alpha m}(x) \neq 0, \quad \forall x \in U_\alpha,$$
$$D \cap U_\alpha = \{x_{\alpha 1} \cdots x_{\alpha s(\alpha)} = 0\}.$$

各 U_α 上次の式を得る．

5. 対数的ジェット微分の補題

$$\omega|_{U_\alpha} = P_\alpha\left(\frac{d^i x_{\alpha j}}{x_{\alpha j}}, d^h x_{\alpha l}\right), \quad 1 \leqq i, h \leqq k,$$
$$1 \leqq j \leqq s(\alpha), s(\alpha)+1 \leqq l \leqq m.$$

ここで P_α は表記の変数の多項式で，係数は U_α 上の有理正則関数である．$f(z) = (f_{\alpha 1}(z), \ldots, f_{\alpha m}(z)) \in U_\alpha$ とすると，

$$\xi(z) = P_\alpha\left(\frac{f^{(i)}_{\alpha j}}{f_{\alpha j}}, f^{(h)}_{\alpha l}\right).$$

$\{U_\alpha\}$ に従う 1 の分割 $\{c_\alpha\}$ をとる．$\xi(z) = \sum_\alpha f^*(c_\alpha P_\alpha)$ と書けるので，定数 $C > 0$ が存在して，

$$|\xi| \leqq C\left(\sum c_\alpha \circ f\left(\left|\frac{f^{(i)}_{\alpha j}}{f_{\alpha j}}\right| + \left|f^{(h)}_{\alpha l}\right|\right)\right)^C.$$

もちろん，和は有限和である．従って，

$$m(r, \xi) \leqq C\left(\sum m\left(r, \frac{f^{(i)}_{\alpha j}}{f_{\alpha j}}\right) + \sum m\left(r, c_\alpha \circ f \cdot f^{(h)}_{\alpha l}\right)\right) + O(1).$$

補題 4.2.9 より，$m(r, f^{(i)}_{\alpha j}/f_{\alpha j}) = S_f(r)$ かつ

$$m\left(r, c_\alpha \circ f \cdot f^{(h)}_{\alpha l}\right) \leqq m\left(r, \frac{f^{(h)}_{\alpha l}}{f^{(1)}_{\alpha l}}\right) + m\left(r, c_\alpha \circ f \cdot f^{(1)}_{\alpha l}\right)$$
$$\leqq S_f(r) + m\left(r, c_\alpha \circ f \cdot f^{(1)}_{\alpha l}\right).$$

従って，次を示せば十分である．

$$m\left(r, c_\alpha \circ f \cdot f^{(1)}_{\alpha l}\right) = S_f(r).$$

M 上のエルミート計量を H とする．ある定数 $C_1 > 0$ があって，$c_\alpha^2 dx_{\alpha l} \cdot d\bar{x}_{\alpha l} \leqq C_1 H$．$f^* H = B(z) dz \cdot d\bar{z}$ とおけば，

(4.5.2)

$$m\left(r, c_\alpha \circ f \cdot f^{(1)}_{\alpha l}\right) = \frac{1}{2\pi} \int_{|z|=r} \log^+ c_\alpha \circ f \cdot |f^{(1)}_{\alpha l}| d\theta$$
$$\leqq \frac{1}{4\pi} \int_{|z|=r} \log^+ c_\alpha^2 \circ f \cdot |f^{(1)}_{\alpha l}|^2 d\theta \leqq \frac{1}{4\pi} \int_{|z|=r} \log^+ B d\theta + O(1)$$

(つづく)

$$\leq \frac{1}{4\pi} \int_{|z|=r} \log(1+B)d\theta + O(1) \leq \frac{1}{2}\log\left(1 + \frac{1}{2\pi}\int_{|z|=r} Bd\theta\right) + O(1)$$

$$\leq \frac{1}{2}\log\left(1 + \frac{1}{2\pi r}\frac{d}{dr}\int_{|z|\leq r} Brdrd\theta\right) + O(1).$$

後は (3.2.8) の証明と同様にして，(4.5.2) の最後は $S_f(r)$ であることが分かる．

証了

4.5.3 [注意]（野口 [81a]）　f の定義域が，$\Delta^*(1) = \{0 < |z| < 1\}$ の場合は，$r_0 > 1$ を固定して，Ω_H で H のエルミート型式を表すこととして，

$$T_f(r) = \int_{1/r_0}^{1/r} \frac{dt}{t}\int_{\{1/t<|z|<1/r_0\}} f^*\Omega_H, \quad r > r_0,$$

$$m(r,\xi) = \frac{1}{2\pi}\int_{|z|=1/r} \log^+|\xi|d\theta,$$

$$S_f(r) = O(\log T_f(r)) + O(\log 1/r)\|_E$$

とおけば，補題 4.5.1 が成立する．$T_f(r) = O(\log 1/r)$ $(r \to 0)$ と f が原点まで正則に拡張できることは同値になる（野口 [81] を参照）．

6. 第二主要定理型の不等式

M を複素射影代数的多様体，$m = \dim M$，D をその被約因子とする．

$$\alpha : M \setminus D \to A_{M\setminus D}$$

を準アルバネーゼ写像，X をその像のザリスキー閉包とする．部分集合 $B \subset A_{M\setminus D}$ に対し $\mathrm{St}(B)$ で，群 $\{a \in A_{M\setminus D}; a + B = B\}$ の単位元を含む連結成分を表す．ここでは特に使うことではないが，代数多様体の分類理論の意味で X が（対数的）一般型であることと $\mathrm{St}(X) = \{0\}$ は同値であることが知られている（野口 [81a]）．

4.6.1 [定理]（野口 [77] [81a]）　M, X は上述の通りとして，$\dim X = m$，$\mathrm{St}(X) = \{0\}$ と仮定する．正則曲線 $f : \mathbf{C} \to M$ が代数的非退化ならば，ある

定数 $\kappa > 0$ が存在して,
$$\kappa T_f(r) \leqq N_1(r, f^*D) + S_f(r).$$

落合・野口 [84] 第6章の**ジェット射影法**による証明を述べる. 証明を始める前に少し準備をする.

$\alpha : M \setminus D \to A_{M \setminus D}$ を準アルバネーゼ写像とする. α はコンパクト化まで有理写像 $\bar{\alpha} : M \to \bar{A}_{M \setminus D}$ として拡張される.

正則曲線 $g = \bar{\alpha} \circ f : \mathbf{C} \to \bar{A}_{M \setminus D}$ を考える. その像のザリスキー閉包を $\bar{X}$ とし, $X = \bar{X} \cap A_{M \setminus D}$ とおく.

$A_{M \setminus D} = \mathbf{C}^q / \Gamma$ と表されるから, $\mathbf{C}^q$ の自然な座標 $(x_1, \ldots, x_q)$ は, $A_{M \setminus D}$ 上の正則1-型式の大域的基底 $dx_i, 1 \leqq i \leqq q$ を誘導する. これによる大域的自明化 $J_k(A_{M \setminus D}) \cong A_{M \setminus D} \times \mathbf{C}^{qk}$ を固定する.

$$p_2 : J_k(A_{M \setminus D}) \cong A_{M \setminus D} \times \mathbf{C}^{qk} \to \mathbf{C}^{qk}$$

をジェット射影とする. $J_k(X) \subset J_k(A_{M \setminus D})$ であるから, p_2 の制限を次のようにおく.

$$I_k = p_2|_{J_k(X)} : J_k(X) \to \mathbf{C}^{qk}.$$

4.6.2 [補題] $\dim X = m$ とする. 一点 $z_0 \in \mathbf{C}$ を $g(z_0)$ が X の非特異点であるようにとる. ある番号 $k_0 \geqq 1$ があって, $k \geqq k_0$ に対し I_k の微分 dI_k は $J_k(g)(z_0)$ で階数 m をもつ.

証明 $g(z_0)$ の近傍 $U \subset A_{M \setminus D}$ で, X は次のように書けているとしてよい.

$$x_h = F_h(x_1, \ldots, x_m), \quad m+1 \leqq h \leqq q.$$

$(x_1, \ldots, x_m)$ を $U \cap X$ の正則局所座標とみて, $J_k(X)$ の局所自明化を

$$J_k(X \cap U) \cong \left((x_i), (Z_i^j)\right), \quad 1 \leqq i \leqq m, 1 \leqq j \leqq k$$

とおく. これらの座標で I_k は次のように書ける.

(4.6.3) $\quad I_k \left((x_i), (Z_i^j)\right) = \left(Z_i^j, I_h^j\right), \quad 1 \leqq i \leqq m < h \leqq q, 1 \leqq j \leqq k.$

ここで，I_h^j は，F_h の偏微分を係数とする Z_i^j の多項式で，例えば次のようになる．

(4.6.4)
$$I_h^1 = \sum_i \frac{\partial F_h}{\partial x_i} Z_i^1,$$
$$I_h^2 = \sum_i \frac{\partial F_h}{\partial x_i} Z_i^2 + \sum_{1 \leq i_1, i_2 \leq m} \frac{\partial^2 F_h}{\partial x_{i_1} \partial x_{i_2}} Z_{i_1}^1 Z_{i_2}^1.$$

$\mathbf{T}(J_k(X)) \subset \mathbf{T}(J_k(A_{M\setminus D})) \cong \mathbf{T}(A_{M\setminus D}) \oplus \mathbf{T}(\mathbf{C}^{qk})$ と分解を固定する．(4.6.3) より，核 $\operatorname{Ker} dI_{kJ_k(g)(z_0)} \subset \mathbf{T}(A_{M\setminus D})_{g(z_0)}$ となる．$\bigcap_{k=1}^\infty \operatorname{Ker} dI_{kJ_k(g)(z_0)} \neq \{0\}$ であったとする．$v \in \bigcap_{k=1}^\infty \operatorname{Ker} dI_{kJ_k(g)(z_0)}, v \neq 0$ をとると，

(4.6.5) $$vI_k \circ J_k(g)(z_0) = 0, \quad \forall k \geq 1.$$

(4.6.4) と (4.6.5) より，

$$\frac{d^k}{dz^k} vF_h(g(z_0)) = 0, \quad \forall k \geq 1.$$

$v = \sum_{i=1}^m v_i \frac{\partial}{\partial x_i}$ を $X \cap U$ 上の定ベクトル場とみなす．すると，$vF_h(g(z))$ は z について定数である．v を埋め込み $X \hookrightarrow A_{M\setminus D}$ により $A_{M\setminus D}$ 上の定ベクトル場 $\tilde{v}$ へ拡張すると，

$$\tilde{v} = \sum_{i=1}^m v_i \frac{\partial}{\partial x_i} + \sum_{h=m+1}^q \frac{\partial F_h}{\partial x_i}(g(z_0)) \frac{\partial}{\partial x_h}.$$

従って z_0 の近傍で，

$$\tilde{v}(x_h - F_h)(g(z)) \equiv 0, \quad m+1 \leq h \leq q.$$

g の像は X 内でザリスキー稠密であるから，v は X の全ての点で X に接する．$\exp(tv) = tv, t \in \mathbf{C}$, に対し

$$X + tv = X.$$

従って，$\operatorname{St}(X) \neq \{0\}$．これは，矛盾である． □

定理 4.6.1 の証明 X の有理関数体 $\mathbf{C}(X)$ の超越基底 $\phi_1, \ldots, \phi_m$ をとる．定理 2.4.17 により，定数 $C > 0$ があって，

(4.6.6) $$C^{-1} T_f(r) + O(1) \leq T_g(r; \{\phi_l\}) \leq C T_f(r) + O(1).$$

各 ϕ_l を $J_k(g)|_{\mathbf{C}\setminus f^{-1}D}$ の像のザリスキー閉包 $X_k \subset J_k(X)$ の射影代数的コンパクト化上の有理関数とみなす. $\omega_1,\ldots,\omega_q$ を $H^0(M,\Omega^1_M(\log D)) = H^0(\bar{A}_{M\setminus D}, \Omega^1_{\bar{A}_{M\setminus D}}(\log(\bar{A}_{M\setminus D} \setminus A_{M\setminus D})))$ の基底とする. I_k の成分は,

$$d^j\omega_i, \quad 1 \leqq i \leqq q, \, 0 \leqq j \leqq k-1$$

で与えられている.

$$\zeta_i^j(z) = d^j\omega_i(J_k(g)(z))$$

とおくと, 補題 4.5.1 より

(4.6.7) $\qquad m(r,\zeta_i^j) = S_f(r),$
$\qquad\qquad T(r,\zeta_i^j) \leqq (j+1)N_1(r,f^*D) + S_f(r).$

補題 4.6.2 により, k を十分大きくとれば $I_k|_{X_k}$ は微分非退化になるから, X_k 上, I_k の成分 $d^j\omega_i$ の多項式を係数とする次のような代数関係がある.

$$P_0(d^j\omega_i)\phi_l^{d_l} + \cdots + P_{d_l}(d^j\omega_i) \equiv 0,$$
$$P_0(d^j\omega_i) \not\equiv 0.$$

従って,

$$P_0(\zeta_i^j)f^*\phi_l^{d_l} + \cdots + P_{d_l}(\zeta_i^j) \equiv 0,$$
$$P_0(\zeta_i^j) \not\equiv 0.$$

補題 2.4.14 と (4.6.7) から

$$T(r,g^*\phi_l) = O(T(r,\zeta_i^j)) = O(N_1(r,f^*D)) + S_f(r).$$

これと (4.6.6) から

$$T_f(r) \leqq O(N_1(r,f^*D)) + S_f(r). \qquad\qquad \text{証了}$$

4.6.8 [例]　定理 4.6.1 の定数 $\kappa > 0$ は, $T_f(r) = T_f(r,c_1(D))$ としても, $\kappa = 1$ とは一般にはできない. 例えば, 次のようなものがある.

$M = (\mathbf{P}^1(\mathbf{C}))^2$ とし, アファイン座標を (x_1,x_2) とする. 自然数 $m < n$ をとり, 次のように定める.

$$D = \{x_1 + x_2^m + x_2^n = 0\} + \sum_{i=1,2}\{x_i = 0\} + \{x_i = \infty\}.$$

$q(M \setminus D) = 3$,かつこれは定理 4.6.1 の条件をみたしている.正無理数 c を,$cm < 1 < cn$ となるようにとり,正則曲線を次のように定める.

$$f : z \in \mathbf{C} \to (e^z, e^{cz}) \in M.$$

f は代数的非退化である.M に $\mathbf{P}^1(\mathbf{C})$ のフビニ・ストゥディ計量型式の和 $\Omega_1 + \Omega_2$ をとると,$c_1(D) = \Omega_1 + n\Omega_2$.計算により,

(4.6.9) $$T_f(r, c_1(\bar{D})) = \frac{1+nc}{\pi} r + O(1).$$

$N(r, f^*D)$ を計算しよう.

(4.6.10) $$f^*D = (e^z + e^{mcz} + e^{ncz})_0.$$

$\mathbf{P}^2(\mathbf{C})$ の斉次座標 $[w_0, w_1, w_2]$ をとり,次の正則曲線 g を考える.

$$g : z \in \mathbf{C} \to [e^z, e^{mcz}, e^{ncz}] \in \mathbf{P}^2(\mathbf{C}).$$

ロンスキアンの計算で,f は線形非退化が分かる.$\mathbf{P}^2(\mathbf{C})$ のフビニ・ストゥディ計量に関する g の位数関数 $T_g(r)$ を計算する.

(4.6.11)
$$T_g(r) = \frac{1}{4\pi} \int_{\{|z|=r\}} \log\left(|e^z|^2 + |e^{mcz}|^2 + |e^{ncz}|^2\right) d\theta + O(1)$$
$$= \frac{1}{4\pi} \int_{\{|z|=r\}} \log\left(1 + |e^{(mc-1)z}|^2 + |e^{(nc-1)z}|^2\right) d\theta + O(1).$$

もし $\Re z \geqq 0$(または,$\leqq 0$)ならば,$|e^{(mc-1)z}| \leqq 1$(または,$\geqq 1$)かつ $|e^{(nc-1)z}| \geqq 1$(または,$\leqq 1$).従って,$z = re^{i\theta}$ かつ $\Re z \geqq 0$ の場合は,

$$\log\left(1 + |e^{(mc-1)z}|^2 + |e^{(nc-1)z}|^2\right) = 2\log^+ |e^{(nc-1)z}| + O(1)$$
$$= 2(nc-1)r\cos\theta + O(1).$$

$z = re^{i\theta}$ かつ $\Re z \leqq 0$ の場合は,

$$\log\left(1 + |e^{(mc-1)z}|^2 + |e^{(nc-1)z}|^2\right) = 2\log^+ |e^{(mc-1)z}| + O(1)$$
$$= 2(mc-1)r\cos\theta + O(1).$$

これらと (4.6.11) より,

(4.6.12) $$T_g(r) = \frac{(n-m)c}{\pi}r + O(1).$$

次の 4 本の一般の位置にある直線 H_j, $1 \leq j \leq 4$ をとる．

$$H_j = \{w_{j-1} = 0\}, \quad 1 \leq j \leq 3, \quad H_4 = \{w_0 + w_1 + w_2 = 0\}.$$

カルタンの第二主要定理，系 4.2.15 により,

(4.6.13) $$T_g(r) \leq \sum_{j=1}^{4} N_2(r, g^*H_j) + O(\log r)\|_E.$$

$N_2(r, g^*H_j) = 0$, $1 \leq j \leq 3$ であるから,

$$N_2(r, g^*H_4) = \frac{(n-m)c}{\pi}r + O(\log r)\|_E.$$

定義より, $N(r, g^*H_4) = N(r, f^*D)$, 第一主要定理から

$$N_2(r, g^*D) \leq N(r, g^*D) \leq T_g(r).$$

これらと (4.6.12), (4.6.13) から次が従う.

(4.6.14) $$N(r, f^*D) = \frac{(n-m)c}{\pi}r + O(\log r)\|_E.$$

従って $\kappa = \frac{(n-m)c}{1+nc}$ ととらざるをえない. $m = n-1$ ととり, $n \to \infty$ とすると, $\kappa \to 0$ である.

4.6.15 [注意] $Z \to \mathbf{C}^m$ を有限分岐被覆空間とする．定理 4.6.1 は有理型写像 $f: Z \to M$ の場合に拡張されている (野口 [85b]).

4.6.16 [定理](対数的ブロッホ・落合の定理 (野口 [77] [81a])) M, D を上述のものとする. $q(M \setminus D) > \dim M$ ならば, 任意の正則曲線 $f: \mathbf{C} \to M \setminus D$ は代数的に退化する.

証明 $\alpha: M \setminus D \to A_{M \setminus D}$ を準アルバネーゼ写像とする. X を α の像のザリスキー閉包とすると, $\dim X < q(M \setminus D) = \dim A_{M \setminus D}$. 商空間 $A_{M \setminus D}/\mathrm{St}(X) =$

A' は再び準アーベル多様体になる (A. Borel [91]). 商写像を $\beta : A_{M\setminus D} \to A'$ として, $X' = \beta(X)$ とおく. (4.4.5) より $\dim X' > 0$ で, $\text{St}(X') = \{0\}$ である. f が代数的非退化ならば, $g = \beta \circ \alpha \circ f : \mathbf{C} \to X'$ も代数的非退化である. 一方, 定理 4.6.1 より任意の $\delta > 0$ に対し

$$T_g(r) = S_g(r) = O(\log T_g(r)) + \delta \log r \|_{E(\delta)}.$$

従って, 定理 2.4.4 から g は定写像でなければならない. これは矛盾である.

証了

4.6.17 [系] (ブロッホ・落合の定理 (Bloch [26b], 落合 [77])) M を上述のものとする. $q(M) > \dim M$ ならば, 任意の正則曲線 $f : \mathbf{C} \to M$ は代数的に退化する.

これは, $\dim M = 1$ の場合, M の種数が 2 以上ならば任意の正則写像 $f : \mathbf{C} \to M$ は定写像になることを意味する. この場合は, リーマン面の一意化定理により M の普遍被覆面が単位円板になることとリュービルの定理から導かれる結果だが, ここで与えた証明は, リーマン面の一意化定理によらない点に意味がある.

一方 $M = \mathbf{P}^n(\mathbf{C})$ で D が相異なる超平面 $H_1, H_2, \ldots, H_p$ の和である場合を考える. $\mathbf{P}^n(\mathbf{C})$ の斉次座標 $[w_0, \ldots, w_n]$ を用いて各 H_j が線形型式 $F_j = \sum_k c_{jk} w_k, c_{jk} \in \mathbf{C}$ の零点で与えられているとする. すると,

$$\omega_j = d\log \frac{F_j}{F_p}, \qquad 1 \leqq j \leqq p-1,$$

が $H^0(\mathbf{P}^n(\mathbf{C}), \Omega^1_{\mathbf{P}^n(\mathbf{C})}(\log \sum H_j))$ の基底をなし, $q(\mathbf{P}^n(\mathbf{C}) \setminus \sum_{j=1}^p H_j) = p - 1$. よって, $p \geqq n+2$ ならば $f : \mathbf{C} \to \mathbf{P}^n(\mathbf{C}) \setminus \sum_{j=1}^p H_j$ は常に代数的に退化する. じつは, もう少し詳しいことが分かり, $\{H_j\}$ が一般の位置にあれば, $f(\mathbf{C})$ は, $H^0(\mathbf{P}^n(\mathbf{C}), \Omega^n_{\mathbf{P}^n(\mathbf{C})}(\log \sum H_j)) = O(p-n-1)$ ($O(1)$ は超平面束) の線形系の元に含まれることが分かる (野口 [77] [81a]). 特に $p = n+2$ として適用すると, f は線形退化する. $p > n+2$ ならば, 組合せの数 $\binom{p}{n+2}$ だけの線形退化性が出てくることになる.

以上要するに, 対数的ブロッホ・落合の定理 4.6.16 は, コンパクトな場合のブロッホ・落合の定理とボレルの定理を統一したものといえる.

4.6.18 [系]　定理 4.6.16 と系 4.6.17 は，定義域を $\mathbf{C}^m$ として成立する．

証明は，次の補題による．

4.6.19 [補題]　解析的非退化な正則曲線 $f : \mathbf{C} \to \mathbf{C}^m$ がある．

証明　実数 $\theta_1 = 1, \theta_2, \ldots, \theta_m$ を $\mathbf{Q}$ 上一次独立にとる．$f(z) = (e^{i\theta_1 z}, \ldots, e^{i\theta_m z})$, $z \in \mathbf{C}$ とおく．$\{f(z); z \in \mathbf{R}\}$ は $(\partial \Delta(1))^m$ 内で稠密である．従って，$\mathbf{C}^m$ 上の任意の正則関数 $\phi(w)$ に対し，$\phi(f(z)) \equiv 0$ とすると，$\phi|_{(\partial \Delta(1))^m} \equiv 0$. よって $\phi \equiv 0$ となり，$f(z)$ は解析的非退化である．　　　　　　　証了

4.6.20 [注意]　(i) 対数的ブロッホ・落合の定理 4.6.16 は，コンパクトケーラー多様体に対して成立する（野口・Winkelmann [02a]）．

(ii) M. Green [75] Part 5, 西野 [84] の結果は，対数的ブロッホ・落合の定理の特別な場合と解される．

4.6.21 [注意]　穴明き円板からの正則曲線 $f : \Delta^*(1) \to M \setminus D$ に対しては，注意 4.5.3 を使うことによりここでの議論を適用できて，f が代数的非退化ならば，$\tilde{f} : \Delta(1) \to M$ に解析接続できることがいえる．これは，ピカールの大定理の拡張である（野口 [81a]）．

4.6.22 [歴史的補足]　系 4.6.17 はブロッホ（Bloch [26b]）が主張した．しかし，その証明は二次元の場合のスケッチ風のものであり，正則微分に対する補題 4.5.1 の証明もできていなかった．落合 [77] は，これらの欠けているところを大いに改良し二次元の場合は完全に証明し，残りのなすべきことを明らかにした．M. グリーンは，1978 年滋賀県堅田での谷口国際シンポジウムで残された部分の解決について講演をした．その後，1980 年に P. グリフィスと共著の論文[2]を発表し，残された部分の完全な解決を与えたかにみえたが，残念ながらそれにはギャップがあった（Demailly [97]）．結局，残された部分を正

---

[2] Green, M. and Griffiths, P., Two applications of algebraic geometry to entire holomorphic mappings, The Chern Symposium 1979, p.p. 41-74, Springer-Verlag, New York-Heidelberg-Berlin, 1980.

確に示したのは川又 [80] が初めてということになった．P.-M. ウォン[3]もその部分の解決を発表したが，残念ながら証明にはギャップがある．

落合・野口 [84] の補題 (6.3.10)（本書の補題 4.6.2 の証明）は，著者による"ジェット射影法"によるものでひとまず無限次のジェットまで考えることが要である．その後，M. マッキラン（McQuillan [95]）はヴォイタによる算術幾何的（数論的）方法による証明を発表している．

7. 超曲面を除外する正則曲線

M を複素射影代数的多様体，$D_i, 1 \leq i \leq l$ を M の相異なる被約因子，$D = \sum D_i$ とする．この節での結果は，対数的ブロッホ・落合の定理 4.6.16 に全面的によっているので，M はコンパクト，ケーラーを仮定すれば実は十分である（注意 4.6.20）．

$c_1(D_i) \in H^2(M, \mathbf{Z}), 1 \leq i \leq l$ がつくる $H^2(M, \mathbf{Z})$ の部分群 $\sum_i \mathbf{Z} \cdot c_1(D_i)$ の階数を $r(\{D_i\})$ と書く．$l > r(\{D_i\})$ ならば，ねじれ部分群を法として $\mathbf{Z}$ 上非自明な $l - r(\{D_i\})$ 個の一次独立な線形関係が存在する．それを，

$$\sum_{i=1}^{l} c_{ji} c_1(D_i) = 0, \qquad 1 \leq j \leq l - r(\{D_i\}), c_{ij} \in \mathbf{Z}$$

とする．係数行列 (c_{ij}) の基本変形により，次のようになっているとしてよい．

$$(4.7.1) \quad c_{jj} c_1(D_j) + \sum_{i=l-r(\{D_i\})+1}^{l} c_{1i} c_1(D_i) = 0, \quad c_{jj} \neq 0,$$

$$1 \leq j \leq l - r(\{D_i\}).$$

ホッジ・小平による調和積分論を用いて示される次の補題を引用する（小平 [75] Vol. I, pp. 325-338，野口 [95] を参照）．

4.7.2 [補題] $E_i, 1 \leq i \leq l$ を M 上の因子，$c_i \in \mathbf{Z}$ とし，ねじれを法として，$\sum c_i c_1(E_i) = 0$ とする．このとき，M 上の多価有理型関数 ϑ で次の性質をみたすものが存在する．

---

[3] Wong, P.-M., Holomorphic mappings into Abelian varieties, Amer. J. Math. **102** (1980), 493-501.

(i) $|\vartheta|$ は，1 価である．

(ii) ϑ は，各 E_i 上ちょうど c_i 位の極をもつ．

逆に，かかる ϑ が存在するとき，$\sum c_i c_1(E_i) = 0$．

上の ϑ は，乗法的有理型関数と呼ばれる．この補題 4.7.2 と (4.7.1) より，M 上の乗法的有理型関数 $\vartheta_j, 1 \leqq j \leqq l - r(\{D_i\})$ で，D_j 上ちょうど c_{jj} 位の極をもつものがある．従って，

$$d \log \vartheta_j \in H^0(M, \Omega^1_M(\log D)), \quad 1 \leqq j \leqq l - r(\{D_i\})$$

は一次独立である．

4.7.3 [補題] 上述の記号のもとで，$W \subset M$ を既約代数的部分空間とする．余次元 1 の切り口 $D_i \cap W, 1 \leqq i \leqq l$ の相異なる個数を l' とし，それらを $D'_i = W \cap D_i, 1 \leqq i \leqq l'$ とする．このとき，

$$q\left(W \setminus \sum_{i=1}^{l'} D'_i\right) \geqq l' - r(\{D_i\}) + q(W).$$

証明 上述の考察から，$W = M$ のときは，成立している．一般の W には，特異点の解消 $\pi : \tilde{W} \to W$ をとる．$\tilde{D}'_i = \pi^* D'_i, 1 \leqq i \leqq l'$ とすれば，$r(\{\tilde{D}'_i\}) \leqq r(\{D_i\})$．$M = \tilde{W}$ の場合を適用すれば，求める式を得る． **証了**

4.7.4 [定義] 被約因子 $\{D_i\}$ が**一般の位置**にあるとは，$\{D_i\}$ の内の任意の k 個の交わりの任意の既約成分の余次元が k であることとする．$k > \dim M$ の場合は，交わりが空集合になることである．

上の定義は，$D_i \subset \mathbf{P}^n(\mathbf{C})$ が超平面のときは，定義 4.1.1 でのそれと一致する．

4.7.5 [定理](野口・Winkelmann [02a]) $\dim M = m, \{D_i\}_{i=1}^l$ を M 上の相異なる被約因子とする．$f : \mathbf{C} \to M$ を正則曲線で，$f(\mathbf{C}) \cap D_i = \emptyset$ または $f(\mathbf{C}) \subset D_i$ であるとする．W を f の像のザリスキー閉包とする．

(i) l' を $D_i \cap W \neq W$ である相異なるものの個数とすると，

$$\dim W \geqq l' - r(\{D_i\}) + q(W).$$

(ii) $\{D_i\}$ は一般の位置にある豊富因子と仮定すると,

$$(l-m)\dim W \leqq m(r(\{D_i\}) - q(W))^+.$$

証明 (i) 補題 4.7.3 と対数的ブロッホ・落合の定理 4.6.16 より従う.

(ii) $n = \dim W$ とおく. 相異なる因子 $D_i \cap W \neq W$ がちょうど $D_1 \cap W, \ldots, D_{l'} \cap W$ であるとする. 各 $1 \leqq j \leqq l'$ に対し $D_j \cap W$ と一致する因子 $D_i \cap W$ の個数を s_j とする. 番号を並べ替えて, 次のようになっているとしてよい.

(4.7.6) $$s_1 \geqq \cdots \geqq s_{l'}.$$

さらに, s_0 を $D_i \supset W$ となる D_i の個数とする.

$l' \leqq n$ とすると, 各 D_i が豊富であるから $W \cap \bigcap_{i=1}^{l'} D_i \neq \emptyset$. 従って, $W \cap \bigcap_{i=1}^{l} D_i \neq \emptyset$. $\{D_i\}$ は一般の位置にあるから, $l \leqq m$. 従って, 求める式は自明になる.

$l' > n$ とする. (i) より,

(4.7.7) $$r(\{D_i\}) - q(W) \geqq l' - n.$$

(4.7.6) より,

$$\frac{1}{l'} \sum_{k=1}^{l'} s_k \leqq \frac{1}{n} \sum_{k=1}^{n} s_k.$$

従って, $\sum_{k=1}^{l'} s_k \leqq \frac{l'}{n} \sum_{k=1}^{n} s_k$. もちろん, $s_0 \leqq \frac{l'}{n} s_0$ であるから

$$\begin{aligned}
l = \sum_{k=0}^{l'} s_k &\leqq \frac{l'}{n} \sum_{k=0}^{n} s_k \leqq \frac{l'm}{n} \\
&\leqq \frac{m}{n}(n + r(\{D_i\}) - q(W)) \\
&\leqq m\left(1 + \frac{r(\{D_i\}) - q(W)}{n}\right).
\end{aligned}$$

よって求める式を得る. 証了

4.7.8 [系]　$D_i, 1 \leq i \leq l$ を $\mathbf{P}^m(\mathbf{C})$ の相異なる被約因子とする．

(i) $l > m+1$ ならば，任意の正則曲線 $f : \mathbf{C} \to \mathbf{P}^m(\mathbf{C}) \setminus \sum_{i=1}^l D_i$ は必ず代数的に退化する．

(ii) $\{D_i\}$ は一般の位置にあり，$l > m$ とする．正則曲線 $f : \mathbf{C} \to \mathbf{P}^m(\mathbf{C})$ は，$f(\mathbf{C}) \cap D_i = \emptyset$ または，$f(\mathbf{C}) \subset D_i$ であるとする．f の像のザリスキー閉包を W とすると，

$$\dim W \leq \frac{m}{l-m}.$$

証明　(i) $\operatorname{rank} H^2(\mathbf{P}^m(\mathbf{C}), \mathbf{Z}) = 1$ であるから，$r(\{D_i\}) = 1$．f が代数的非退化であるとすると，定理 4.7.5 (i) で $W = \mathbf{P}^m(\mathbf{C}), l = l', q(W) = 0$ となり，$l \leq m+1$．これは，仮定に反する．

(ii) 定理 4.7.5 (ii) を使うと，

$$(l-m)\dim W \leq m.$$

証了

4.7.9 [注意]　D_i が一般の位置にある超平面で，$f(\mathbf{C}) \cap \sum D_i = \emptyset$ のとき，(ii) の次元評価は，藤本 [72b]，M. Green [72] で得られた．小林双曲性のためには，$f(\mathbf{C}) \subset \bigcup D_i$ の場合も扱う必要がある（第 5 章 1, 2 節を参照）．

8. アーベル多様体内の正則曲線

この節では，アーベル多様体 A 内の正則曲線 $f : \mathbf{C} \to A$ と A 上の被約因子 D に対し第二主要定理を証明することを目的とする．これより，f に対する S. ラング予想（系 4.8.6 (ii)）が従う．

4.8.1 [定理]　正則曲線 $f : \mathbf{C} \to A$ の像のザリスキー閉包 X は，A のアーベル部分多様体の平行移動である．

証明　$0 \in X$ としてもよい．X の特異点の解消 $\pi : \tilde{X} \to X$ をとる．$\tilde{0} \in \tilde{X}, \pi(\tilde{0}) = 0$ とする．f の持ち上げ $\tilde{f} : \mathbf{C} \to \tilde{X}$ がある．$\tilde{f}$ は代数的非退化であるから，系 4.6.17 により $\dim H^0(\tilde{X}, \Omega^1_{\tilde{X}}) = \dim \tilde{X}$．$\alpha : \tilde{X} \to A_{\tilde{X}}, \alpha(\tilde{0}) = 0$ をアルバネーゼ写像とする．すると，準同型 $\tilde{\pi} : A_{\tilde{X}} \to A$ が存在して，$\pi = \tilde{\pi} \circ \alpha$．よって，$X = \tilde{\pi}(A_{\tilde{X}})$ となり，X は A の部分群になる．　　**証了**

4.8.2 [定理] (第二主要定理 (野口・Winkelmann・山ノ井 [00] [02]))　　$L \to A$ を直線束とし，$D \in |L|$ とする．任意の正則曲線 $f : \mathbf{C} \to A$, $f(\mathbf{C}) \not\subset D$ を取る．このとき，ある $k_0 \in \mathbf{N}$ が存在して，
$$T_f(r, L) \leqq N_{k_0}(r, f^*D) + S_f(r).$$

証明　　f の像のザリスキー閉包 A' は，定理 4.8.1 により A のアーベル部分多様体である．D の A への制限 $D' = A|_D$ は，A' の因子である．$f : \mathbf{C} \to A'$ とみて，$T_f(r, L(D')) = T_f(r, L), f^*D' = f^*D$ であるから $A = A'$，つまり f は代数的非退化としてよい．商 $A \to A/\mathrm{St}(D)$ を考えることにより，$\mathrm{St}(D) = \{0\}$ としてよい．$\dim A = n$, $J_k(f)$ の像のザリスキー閉包を $X_k \subset J_k(A)$ とする．ジェット射影 $p_k : J_k(A) \to \mathbf{C}^{nk}$ の X_k への制限を I_k とする．I_k は固有写像である．従って $Y_k = I_k(X_k)$ は，$\mathbf{C}^{nk}$ の既約代数的集合である．

ここで，次の補題を示そう．

4.8.3 [補題]　　ある $k_0 \in \mathbf{N}$ が存在して，$k \geqq k_0$ に対して，
$$I_k(X_k \cap J_k(D)) \neq Y_k.$$

証明　　ある $k \in \mathbf{N}$ があって，$I_k(X_k \cap J_k(D)) \not\ni J_k(f)(0)$ を示せばよい．$Z_k = I_k^{-1}(\{I_k(J_k(f)(0))\}) \cap J_k(D))$ とおく．$\pi_k : Z_k \to A$ を基底空間への射影とすると，π_k は固有である．よってその像 $W_k = \pi_k(Z_k) \subset D$ は代数的集合である．$W_k \supset W_{k+1}$ となることから，ある番号 k_0 があって，$\bigcap_{k=1}^{\infty} W_k = W_{k_0}$ となる．従って，$\bigcap_{k=1}^{\infty} W_k \neq \emptyset$ として，矛盾を導けばよい．$a \in \bigcap_{k=1}^{\infty} W_k$ をとる．正則曲線
$$g : z \in \mathbf{C} \to a - f(0) + f(z) \in A$$
に対し，$J_k(g)(0) \in J_k(D), \forall k \geqq 0$．よって $g(\mathbf{C}) \subset D$．これは，f が代数的非退化であることに反する．　　　　　　　　　　　　　　　　　　　　　　　　　　**証了**

定理 4.8.2 の証明の続き　　A のアファイン開被覆を $\{U_\lambda\}$ とし，各 U_λ での D の定義方程式が $\sigma_\lambda = 0$ で与えられているとしてよい．$J_k(D)|_{U_\lambda}$ の定義方程式は，
$$\sigma_\lambda = d\sigma_\lambda = \cdots = d^k \sigma_\lambda = 0.$$

補題 4.8.3 より，$k = k_0$ に対し $\mathbf{C}^{nk}$ 上の多項式 P があって，

$$P|_{Y_k} \not\equiv 0,$$
$$I_k{}^* P \in \Gamma(A, \mathcal{I}(J_k(X) \cap J_k(D))).$$

各 U_λ 上で次の方程式を得る．

(4.8.4) $$a_{\lambda 0}\sigma_\lambda + \cdots + a_{\lambda k} d^k \sigma_\lambda = I_k{}^* P|_{U_\lambda}.$$

ここで，$a_{\lambda j}$ は $J_k(A)|_{U_\lambda}$ 上の有理正則関数を係数とするジェット座標関数の多項式である．$\rho_\lambda \in C^\infty(U_\lambda), \rho_\lambda > 0$ が存在して，$U_\lambda \cap U_\mu \neq \emptyset$ 上，$\frac{|\sigma_\lambda|}{\rho_\lambda} = \frac{|\sigma_\mu|}{\rho_\mu}$ が成立しているものとしてよい．従って，

$$\rho_\lambda a_{\lambda 0} + \rho_\lambda a_{\lambda 1} \frac{d\sigma_\lambda}{\sigma_\lambda} + \cdots + \rho_\lambda a_{\lambda k} \frac{d^k \sigma_\lambda}{\sigma_\lambda} = \frac{\rho_\lambda}{\sigma_\lambda} I_k{}^* P|_{U_\lambda}.$$

これに $J_k(f)(z), f(z) \in U_\lambda$ を代入すれば，

(4.8.5) $$\left| \rho_\lambda(f(z)) a_{\lambda 0}(f(z)) + \rho_\lambda(f(z)) a_{\lambda 1}(f(z)) \frac{\frac{d}{dz}\sigma_\lambda(f(z))}{\sigma_\lambda(f(z))} \right.$$
$$\left. + \cdots + \rho_\lambda(f(z)) a_{\lambda k}(f(z)) \frac{\frac{d^k}{dz^k}\sigma_\lambda(f(z))}{\sigma_\lambda(f(z))} \right| \cdot \frac{1}{|P(I_k(J_k(f)(z)))|}$$
$$= \frac{|\rho_\lambda(f(z))|}{|\sigma_\lambda(f(z))|}.$$

$\{U_\lambda\}$ に従属する 1 の分割 $\{\tau_\lambda\}$ をとると，

$$\frac{1}{\|\sigma(f(z))\|} \leq \frac{1}{|P(I_k(J_k(f)))|}$$
$$\times \sum_\lambda \left\{ \tau_\lambda \rho_\lambda |a_{\lambda 0}| + \cdots + \tau_\lambda \rho_\lambda |a_{\lambda k}| \left| \frac{\frac{d^k}{dz^k}\sigma_\lambda(f(z))}{\sigma_\lambda(f(z))} \right| \right\}.$$

$a_{\lambda j}$ が U_λ 上の正則関数を係数とするジェット座標関数の多項式であるから，補題 4.5.1 より，

$$m_f(r, D) \leqq O\left(\sum_{\lambda, 1 \leqq j \leqq k} m\left(r, \frac{(\sigma_\lambda \circ f)^{(j)}}{\sigma_\lambda \circ f}\right) \right) + m\left(r, \frac{1}{P(I_k(J_k(f)))}\right)$$
$$+ S_f(r).$$

σ_λ は A 上の有理関数であるから,$d^j\sigma_\lambda/\sigma_\lambda$ は σ_λ の極と零に対数的極をもつ対数的ジェット微分である.補題 4.5.1 から

$$m\left(r, \frac{(\sigma_\lambda \circ f)^{(j)}}{\sigma_\lambda \circ f}\right) = S_f(r).$$

さらに,第一主要定理 1.1.15 と補題 4.5.1 を使って,

$$m\left(r, \frac{1}{P(I_k(J_k(f)))}\right) \leqq T(r, P(I_k(J_k(f)))) + O(1)$$
$$= S_f(r).$$

これらを合わせて,$m_f(r, D) = S_f(r)$ を得る.

補題 4.5.1 と (4.8.5) より,

$$N(r, f^*D) - N_k(r, f^*D) \leqq N(r, (P(I_k(J_k(f))))_0)$$
$$\leqq T(r, P(I_k(J_k(f)))) + O(1) = S_f(r).$$

以上と第一主要定理 2.3.15 より,

$$T_f(r, L) = N(r, f^*D) + m_f(r, D)$$
$$= N_k(r, f^*D) + S_f(r). \qquad \text{証了}$$

4.8.6 [系]　f と D は定理 4.8.2 のものとする.

 (i) $\delta_{k_0}(f, D) = 0$.
 (ii) (ラング予想) D が豊富で $f(\mathbf{C}) \cap D = \emptyset$ ならば,f は定写像である.

証明　(i) これは定義から明らか.
　(ii) 仮定,定理 4.8.2 と定理 2.4.4 により,f は定写像である.　　　　　証了

4.8.7 [注意]　(i) 定理 4.8.2 の k_0 は,一般に f と D による.例えば,$\Gamma = \mathbf{Z} + i\mathbf{Z}, E = \mathbf{C}/\Gamma$ とし,$A = E^2$ とする.次の正則曲線を考える.

$$f : z \in \mathbf{C} \to [(z, z^2)] \in A.$$

ただし，$[\cdot]$ で Γ-同値類を表した．D を A の被約因子で，原点で次数 p のカスプをもつとし，$L = L(D)$ とする．$f^{-1}0 = \Gamma$ であるから，

$$f^*D \geqq p\Gamma.$$

よって，k_0 をどのようにとっても $p > k_0$ ととれば，

$$N(r, f^*D) - N_{k_0}(r, f^*D) \geqq (p - k_0)r^2(1 + o(1)).$$

一方 $T_f(r, L) = r^4(1 + o(1))$ であるから，

$$T_f(r, L) - N_{k_0}(r, f^*D) \geqq (p - k_0)r^2(1 + o(1)).$$

この左辺を上から $S_f(r)$ で押さえることはできない．

これは，同じ問題を扱った下記の論文[4]の Lemma 4 への反例にもなっている．

(ii) 上述のラング予想，系 4.8.6 (ii) は，シュウ・ユン (Siu-Yeung [96]) によって示された．ただし，その論文の題目にある "Generalized Bloch's Theorem" の証明にはギャップがあり，一般には成立しない例がある（野口・Winkelmann [02b]）．彼らはテータ―ロンスキアンと微分方程式を巧妙に使った．ここで述べたジェット射影法とテータ―ロンスキアンを用いた別証明が準アーベル多様体の場合を含めて野口 [98] にある．

(iii) A と D を系 4.8.6 (ii) のものとする．すると，正則曲線 $f : \mathbf{C} \to A \setminus D$ は定写像に限るのであるが，$A \setminus D$ が小林双曲的（第 5 章を参照）であることが示されたわけではない．その意味で，論文 Siu-Yeung [96] の題が，誤解を生んでいる向きがないではない．D に条件を加えれば成立する場合がある（定理 5.2.6 を参照）．$A \setminus D$ が小林双曲的かどうかは，一般には未解決な問題である．

(iv) アーベル多様体への正則曲線に対する第二主要定理 4.8.2 は他の論文[5,6]によっても扱われたが，残念ながらそれらの証明は不完全，または誤った補題に基づくものであった（野口・Winkelmann・山ノ井 [02] を参照）．そのよう

---

[4] Kobayashi, R., Holomorphic curves into algebraic subvarieties of an abelian variety, Intern'l J. Math. **2** (1991), 711-724.

[5] Kobayashi, R., Holomorphic curves in Abelian varieties: The second main theorem and applications, Japan. J. Math. **26** (2000), 129-152.

[6] Siu, Y.-T. and Yeung, S.-K., Defects for ample divisors of Abelian varieties, Schwarz lemma, and hyperbolic hypersurfaces of low degrees, Amer. J. Math. **119** (1997), 1139-1172.

な次第で，野口・Winkelmann・山ノ井 [00] [02] によって初めてその完全な証明が与えられたことになる．この定理は，準アーベル多様体の場合にも成立する．

9. 正則曲線の基本予想

M をコンパクトケーラー多様体，ω_0 をケーラー型式とする．$L \to M$ を直線束とし，$D \in |L|$ を単純正規交叉因子とする．正則曲線 $f : \mathbf{C} \to M, f(\mathbf{C}) \not\subset D$ に対し**重複度関数**として次の量を定める．

$$(4.9.1) \qquad N^k(r, f^*D) = N(r, f^*D) - N_k(r, f^*D).$$

4.9.2 [予想] (正則曲線の基本予想) M, D を上述のものとする．ある番号 $k_0 \in \mathbf{N}$ が存在して，代数的非退化な正則曲線 $f : \mathbf{C} \to M$ に対し，次が成立する．

$$(4.9.3) \qquad m_f(r, D) + N^{k_0}(r, f^*D) + T_f(r, K_M) = S_f(r).$$

あるいは同値な式で，

$$T_f(r, L) + T_f(r, K_M) \leqq N_{k_0}(r, f^*D) + S_f(r).$$

もちろん，$k_0 = \dim M$ と決まれば申し分ないのであるが，かなり難しいであろう．M がアーベル多様体の場合でも，定理 4.8.2 では k_0 が D や f によるので，その意味で未だ未解決である．

(4.9.3) で，重複度関数 $N^{k_0}(r, f^*D)$ をなくした式に相当する予想をグリフィス (Griffiths [72]) が提出している．

4.9.4 [予想] (グリフィス予想) 予想 4.9.2 と同じ仮定の下で，

$$m_f(r, D) + T_f(r, K_M) = S_f(r).$$

10. 微分非退化写像への応用

定理 4.8.2 の証明法の応用として，定理 3.2.2 でアーベル多様体の場合に，D に任意の特異点を許すことを考える．第 2, 3 章で用いた記号を用いる．

$\mathbf{C}^m$ の座標系 $(z_1, \ldots, z_m)$ に関する k 階偏微分を

$$\lambda = (\lambda_1, \ldots, \lambda_n), \quad \lambda_i \in \mathbf{Z}^+,$$
$$k = |\lambda| = \lambda_1 + \cdots + \lambda_n,$$
$$\partial^\lambda = \frac{\partial^k}{(\partial z_1)^{\lambda_1} \cdots (\partial z_n)^{\lambda_n}}$$

と表す.

4.10.1 [補題] $g \not\equiv$ を $\mathbf{C}^m$ 上の有理型関数とする. g の任意の k 階偏微分 $\partial^\lambda g$ に対し, 次が成り立つ.

(i) $m\left(r, \partial^\lambda g/g\right) = S(r, g)$ (記号 $S(r, g)$ については, (1.2.4) を参照).
(ii) $T(r, \partial^\lambda g) \leqq (k+1) T(r, g) + S(r, g)$.

証明は, 補題 3.1.1 を使って補題 4.2.9 の証明と同様にできるので, 省略する.

N を複素射影代数的多様体, D をその上の被約因子とする. ω を N 上の D に沿う対数的 k-ジェット微分とする. $f: \mathbf{C}^m \to N$, $f(\mathbf{C}^m) \not\subset D$ を有理型写像とする. 不定点集合 $I(f)$ の外で誘導された正則写像

$$f_* : J_k(\mathbf{C}^m \setminus I(f)) \cong (\mathbf{C}^m \setminus I(f)) \times \mathbf{C}^{mk} \to J_k(N)$$

を得る. 一点 $w \in \mathbf{C}^{mk}$ をとる. $\operatorname{codim} I(f) \geqq 2$ であるから, 有理型関数

$$\xi(z) = \omega(f_*(z, w))$$

は $\mathbf{C}^m$ 上有理型である.

4.10.2 [補題] 上述の記号のもとで, $m(r, \xi) = S_f(r)$.

証明は, 補題 4.10.1 を使って補題 4.5.1 の証明と同様にできるので, 省略する.

ここから, N を n 次元アーベル多様体 A とする. $\mathbf{C}^n \to A$ を普遍被覆とする. 有理型写像 $f: \mathbf{C}^m \to A$ をとる. $\dim I(f) \leqq m-2$ であるから, $\mathbf{C}^m \setminus I(f)$ は単連結である. 従って, 持ち上げ $\tilde{f}|_{\mathbf{C}^m \setminus I(f)} : \mathbf{C}^m \setminus I(f) \to \mathbf{C}^n$ を得る. 定理 2.2.6 (ii) より $\tilde{f}|_{\mathbf{C}^m \setminus I(f)}$ は $\mathbf{C}^m$ 全体に正則に拡張される. 従って, f 自身が正則写像になる.

4.10.3 [定理](野口 [01])　　$L \to A$ を直線束とし，$D \in |L|$ とする．任意の微分非退化正則写像 $f: \mathbf{C}^m \to A \ (m \geqq n)$ に対し

$$T_f(r, L) \leqq N_n(r, f^*D) + S_f(r),$$

$$\delta_n(f, D) = 0.$$

証明　f は，(4.4.7) より正則写像

$$f_* : J_n(\mathbf{C}^m) \cong \mathbf{C}^m \times \mathbf{C}^{mn} \to J_n(A) \cong A \times \mathbf{C}^{n^2}$$

を誘導する．f は微分非退化であるから，f_* も微分非退化であり，特に代数的非退化である．ジェット射影

$$I_n : J_n(A) \cong A \times \mathbf{C}^{n^2} \to \mathbf{C}^{n^2}$$

は固有であるから，$I_n(J_n(D)) \subset \mathbf{C}^{n^2}$ は解析的部分集合で，その次元は高々 $(n+1)(n-1) = n^2 - 1$ である．従って，ジェットのある点 $(z_0, w) \in \mathbf{C}^m \times \mathbf{C}^{mn} \cong J_n(\mathbf{C}^m)$ があり，$J_n(A) \cong A \times \mathbf{C}^{n^2}$ のジェット座標の多項式 P があって

$$P|_{I_n(J_n(D))} \equiv 0, \qquad P(I_n(f_*(z_0, w))) \neq 0.$$

これより (4.8.4) と同様の式（記号も (4.8.4) のものと同じとする）

(4.10.4)　　　　$a_{\lambda 0}\sigma_\lambda + \cdots + a_{\lambda k} d^k \sigma_\lambda = I_n{}^* P|_{U_\lambda}$

を得る．正則写像

$$J_n(f)_w : z \in \mathbf{C}^m \to f_*(z, w) \in J_n(A)$$

に対し，$P(I_n(J_n(f)_w(z))) \neq 0$.
後は，(4.8.5) 以下の証明と同様にして証明される．　　　　　　　　　　**証了**

4.10.5 [注意]　　定理 4.10.3 では D の特異点に関する条件は何も付されていないことに注意されたい．D が単純正規交叉的と仮定するならば，定理 3.2.2 からより強い評価

$$T_f(r, L) \leqq N_1(r, f^*D) + S_f(r)$$

が成立することが分かる．

5

小林双曲性への応用

　この章では，主に代数的多様体内のザリスキー開領域で，小林双曲的なものをどのようにして作るか，射影超曲面で小林双曲的なものをどのようにして作るかを述べる．ここでは，これまでの正則曲線に関する結果が有効に利用される．この章で述べる結果は，いまのところネヴァンリンナ理論による証明以外のものは知られていない．

1. 小林擬距離

　この章の一般的文献としては，小林 [70] [98]，落合・野口 [84]，野口・落合 [90] 等を参照されたい．

　複素平面 $\mathbf{C}$ の原点を中心とする単位円板 $\Delta(1)$ の二点 $z, w \in \Delta(1)$ に対し，その双曲的距離（ポアンカレ距離とも呼ばれる）は次で定義される．

$$(5.1.1) \qquad d_{\Delta(1)}(z,w) = \log \frac{1+|\lambda|}{1-|\lambda|}, \quad \lambda = \frac{z-w}{1-\bar{w}z}.$$

簡単な計算から分かることであるが，$d_{\Delta(1)}$ は完備距離であり，$\Delta(1)$ の自己双正則変換群 $\mathrm{Aut}(\Delta(1))$ に関して不変である．

　一般に M を複素多様体とし，M の任意の二点 $x, y \in M$ に対し次のような正則曲線の有限列 f_ν と点 $z_\nu \in \Delta(1)$ が常に存在する．

$$f_\nu : \Delta(1) \to M, \quad 1 \leqq \nu \leqq l\,(<\infty),$$
$$x = f_1(0), f_\nu(z_\nu) = f_{\nu+1}(0), 1 \leqq \nu \leqq l-1, f_l(z_l) = y.$$

このような $\{(f_\nu, z_\nu)\}$ を x と y を結ぶ正則鎖と呼ぶ．x, y に対し

$$(5.1.2) \qquad d_M(x,y) = \inf \left\{ \sum_{\nu=1}^{l} d_{\Delta(1)}(0, z_\nu) \right\}$$

と定義する．ただし，下限は x と y を結ぶ全ての正則鎖に渡る．次の性質は，容易に確かめられる．

$$d_M(x,y) = d_M(y,x) \geqq 0,$$
$$d_M(x,y) \leqq d_M(x,x') + d_M(x',y).$$

一般に $d_M(x,y) = 0$ から，$x = y$ が帰結されるとは限らない．例えば，

$$d_{\mathbf{C}^m} \equiv 0.$$

d_M は，小林擬距離と呼ばれる．

5.1.3 [定義]　d_M が距離関数になるとき，M を小林双曲的という．d_M が完備距離になるとき，M は**完備小林双曲的**であるという．

特異点を許す複素空間に対しても同様にして，小林擬距離，小林双曲性が定義される．

$d_M : M \times M \to \mathbf{R}$ は連続関数であり，M が小林双曲的ならば，d_M が定める距離位相は M のもとの微分位相と同じである．特に，$M = \Delta(1)$ のときはこれはポアンカレ距離と一致する．

複素多様体間の正則写像 $\Phi : M \to N$ に対し，

$$d_M(x,y) \geqq d_N(\Phi(x),\Phi(y)), \qquad x,y \in M.$$

これは，短縮原理と呼ばれる d_M の基本的性質である．このことから，N が小林双曲的ならば M から N への正則写像の全体 $\mathrm{Hol}(M,N)$ は同程度連続になる．従って，d_N が完備ならば，$\mathrm{Hol}(M,N)$ は正規族になる．また，d_M は $\mathrm{Aut}(M)$ に関して不変であることも分かる．

複素多様体 X の中に，局所閉複素部分多様体 M が相対コンパクトに含まれているとする．

5.1.4 [定義]　埋め込み $M \hookrightarrow X$ が**双曲的埋め込み**であるとは，M 自身が小林双曲的でさらに，任意の境界点 $x,y \in \partial M, x \neq y$ に対して，それぞれの近傍 $U,V \subset X$ が存在して次がみたされることとする．

$$\inf\{d_M(x',y') : x' \in M \cap U, y' \in M \cap V\} > 0.$$

このとき，M は X に双曲的に埋め込まれているともいう．

この性質は，次の著しい結果を含む．

5.1.5 [定理] (Kwack [69])　　M が X に双曲的に埋め込まれているならば，任意の正則写像 $f : \Delta(1) \backslash \{0\} \to M$ は，正則に $\tilde{f} : \Delta(1) \to X$ に接続される．

$M = \mathbf{P}^1(\mathbf{C}) \backslash \{3\,\text{点}\}$ は，$X = \mathbf{P}^1(\mathbf{C})$ に双曲的に埋め込まれているので（後出の系 5.2.2 を参照），この定理はピカールの大定理の一般化になっている．

$\mathbf{C}^m$ の有界領域は，小林双曲的であることが容易に分かるが，この章ではここまでの正則曲線についての結果を応用することにより，コンパクト複素多様体やそれから被約因子を除いた複素多様体が小林双曲的になるものをどのようにして得るかを考える．

この方面の研究には，小林 [70] で述べられた次の小林予想が大きな指針となっている．

5.1.6 [予想] (小林予想)　　(i) $\mathbf{P}^m(\mathbf{C})$ 内の次数 d の一般の超曲面 X は，d が大きければ $(d \geqq m + 2)$ 小林双曲的である．

(ii) $d \geqq 2m + 1$ ならば，$\mathbf{P}^m(\mathbf{C}) \backslash X$ は $\mathbf{P}^m(\mathbf{C})$ に双曲的に埋め込まれている．

このような複素多様体の小林双曲性を論ずるのに，次の二つの結果は大変有用である．

5.1.7 [補題] (Brody [78])　　X をコンパクト複素多様体とし，エルミート計量 $\|\cdot\|$ が与えられているとする．

(i) 正則曲線 $f : \Delta(R) \to X$, $c = \|f_*(\partial/\partial z)_0\| > 0$ に対し，正則曲線 $g : \Delta(R) \to X$ で次をみたすものがある．

$$(5.1.8) \quad g(\Delta(R)) \subset f(\Delta(R)),$$
$$\left\| g_*\left(\frac{\partial}{\partial z}\right)_0 \right\| = \frac{c}{2},$$
$$\left\| g_*\left(\frac{\partial}{\partial z}\right)_z \right\| \leqq \frac{cR^2}{2(R^2 - |z|^2)}, \qquad z \in \Delta(R).$$

(ii) 非定数正則曲線 $f_\nu : \mathbf{C} \to X$, $\nu = 1, 2, \ldots$ が存在すると，正則曲線 $g_\nu : \Delta(\nu) \to X$, $\nu = 1, 2, \ldots$, $g_\nu(\Delta(\nu)) \subset f_\nu(\mathbf{C})$ が存在して，$\{g_\nu\}$ は

$g : \mathbf{C} \to X$ に広義一様収束し,

(5.1.9) $\qquad \|g_*(\partial/\partial z)_0\| = 1, \qquad \|g_*(\partial/\partial z)_z\| \leqq 1, \quad z \in \mathbf{C}$

をみたす.

証明 (i) の証明は, 小林 [98], 落合・野口 [84], 野口・落合 [90] のどれにでもあるのでそれを参照されたい. 証明は, 初等的なのでその証明だけを読むことができる.

(ii) 原点の移動と変数の定数倍により, $\|f_*(\partial/\partial z)_0\| = 2$ としてよい. (i) より $\Delta(j), j = 1, 2, \ldots$ に対し $g_j : \Delta(j) \to X$ で, (5.1.8) をみたすものがある. アスコリ・アルゼラの定理により, 広義一様収束する部分列 $\{g_{j_\nu}\}$ が存在する. 極限 $g : \mathbf{C} \to X$ は (5.1.9) をみたす. **証了**

5.1.10 [定理](Bordy [78], Green [77]) X をコンパクト複素多様体とする.

(i) X が小林双曲的であるためには, 非定正則曲線 $f : \mathbf{C} \to X$ が存在しないことが, 必要十分である. これは, 複素空間に対しても成立する.

(ii) $D_i, 1 \leqq i \leqq l < \infty$ を X 上の相異なる被約因子とする. $M = X \setminus \sum_{i=1}^l D_i$ が完備小林双曲的で X に双曲的に埋め込まれているためには, 任意の添字集合の分割 $\{1, \ldots, l\} = I \cup J, I \cap J = \emptyset$ に対して, 非定正則曲線

$$f : \mathbf{C} \to \bigcap_{i \in I} D_i \setminus \bigcup_{j \in J} D_j$$

が存在しないことが必要十分である. ただし, $I = \emptyset$ のときは, $\bigcap_{i \in I} D_i = X$ とする.

証明は, 小林 [98], 落合・野口 [84], 野口・落合 [90] のどれかを参照されたい. 上述の性質をもつ $\{D_i\}$ を**双曲的配置**にあるということにする.

2. 小林双曲的多様体

小林予想の順序とは逆になるが, その (ii) に関連することから述べる.

X をコンパクト m 次元複素多様体，$D_i, 1 \leqq i \leqq l < \infty$ をその上の相異なる被約因子とする．第4章7節で定められた記号 $r(\{D_i\})$ を用いる．

5.2.1 [定理]（野口・Winkelmann [02a]）　$D_i, 1 \leqq i \leqq l$ は豊富で一般の位置にあるとする．このとき，$l > m(1 + r(\{D_i\}))$ ならば，$M = X \backslash \sum_i D_i$ は X に双曲的に埋め込まれている．

証明　任意の分割 $\{1, \ldots, l\} = I \cup J$ をとり，正則曲線 $f: \mathbf{C} \to \bigcap_{i \in I} D_i \backslash \bigcup_{j \in J} D_j$ を任意にとる．W を f の像のザリスキー閉包とする．定理 4.7.5, (ii) より，
$$\dim W \leqq \frac{mr(\{D_i\})}{l-m} < 1.$$
従って，$\dim W = 0$，つまり f は定写像である．このことと定理 5.1.10 (ii) より主張が従う．　　　　　　　　　　　　　　　　　　　　　　　　　　　証了

次の系は，$r(\{D_i\}) = 1$ の場合である．

5.2.2 [系]　(i) $H_i, 1 \leqq i \leqq l$ を $\mathbf{P}^m(\mathbf{C})$ の一般の位置にある超平面とする．$l \geqq 2m + 1$ ならば，$M = \mathbf{P}^m(\mathbf{C}) \backslash \sum_i H_i$ は完備小林双曲的で $\mathbf{P}^m(\mathbf{C})$ に双曲的に埋め込まれている．

(ii) $D_i, 1 \leqq i \leqq l$ を $\mathbf{P}^m(\mathbf{C})$ の一般の位置にある超曲面とする．$l \geqq 2m + 1$ ならば，$M = \mathbf{P}^m(\mathbf{C}) \backslash \sum_i D_i$ は $\mathbf{P}^m(\mathbf{C})$ に双曲的に埋め込まれている[1]．

5.2.3 [注意]　上述の (i) で，$\mathbf{P}^m(\mathbf{C}) \backslash \sum_{i=1}^l D_i$ $(l \geqq 2m + 1)$ が小林双曲的であることを見いだしたのは藤本 [72a] である．そこでは，小林双曲的埋め込みの重要な帰結であるピカールの大定理型の拡張定理も得られた．後に同様のことが M. Green [77] により別証明されている．小林双曲性が現れる以前はむしろ（大）ピカールの定理の拡張と正規族の観点からの関連する研究が多くあった (Bloch [26a], H. Cartan [28], Dufresnoy [44]). (ii) については，エレメンコ (Eremenko [99]) がポテンシャル論的証明を与えている．

---

[1] この主張は，Babets, V.A., Picard-type theorems for holomorphic mappings, Siberian Math. J. **25** (1984), 195-200 に現れる．しかし初めの Theorem 1 で，そこでの記号で，$f(\mathbf{C}) \subset D$ となる場合が扱われていない．また，準アルバネーゼ多様体がアルバネーゼ多様体と $(\mathbf{C}^*)^t$ の直積となるとしているが，それは一般には正しくない．

さて，このように l が大きい場合は $X\backslash\sum_{i=1}^{l} D_i$ が小林双曲的になる様子がある程度分かった．しかし，既約な $D \subset X$ で $X\backslash D$ が小林双曲的になるものをみつけるのは容易でない．

5.2.4 [定理](Zaidenberg [89])　　$d \geqq 5$ ならば，$\mathbf{P}^2(\mathbf{C})$ 内の非特異 d 次曲線 C で $\mathbf{P}^2(\mathbf{C})\backslash C$ が $\mathbf{P}^2(\mathbf{C})$ に双曲的に埋め込まれているものがある．

証明　まず，$d = 5$ の場合を示す．一般の位置にある 5 本の直線 $L_i \subset \mathbf{P}^2(\mathbf{C})$, $1 \leqq i \leqq 5$ をとる（図 5.2.1）．系 5.2.2 (i) より $\mathbf{P}^2(\mathbf{C})\backslash \sum L_i$ は $\mathbf{P}^2(\mathbf{C})$ に双曲的に埋め込まれている．L_3, L_4, L_5 は保ち，L_1, L_2 を非特異二次曲線に変形する変形族 $D_t, D_0 = L_1 + L_2$ をとる（図 5.2.2）．ある $\delta > 0$ があって，$|t| < \delta$ ならば $\{D_t, L_3, L_4, L_5\}$ は双曲的配置であることを示したい．そうでないとすると，ある点列 $t_\nu \to 0, t_\nu \neq 0$ で $\{D_{t_\nu}, L_3, L_4, L_5\}$ が双曲的配置でないものがある．D_{t_ν}, L_3, L_4, L_5 はそのどれもが全て $\mathbf{P}^1(\mathbf{C})$ と同型で，他の曲線と相異なる 3 点以上で交わっているので，定理 5.1.10 (ii) より次の非定則曲線の列があることになる．

$$f_\nu : \mathbf{C} \to \mathbf{P}^2(\mathbf{C})\backslash(D_{t_\nu} + L_3 + L_4 + L_5), \qquad \nu = 1, 2, \ldots.$$

補題 5.1.7 により，広義一様収束列

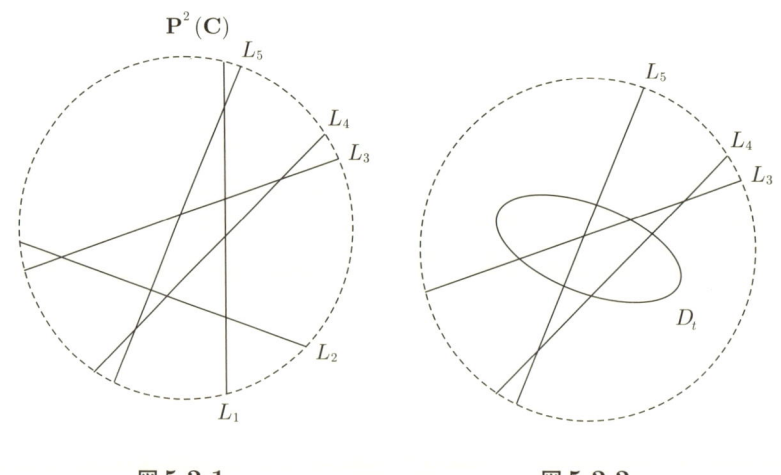

図 5.2.1　　　　　　　　　図 5.2.2

図 5.2.3　　　　　　　　　**図 5.2.4**

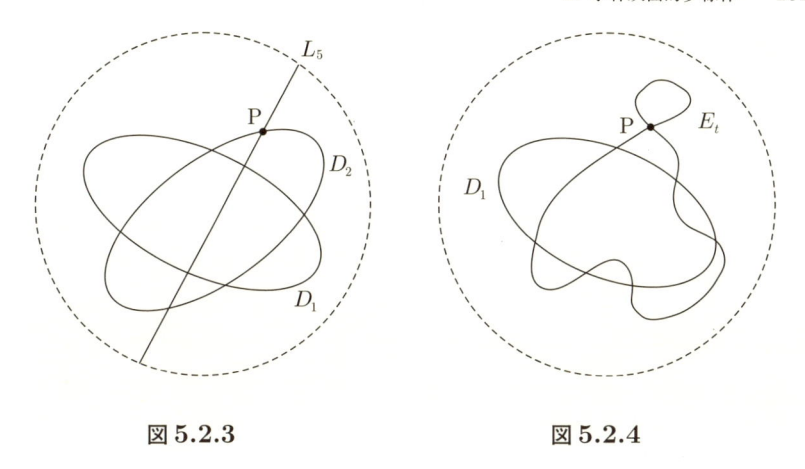

$$g_\nu : \Delta(\nu) \to \mathbf{P}^2(\mathbf{C}) \backslash (D_{t_\nu} + L_3 + L_4 + L_5), \qquad \nu = 1, 2, \ldots$$

が存在して, 非定数正則曲線 $g : \mathbf{C} \to \mathbf{P}^2(\mathbf{C})$ に広義一様収束する. フルヴィッツの定理 ("零をとらない正則関数列の広義一様極限は, 零をとらないか, 恒等的に零である") より, $g(\mathbf{C}) \subset L_1 + L_2$ でなければならない. 従って, $g(\mathbf{C}) \subset L_1$ または $g(\mathbf{C}) \subset L_2$. 一方 $g(\mathbf{C}) \cap (L_3 + L_4 + L_5) = \emptyset$ であるから, g は $\mathbf{P}^1(\mathbf{C})$ から 3 点を除いた領域への写像ということになり, 矛盾を得る.

十分小さな $t \neq 0$ で, $D_1 = D_t$ が非特異で, $\{D_1, L_3, L_4, L_5\}$ が双曲的配置にあるものをとる. 次に, $L_3 + L_4$ を非特異二次曲線に変形することを考える. 上と同様の議論で, $L_3 + L_4$ を微小変形した非特異二次曲線 D_2 で $\{D_1, D_2, L_5\}$ が双曲的配置であるものがとれる (図 5.2.3). 一点 $\mathrm{P} \in D_2 \cap L_5$ をとる. P を固定し, $D_2 + L_5$ の変形族 $E_t, E_0 = D_2 + L_5$ で, 全ての $E_t, t \neq 0$, が P で結節点をもちその他の点では非特異であるものをとる (図 5.2.4). $t \neq 0$ が十分小さければ, $\{D_1, E_t\}$ が双曲的配置にあることを示そう. これを否定すると, 上と同様の議論で非定数正則曲線 $f : \mathbf{C} \to \mathbf{P}^2(\mathbf{C})$ で, $f(\mathbf{C}) \subset D_1 \backslash (D_2 + L_5)$ または $f(\mathbf{C}) \subset (D_2 + L_5) \backslash D_1$ であるものが存在する. D_1 と $D_2 + L_5$ は相異なる 6 点で交わるから, $f(\mathbf{C}) \subset (D_2 + L_5) \backslash D_1$ でなければならない. D_2 と D_1 は相異なる 4 点で交わっているから, $f(\mathbf{C}) \subset D_2$ は起こらない. 従って, $f(\mathbf{C}) \subset L_5 \backslash D_1$ が残された場合になる. L_5 と D_2 は P と異なる 2 点で交わっている. $f(z_0) = \mathrm{P}$ となる $z_0 \in \mathbf{C}$ があるとすると, f の作り方とフルヴィッ

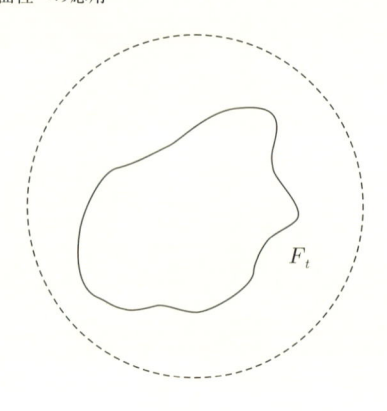

図 5.2.5

ツの定理から $f(\mathbf{C}) \subset D_2 \cap L_5$ となり，f は定写像でなければならない．これは矛盾なので，f は P を除外する．すると $f(\mathbf{C})$ は $\mathbf{P}^1(\mathbf{C})$ から 3 点を除いた領域に含まれることになり，やはり矛盾をきたす．以上で，一点 $\mathrm{P} \notin D_1$ でのみ結節点をもちその他では非特異な三次曲線 D_3 で，$D_1 + D_2$ が正規交叉のみをもち，$\{D_1, D_3\}$ が双曲的配置にあるものが作れた．

次に，$D_1 + D_3$ を非特異五次曲線に変形する族 $F_t, F_0 = D_1 + D_3$ を考える（図 5.2.5）．十分小さな $t \neq 0$ に対し F_t は非特異で，その種数は，6 であるから，それ自身は双曲的である．上述のフルヴィッツの定理を使う同様の議論から，十分小さな $t \neq 0$ に対し $\{F_t\}$ は，双曲的配置であることが示される．

最後に，$d > 5$ の場合は上で得られた非特異五次曲線 F で双曲的配置にあるものをとり，さらに $d - 5$ 本の一般の位置にある曲線 $L_i, 1 \leqq i \leqq d - 5$ で，$F + \sum L_i$ が正規交叉のみであるようにとる．$F + \sum L_i$ を非特異 d 次曲線に変形する族 $C_t, C_0 = F + \sum L_i$，をとる．十分小さな $t \neq 0$ に対し $\{C_t\}$ が双曲的配置でないとすると，非定正則曲線 $h : \mathbf{C} \to \mathbf{P}^2(\mathbf{C})$ で，$h(\mathbf{C}) \subset F + \sum L_i$ を得る．F は双曲的であるから，ある L_i があって，$h(\mathbf{C}) \subset L_i \backslash F$．$L_i$ と F との交点は，相異なる 5 点であるから，h は定写像となり，矛盾となる．以上で，非特異 d 次曲線 $C \subset \mathbf{P}^2(\mathbf{C})$ で，$\mathbf{P}^2(\mathbf{C}) \backslash C$ が $\mathbf{P}^2(\mathbf{C})$ に双曲的に埋め込まれているものの存在が示された． 　　　　　　　　　　証了

上述の $L_1 + \cdots + L_5$ から C_t への変形は巧妙なもので，何でも非特異な曲線

5.2.5 [例](Zaidenberg [89])　　$\mathbf{P}^2(\mathbf{C})$ の同次座標を x_0, x_1, x_2 として, $L_1 + \cdots + L_5$ を次で定める.

$$P(x) = x_0 x_1 x_2 (x_0 + x_1 + x_2)(x_0 + 2x_1 + 3x_2) = 0.$$

非特異五次曲線

$$Q(x) = x_0^5 + x_1^4 x_2 + x_2^5 = 0$$

をとる. $P_t(x) = P(x) + tQ(x), t \in \mathbf{C} \cup \{\infty\}$ とおく. 直線 $L = \{x_2 = 0\}$ は, 任意の t について $C_t = \{P_t = 0\}$ と点 $a = (0, 1, 0)$ でのみ交わる. つまり,

$$\mathbf{P}^2(\mathbf{C}) \backslash C_t \supset L \backslash \{a\} \cong \mathbf{C}.$$

従って, $\mathbf{P}^2(\mathbf{C}) \backslash C_t$ は小林双曲的になりえない.

複素射影空間以外で, よく分かるのはアーベル多様体である. 次の定理のように, むしろこちらのほうがこの問題に関しては簡単である.

5.2.6 [定理](Green [78])　　A をアーベル多様体とする.

(i) A の部分空間 $X \subset A$ が小林双曲的であることと, X が A の正次元アーベル部分多様体の平行移動を含まないことは同値である.

(ii) D を A 上の被約因子とする. D が A の正次元アーベル部分多様体の平行移動を含まないならば, $A \backslash D$ は A に双曲的に埋め込まれている.

証明　(i) X が小林双曲的でないとする. 定理 5.1.10 により, 非定正則曲線 $f: \mathbf{C} \to X$ が存在する. 定理 4.8.1 により, f の像のザリスキー閉包は正次元アーベル部分多様体の平行移動である.

(ii) 定理 4.8.1 と条件より, 任意の正則曲線 $f: \mathbf{C} \to D$ は定写像に限ることが分かる. 定理 5.1.10 (ii) より, $f: \mathbf{C} \to A \backslash D$ は常に定写像であることをいえばよい. $\mathrm{St}(D) = \{0\}$ であるから, 系 4.8.6 (ii) から f が定写像であることが従う.　　　　　　　　　　　　　　　　　　　　　　　　　　　　　　証了

5.2.7 [注意]　　上の証明では, 第 4 章で得られた一般的結果を用いた. 論文 Green [78] では, 1-パラメーター群の平行移動の場合に帰着して証明している.

それは，補題 5.1.7 を使うと，定理 5.1.10 (i) で $f: \mathbf{C} \to X$ は，$\|f_*(\partial/\partial z)_z\|$ が有界であるとしてよいことが分かる．そのような $f: \mathbf{C} \to (X \hookrightarrow) A$ の普遍被覆空間 $\mathbf{C}^{\dim A}$ への持ち上げは，一次関数であることが容易に分かる．1-パラメーター群の像のザリスキー閉包は，アーベル部分多様体になるので (i) は直ちに従う．しかし (ii) では，1-パラメーター群の平行移動は，必ず D と交わる（Ax [72]）ことを証明する必要があるので，そう簡単になるわけでもない．

D が豊富で，アーベル部分多様体の平行移動を含む場合がある．次の例は上野による（落合 [77]）．$E_j, 1 \leqq j \leqq 4$ を $\mathbf{P}^2(\mathbf{C})$ の次数 3 の非特異楕円曲線とし，次のようにおく．

$$A = E_1 \times \cdots \times E_4 \subset (\mathbf{P}^2(\mathbf{C}))^4.$$

$[u_{j0}, u_{j1}, u_{j2}]$ を各 $\mathbf{P}^2(\mathbf{C})$ の同次座標とする．$H_j(u_{10}, u_{11}, u_{12}, \ldots, u_{32})$，$0 \leqq j \leqq 2$ を各 (u_{j0}, u_{j1}, u_{j2}) について次数 l_j の同次多項式とする．

$$D = \left\{ (\ldots, [u_{j0}, u_{j1}, u_{j2}], \ldots) \in (\mathbf{P}^2(\mathbf{C}))^4; \sum_{j=0}^{2} H_j \cdot u_{j4}^p = 0 \right\}.$$

H_j を一般的にとれば，D は非特異でリフシッツの定理により $q(D) = 4$ である．

$$\{H_j = 0; 0 \leqq j \leqq 2\} \cap (E_1 \times E_2 \times E_3) = \{p_1, \ldots, p_s\}$$

とおく．$\bigcup_{i=1}^{s} \{p_i\} \times E_4 \subset D$.

一般的にアーベル多様体 A の被約豊富因子 D に対して，定理 4.8.2 により，非定則曲線 $f: \mathbf{C} \to A \setminus D$ は存在しないが，$A \setminus D$ が小林双曲的であることが分かった訳ではない．しかし，D 上で高位数で分岐する分岐被覆 $\pi: X \to A$ があれば，X が小林双曲的になることが分かる（野口・Winkelmann・山ノ井 [02] を参照）．

変形については，次の定理がある．

5.2.8 [定理] X を m 次元複素射影代数的多様体，$D_i, 1 \leqq i \leqq l$ をその上の一般の位置にある被約豊富因子とする．各 D_i は小林双曲的で，$l \geqq m(1 + r(\{D_i\}))$ とする．$E_t, t \in \Delta, E_0 = \sum_{i=1}^{l} D_i$ を因子 $\sum_{i=1}^{l} D_i$ の局所変形族とする．このとき，ある $\delta > 0$ があって，$|t| < \delta$ に対して，E_t は小林双曲的で，$X \setminus E_t$ は X に双曲的に埋め込まれている．

証明 まず，十分小さな任意の t について E_t が小林双曲的であることを示す．数列 $t_\nu \to 0$ で，E_{t_ν} が小林双曲的でないものがあったとする．定理 5.1.10 (i) より非定正則曲線 $f_\nu : \mathbf{C} \to E_{t_\nu}$ がある．定理 5.2.4 の証明と同様にして，非定正則曲線 $g : \mathbf{C} \to \sum D_i$ を得る．ある D_i があって，$g(\mathbf{C}) \subset D_i$ となるから，仮定に反する．

次に，非定正則曲線 $f_\nu : \mathbf{C} \to X \backslash E_{t_\nu}$ があったとすると，同様にして非定正則曲線 $g : \mathbf{C} \to X \backslash \sum_{i=1}^l D_i$ を得る．これは，$l \geqq m(1 + r(\{D_i\}))$ であるから定理 5.2.1 に反する． 証了

これは，$M = X \backslash \sum D_i$ の境界が小林双曲的ならば，双曲的埋め込みという性質が局所変形に関して安定的であることをいっている（Zaidenberg [89] も参照）．

3. 小林双曲的射影超曲面

この節では，小林予想 5.1.6 (i) を中心に考える．例えば，$\mathbf{P}^2(\mathbf{C})$ 内の次数 d の非特異曲線 X をとる．X の種数，$g = (d-1)(d-2)/2$ である．従って，$d = 1, 2$ では，X は $\mathbf{P}^1(\mathbf{C})$ と同型，$d = 3$ では X は楕円曲線となり，いずれも非小林双曲的である．$d \geqq 4$ ならば $g \geqq 3$ となり，X は小林双曲的になる．しかし，$\mathbf{P}^n(\mathbf{C}), n \geqq 3$ では次数 d を大きくしても非小林双曲的な非特異超曲面がある．例えば，フェルマー型の超曲面 X,

$$x_0^d + x_1^d + \cdots + x_n^d = 0$$

を考える．$\theta = e^{\pi i/d}$ とおいて，

$$f : z \in \mathbf{C} \to [1, \theta, z, \theta z, 0, \ldots, 0] \in X$$

とおけば，f は非定正則曲線で，X は小林双曲的でないことを示している．

$n = 3$ の場合は，Demailly-El Goul [00] により，大きい次数では肯定的に解決された．

一般的には，有理曲線や楕円曲線をまったく含まない射影超曲面を探すことさえ難しい．ここでは，$f : \mathbf{C} \to X$ は超越的な場合を含むのであるから，問題の困難さが憶測されるであろう．この節で，増田・野口 [96] で得られた小林

双曲的射影超曲面の構成法を述べる．その後，より次数の低いものの構成がなされている（城崎 [98]，藤本 [01]，Shiffman-Zaidenberg [02a] [02b] 等）．しかし，この節で得られるものは，次の章で述べるように代数体上で有理単数点についての有限性質をもち，その観点からも興味深い．

まず，代数的な準備から始めよう．有限個の相異なる単項式

$$M_j(z_1,\ldots,z_n) = z_1^{\alpha_{j1}} \cdots z_n^{\alpha_{jn}}, \qquad 1 \leqq j \leqq s$$

を考える．ただし，指数 α_{jk} は非負有理数とする．以下しばらく，次数は 1 と正規化して考える．従って，

$$\alpha_{jk} \in \mathbf{Q}, \quad \alpha_{jk} \geqq 0, \quad \sum_{k=1}^{n} \alpha_{jk} = 1.$$

$\alpha_{j\lambda} > 0$ で，$z_\lambda = 0$ が代入されるときは，$M_j = 0$ とおく．

5.3.1 [定義] 単項式の有限族 $\{M_j(z_1,\ldots,z_n)\}_{j=1}^{s}$ が**許容族**とは，条件

$$1 \leqq j_1 < j_2 < \cdots < j_l \leqq s,$$

$$\{j_1,\ldots,j_l,k_1,\ldots,k_l\} = \{1,\ldots,s\} \quad (\text{集合として})$$

をみたす任意の添字 $1 \leqq j_\nu < k_\nu \leqq s, 1 \leqq \nu \leqq l$ に対し行列

$$(5.3.2) \qquad \begin{pmatrix} \alpha_{j_1 1} - \alpha_{k_1 1} & \cdots & \alpha_{j_l 1} - \alpha_{k_l 1} \\ \vdots & & \vdots \\ \alpha_{j_1 n} - \alpha_{k_1 n} & \cdots & \alpha_{j_l n} - \alpha_{k_l n} \end{pmatrix}$$

の階数が $n-1$ であることとする．

$\{z_{\lambda_1},\ldots,z_{\lambda_l}\}$ を変数の部分集合とする．この部分集合に含まれない変数を $z_\nu = 0$ とおく．するとその変数の指数が正の単項式は 0 になる．$\{M_j\}$ から 0 になった単項式を取り除き，残った単項式の族を

$$(5.3.3) \qquad \{M'_j(z_{\lambda_1},\ldots,z_{\lambda_l})\}$$

と書くことにする．

5.3.4 [定義]　(i) (5.3.3) が変数 $(z_{\lambda_1},\ldots,z_{\lambda_l})$ の単項式の族として許容族であるとき，$\{M_j\}$ は $(z_{\lambda_1},\ldots,z_{\lambda_l})$ について許容であるという．

(ii) $\{M_j(z_1,\ldots,z_n)\}_{j=1}^s$ が k-**許容**であるとは，それが，任意に選ばれた k 個以下の変数 $(z_{\lambda_1},\ldots,z_{\lambda_l}), 1 \leq l \leq k$ について許容であることとする．

5.3.5 [補題]　次数 1 の単項式の族 $\{M_j(z_1,\ldots,z_n)\}_{1 \leq j \leq s}$ に対し，全ての指数が正で次数 1 の単項式の族 $\{N_k(z_1,\ldots,z_n)\}_{1 \leq k \leq t}$ で $\{M_1,\ldots,M_s, N_1,\ldots,N_t\}$ が許容族になるものが存在する．

証明　t に関して帰納的に単項式 $N_k(z_1,\ldots,z_n) = z_1^{\beta_{k1}}\cdots z_n^{\beta_{kn}}, 1 \leq k \leq t$ を次のように選ぶ．添字の任意の選択，$1 \leq k_j < l_j \leq t, 1 \leq j \leq \lambda \leq t$，ただし $k_j, 1 \leq j \leq \lambda$ は相異なるとして，

$$\mathrm{rank}\begin{pmatrix} \beta_{k_1 1} - \beta_{l_1 1} & \cdots & \beta_{k_\lambda 1} - \beta_{l_\lambda 1} \\ \vdots & & \vdots \\ \beta_{k_1 n} - \beta_{l_1 n} & \cdots & \beta_{k_\lambda n} - \beta_{l_\lambda n} \end{pmatrix}$$

$$=\mathrm{rank}\begin{pmatrix} \beta_{k_1 1} - \beta_{l_1 1} & \cdots & \beta_{k_\lambda 1} - \beta_{l_\lambda 1} \\ \vdots & & \vdots \\ \beta_{k_1 n-1} - \beta_{l_1 n-1} & \cdots & \beta_{k_\lambda n-1} - \beta_{l_\lambda n-1} \end{pmatrix}$$

は極大である．

$t = 1$ の場合は自明である．$t - 1$ 個の単項式 N_k が上述のようにとれたとする．このとき，t 番目の単項式 N_t を条件がみたされるようにとることを考える．帰納法の仮定から，$\{k_1,\ldots,k_\lambda,l_1,\ldots,l_{\lambda-1}\} \not\ni t$ である添字について次の行列が極大階数をもてばよい．

(5.3.6)
$$\begin{pmatrix} \beta_{k_1 1} - \beta_{l_1 1} & \cdots & \beta_{k_{\lambda-1} 1} - \beta_{l_{\lambda-1} 1} & \beta_{k_\lambda 1} - \beta_{t 1} \\ \vdots & & \vdots & \vdots \\ \beta_{k_1 n-1} - \beta_{l_1 n-1} & \cdots & \beta_{k_{\lambda-1} n-1} - \beta_{l_{\lambda-1} n-1} & \beta_{k_\lambda n-1} - \beta_{t n-1} \end{pmatrix}$$

帰納法の仮定により，(5.3.6) の初めの $\lambda - 1$ 個の列からなる行列の階数は極大である．従って，$\mathbf{Q}^{n-1}$ の有限個のアファイン超平面があって，その外に有理数ベクトル $(\beta_{t1},\ldots,\beta_{tn-1})$ を $\beta_{tj} > 0$, $\sum_{j=1}^{n-1}\beta_{tj} < 1$ をみたすようにとれば，行列 (5.3.6) が極大階数をもつ．そこで，$\beta_{tn} = 1 - \sum_{j=1}^{n-1}\beta_{tj} > 0$ とおく．

さて, $t = s + 2(n-1)$ ととる. すると, $\{M_j, N_k\}$ の指数ベクトルから作った行列 (5.3.2) は, 少なくとも $n-1$ 個の次の形の列ベクトルを含む.

$$\begin{pmatrix} \beta_{k_\nu 1} - \beta_{l_\nu 1} \\ \vdots \\ \beta_{k_\nu n} - \beta_{l_\nu n} \end{pmatrix}, \quad k_\nu < l_\nu.$$

これらは, 線形一次独立である. よって $\{M_j, N_k\}$ は許容族である. □ 証了

5.3.7 [補題] $\{M_j(z_1, \ldots, z_n)\}_{j=1}^s$ を次数 1 の k-許容族とし, $k \leq n-1$ とする. すると, 次数 1 の単項式 $N_k(z_1, \ldots, z_n), 1 \leq k \leq t$ があって, $\{M_1, \ldots, M_s, N_1, \ldots, N_t\}$ が $(k+1)$-許容族になる.

証明 任意に $k+1$ 個の変数 $z_{\lambda_1}, \ldots, z_{\lambda_{k+1}}$ を選ぶ. (5.3.3) でのように, $\{M'_j(z_{\lambda_1}, \ldots, z_{\lambda_{k+1}})\}_{j=1}^{s'}$ を定める. 補題 5.3.5 により有限個の相異なる次数 1 の単項式, $N'_k(z_{\lambda_1}, \ldots, z_{\lambda_{k+1}})$ で, 全ての指数が正有理数かつ $\{M'_j, N'_k\}$ は変数 $z_{\lambda_1}, \ldots, z_{\lambda_{k+1}}$ について許容であるものがとれる. かくして, $\{M_j, N'_k\}$ は k-許容で, かつ $(z_{\lambda_1}, \ldots, z_{\lambda_{k+1}})$ について許容である.

他の $k+1$ 個の変数の組, $z_{\mu_1}, \ldots, z_{\mu_{k+1}}$ をとる. $\{M''_j\}$ を $\{M'_j\}$ と同様にして得られたものとする. 同じようにして, 単項式 $\{N''_k\}$ を選び, $\{M''_j, N''_k\}$ が変数 $z_{\mu_1}, \ldots, z_{\mu_{k+1}}$ について許容であるようにできる. すると, $\{M_j, N'_k, N''_k\}$ は k-許容であり, 変数 $(z_{\lambda_1}, \ldots, z_{\lambda_{k+1}})$ と $(z_{\mu_1}, \ldots, z_{\mu_{k+1}})$ について許容となる. この操作を, 全ての $k+1$ 個の変数の組に対して行えば, $k+1$-許容族が得られる. 証了

単項式族 $\{z_1, \ldots, z_n\}$ は, 明らかに 2-許容である. これに補題 5.3.7 を適用して, 次の定理を得る.

5.3.8 [定理] 任意の n について, n-許容な次数 1 の単項式族 $\{M_j(z_1, \ldots, z_n)\}_{j=1}^s$ が存在する.

$M_j = z_1^{a_{j1}} \cdots z_n^{a_{jn}}, 1 \leq j \leq s$ を互いに相異なる次数 d の単項式とする. $\{1, \ldots, s\} = \bigcup_{\nu=1}^t I_\nu$ を添字集合の分割の一つとする. いま, 任意の $|I_\nu| \geq 2$

とする．I_ν は，次の添字番号からなっているとする．

$$j_{\nu 1} < \cdots < j_{\nu p_\nu}.$$

このとき，次の対を作る．

$$j_{\nu\mu} < j_{\nu p_\nu}, \quad 1 \leqq \mu \leqq p_\nu - 1.$$

全ての I_ν からこのようにして作られる対の全体を $\{j_\tau < k_\tau\}_{\tau=1}^l$ とする．これにより，次のように行列を定める．

$$(5.3.9) \qquad R(\{M_j\};\{I_\nu\}) = \begin{pmatrix} a_{j_1 1} - a_{k_1 1} & \cdots & a_{j_l 1} - a_{k_l 1} \\ \vdots & & \vdots \\ a_{j_1 n} - a_{k_1 n} & \cdots & a_{j_l n} - a_{k_l n} \end{pmatrix}.$$

任意の添字の選択 $1 \leqq \lambda_1 < \cdots < \lambda_{n'} \leqq n$ に対し，$i \notin \{\lambda_\nu\}_{\nu=1}^{n'}$ である添字に対して $z_i = 0$ とすることにより，単項式族 $\{M_j(z_1,\ldots,z_n)\}_{1 \leqq j \leqq s}$ からできる 0 でない単項式からなる族を $\{M_{j_k}(z_{\lambda_1},\ldots,z_{\lambda_{n'}})\}_{1 \leqq k \leqq s'}$ とおく．分割 $\{1,\ldots,s'\} = \bigcup_{\xi=1}^t I'_\xi, |I'_\xi| \geqq 2$ に対し次のように定める．

$$R(\{M_j\};\{\lambda_\nu\}_{\nu=1}^{n'},\{I'_\xi\}) = R(\{M_{j_k}\};\{I'_\xi\}).$$

さて $M_j = z_1^{a_{j1}} \cdots z_n^{a_{jn}}, a_{jk} \in \mathbf{Z}^+, 1 \leqq j \leqq s$ を次数 l の相異なる単項式とし，d を自然数とする．X を次の方程式で定義される $\mathbf{P}^n(\mathbf{C})$ の超曲面とする．

$$(5.3.10) \qquad X: \quad c_1 M_1^d + \cdots + c_s M_s^d = 0, \quad c_j \in \mathbf{C}^*.$$

5.3.11 [補題] 上の記号のもとで，$d > s(s-2)$ と仮定する．X が非小林双曲的であるための必要十分条件は，ある添字 $1 \leqq \lambda_1 < \cdots < \lambda_{n'} \leqq n$ と上述のようにして作られる単項式の族 $\{M_{j_k} = z_{\lambda_1}^{a_{j_k \lambda_1}} \cdots z_{\lambda_{n'}}^{a_{j_k \lambda_{n'}}}; 1 \leqq k \leqq s'\}$ および添字の分割 $\{1,\ldots,s'\} = \bigcup I'_\xi, |I'_\xi| \geqq 2$ が存在して，

$$(5.3.12) \qquad \mathrm{rank}\, R(\{M_j\};\{\lambda_\nu\}_{\nu=1}^{n'},\{I'_\xi\}) < n' - 1$$

がみたされ，かつ定数 $A_{\lambda_\nu} \in \mathbf{C}^*, 1 \leqq \nu \leqq n'$ が存在して I'_ξ に対し

$$(5.3.13) \qquad \sum_{k \in I'_\xi} c_{j_k} \left(A_{\lambda_1}^{a_{j_k \lambda_1}} \cdots A_{\lambda_{n'}}^{a_{j_k \lambda_{n'}}}\right)^d = 0$$

が成立することである．

証明 X は，小林双曲的でないと仮定する．定理 5.1.7 により，非定数正則曲線

$$f = [f_1, \ldots, f_n] : \mathbf{C} \to X$$

が存在する．ここで，f_i は共通零点をもたない整関数である．簡単のために，番号を付け替えて $f_i \not\equiv 0, 1 \leq i \leq n', f_i \equiv 0, n' < i \leq n$ となっているとしてよい．添字 $\lambda_\nu = \nu, 1 \leq \nu \leq n'$ に対し，上述のように単項式族 $\{M_{j_k}(z_1, \ldots, z_{n'})\}_{k=1}^{s'}$ を得る．次が成立する．

$$c_{j_1} M_{j_1}^d \circ f + \cdots + c_{j_{s'}} M_{j_{s'}}^d \circ f = 0.$$

定理 4.2.16 により，添字の分割 $\{1, \ldots, s'\} = \bigcup I'_\xi, \#I'_\xi \geq 2$ が存在して全ての $i, k \in I'_\xi$ に対し次が成立する．

$$M_{j_i}^d \circ f(z) = b_{ik} M_{j_k}^d \circ f(z), \quad b_{ik} \in \mathbf{C}^*.$$

従って，ベクトル $(\log f_1(z), \ldots, \log f_{n'}(z))$ は，次の線形方程式の解である．

(5.3.14) $\quad (y_1, \ldots, y_{n'}) R(\{M_j^d\}; \{\nu\}_{\nu=1}^{n'}, \{I'_\xi\}) = (\ldots, \log b_{ik}, \ldots).$

作り方からベクトル $(1, \ldots, 1)$ は，常に

(5.3.15) $\quad (y_1, \ldots, y_{n'}) R(\{M_j^d\}; \{\nu\}_{\nu=1}^{n'}, \{I'_\xi\}) = (0, \ldots, 0)$

の解である．よって $R(\{M_j^d\}; \{\nu\}_{\nu=1}^{n'}, \{I'_\xi\})$ の階数 r_0 は高々 $n'-1$ である．もし，$r_0 = n'-1$ とすると，任意の f_i は f_1 の定数倍となり，f は定写像ということになる．これは，矛盾である．従って，$r_0 < n' - 1$．(5.3.14) の解の一つを $(p_1, \ldots, p_{n'})$ として，$A_\nu = e^{p_\nu}, 1 \leq \nu \leq n'$ とおく．すると，定理 4.2.16 (iii) により $\{A_\nu\}$ は (5.3.13) をみたす．

逆を示そう．簡単のために，$1 \leq \lambda_\nu = \nu \leq n'$ とする．(5.3.15) の解で $(1, \ldots, 1)$ と一次独立なもの $(q_1, \ldots, q_{n'})$ をとり次のように定める．

(5.3.16) $\quad f_\nu(z) = A_\nu e^{q_\nu z}, \quad 1 \leq \nu \leq n',$

$\qquad\qquad\qquad f_\nu(z) = 0, \qquad n' < \nu \leq n.$

すると，X に値をもつ非定数正則曲線 $f = [f_1, \ldots, f_n]$ が得られるので，X は非小林双曲的である． **証了**

補題 5.3.11 に現れるような全ての変数の組合せとその変数の添字の分割について，(5.3.13) で定義される点

$$\{((c_j),(A_i)) \in (\mathbf{C}^*)^s \times \mathbf{P}^{n-1}(\mathbf{C})\}$$

の全体を Z で表す．Z は，代数的集合である．$\pi: (\mathbf{C}^*)^s \times \mathbf{P}^{n-1}(\mathbf{C}) \to (\mathbf{C}^*)^s$ を第一成分への射影とする．すると，次の代数的集合を得る．

(5.3.17) $$\Sigma = \pi(Z) \subset (\mathbf{C}^*)^s.$$

非負有理指数の次数 1 の単項式族 $\{M_j(z_1,\ldots,z_n) = z_1^{\alpha_{j1}} \cdots z_n^{\alpha_{jn}}\}_{j=1}^s$ が与えられたとして，l を自然数で全ての $l\alpha_{j\nu}$ を整数にする最小数とする．

X を次の同次方程式で定義される次数 ld の $\mathbf{P}^{n-1}(\mathbf{C})$ の超曲面とする．

(5.3.18) $$X: \quad c_1 M_1^{ld} + \cdots + c_s M_s^{ld} = 0, \quad c_j \in \mathbf{C}^*, d \in \mathbf{Z}, d > 0.$$

$\{M_j\}$ に対し (5.3.17) で定義される代数的集合 $\Sigma \subset (\mathbf{C}^*)^s$ をとる．以上を，総合すると次の定理を得る．

5.3.19 [定理]　記号は上述のものとする．$d > s(s-2)$ と仮定する．

(i) X が小林双曲的であるために，$(c_j) \in (\mathbf{C}^*)^s \setminus \Sigma$ が必要十分である．
(ii) $\Sigma = \emptyset$ であるために，$\{M_j(z_1,\ldots,z_n)\}_{j=1}^s$ が n-許容であることが必要十分である．
(iii) ある番号 $d(n-1)$ があって，任意の $d \geqq d(n-1)$ に対し次数 d の $\mathbf{P}^{n-1}(\mathbf{C})$ の小林双曲的超曲面が存在する．

証明　証明の済んでいないのは (iii) のみである．以下では，$\mathbf{P}^{n-1}(\mathbf{C})$ 内に次数 d の小林双曲的超曲面が存在するような d の全体は，加法的半群をなすことを示し利用する．n-許容族の存在の証明から，十分大きな正数 p に対し，次数 1 の非負有理指数の単項式の n-許容族 $\{N_j = z_1^{\alpha_{j1}} \cdots z_n^{\alpha_{jn}}\}_{j=1}^t$ で，その指数が，$\alpha_{jk} = q_{jk}/p$, $q_{jk} \in \mathbf{Z}^+$ と書けるものがある．すると，現下の定理の (ii) から，$d > d_0 = t(t-2)$ に対し超曲面

$$Y: \quad P = N_1^{pd} + \cdots + N_t^{pd} = 0$$

は，小林双曲的である．p と互いに素な十分大きな正数 p' についても，同様に非負有理指数の次数 1 の n-許容族 $\{N'_j = z_1^{\alpha'_{j1}} \cdots z_n^{\alpha'_{jn}}\}_{j=1}^{t'}$, $\alpha'_{jk} = q'_{jk}/p'$, $q'_{jk} \in \mathbf{Z}^+$ が存在する．$d' > d'_0 = t(t-2)$ に対し

$$Y': \quad P' = N_1'^{p'd'} + \cdots + N_{t'}'^{p'd'} = 0$$

は小林双曲的である．次のように定める．

$$E = \{pd + p'd'; d, d' \in \mathbf{Z}, d > d_0, d' > d'_0\}.$$

p, p' が互いに素であることから，加法的半群 E には，ある番号 $d(n-1)$ が存在して，

$$\{l \in \mathbf{Z}; l \geqq d(n-1)\} \subset E.$$

任意に $l \in \mathbf{Z}, l \geqq d(n-1)$ をとる．$l = pd + p'd'$, $d > d_0$, $d' > d'_0$ と書く．次数 d および d' の同次多項式 P および P' で，その零点が小林双曲的超曲面 Y および Y' を定義するものをとる（ここでは，その零点が問題で，重複度があってもかまわない）．次数 l の多項式 Q で，$\{Q = 0\}$ が重複度なしの非特異超曲面を定義するものをとる．これらから，次のペンシルを作る．

$$Y_\sigma: \quad (1-\sigma)PP' + \sigma Q = 0, \quad \sigma \in \mathbf{C}.$$

有限個の $\mathbf{C}$ の点以外で Y_σ は非特異である．もし，0 でない点列 $\sigma_\nu \to 0$ で，Y_{σ_ν} が全ての ν について非小林双曲的であったとする．定理 5.1.10 (ii) より，非定則曲線 $f_\nu : \mathbf{C} \to Y_{\sigma_\nu}$ がある．補題 5.1.7 (ii) から，$\|f_{\nu*}(\partial/\partial z)_0\| = 1$, かつ $\|f_{\nu*}(\partial/\partial z)_z\| \leqq 1, z \in \mathbf{C}$ が成立しているとしてよい．ここで，計量 $\|\cdot\|$ は $\mathbf{P}^{n-1}(\mathbf{C})$ の任意のエルミート計量（例えばフビニ・ストゥディ計量）についての長さを表す．従って，$f_\nu : \mathbf{C} \to \mathbf{P}^{n-1}(\mathbf{C})$ は正規族をなす．広義一様収束する $\{f_\nu\}$ の部分列をとり，極限をとると

$$g : \mathbf{C} \to Y \text{ または } Y', \quad \|g_*(\partial/\partial z)_0\| = 1$$

を得る．これは，Y および Y' が小林双曲的であることに反する．従って，ある $\delta > 0$ が存在して，$Y_\sigma, 0 < |\sigma| < \delta$ は全て小林双曲的である． **証了**

上の証明で，超曲面の微小変形で小林双曲性が保たれることが分かった．大事なので定理としてまとめる．

5.3.20 [定理] $\mathbf{P}^{n-1}(\mathbf{C})$ 内の次数 d の超曲面の全体を $\mathcal{D}_d$ とすると，部分集合 $\{X \in \mathcal{D}_d; X$ は小林双曲的 $\}$ は微分位相に関して開集合である．

4. 射影空間での双曲的埋め込み

この節では，小林予想 5.1.6 (ii) を考える．前節の結果から $\mathbf{P}^n(\mathbf{C})$ にはある $d(n)$ があって，任意の次数 $d \geqq d(n)$ の小林双曲的射影超曲面が存在する．定理 5.3.20 を使えば，それら $2n+1$ 個の一般の位置にある超曲面 $X_i, 1 \leqq i \leqq 2n+1$ がとれる．定理 5.2.8 から $\sum_{i=1}^{2n+1} X_i$ を非特異超曲面 X に微小変形することにより，小林双曲的非特異射影超曲面 X で，その補集合 $\mathbf{P}^n(\mathbf{C}) \setminus X$ も小林双曲的で $\mathbf{P}^n(\mathbf{C})$ に双曲的に埋め込まれているものを得る．しかし，この作り方では次数が $2n+1$ の倍数になり，十分大きな任意の次数に対し存在を示すことができない．ここでは，前節で用いた構成法を使いそれを示す．

以下単項式とは非負有理指数の単項式を意味するものとする．

5.4.1 [補題] 次数 1 の単項式の n-許容族 $\{M_j(z_1, \ldots, z_n)\}_{j=1}^s$ で，$\{M_1, \ldots, M_s, z_{n+1}\}$ が $(n+1)$-許容族であるものが存在する．

証明 定理 5.3.8 により，変数 $(z_1, \ldots, z_n)$ について n-許容族 $\{M_j\}$ をとることができる．ここで，その構成法を少し変える．補題 5.3.5 で単項式 N_k をさらに加えて，行列 (5.3.6) の階数が，任意に選んだ N_k を一つ外しても $n-1$ であるようにできる．このように，補題 5.3.8 および定理 5.3.9 での構成法を変更する．

さて，任意に変数 $(z_{\lambda_1}, \ldots, z_{\lambda_t}), \lambda_1 < \cdots < \lambda_t$ を選ぶ．それら以外の変数は z_{n+1} を除いて $z_\nu = 0$ とおいて，$\{M_j\}$ より単項式族 $\{M'_1, \ldots, M'_{s'}, z_{n+1}\}$ を得る．次のようにおく．

$$M'_j = z_{\lambda_1}^{\alpha_{j1}} \cdots z_{\lambda_t}^{\alpha_{jt}}, \quad 1 \leqq j \leqq s'.$$

添え字 $1 \leqq j_\nu < k_\nu \leqq s', 1 \leqq \nu \leqq l-1, 1 \leqq k_l \leqq s'$ を次のようにとる．

$$j_1 < \cdots < j_l,$$

$$\{j_1, \ldots, j_{l-1}, k_1, \ldots, k_l\} = \{1, \ldots, s'\} \quad \text{(集合として)}.$$

変更された構成法により，行列

$$\begin{pmatrix} 0 & \cdots & 0 & 1 \\ \alpha_{j_1 1} - \alpha_{k_1 1} & \cdots & \alpha_{j_{l-1} 1} - \alpha_{k_{l-1} 1} & -\alpha_{k_l 1} \\ \vdots & & \vdots & \vdots \\ \alpha_{j_1 t} - \alpha_{k_1 t} & \cdots & \alpha_{j_{l-1} t} - \alpha_{k_{l-1} t} & -\alpha_{k_l t} \end{pmatrix}$$

の階数はtである．従って，$\{M'_1, \ldots, M'_{s'}, z_{n+1}\}$は許容族になり，$\{M_1, \ldots, M_s, z_{n+1}\}$は$(n+1)$-許容族である． 証了

$\{M_1(z_1, \ldots, z_n), \ldots, M_s(z_1, \ldots, z_n), z_{n+1}\}$を次数1の単項式族とする．自然数$l$を，$M_j^l$の指数を整数にする最小数とする．$d$を自然数として$X$を次の方程式で定義される$\mathbf{P}^{n-1}(\mathbf{C})$の超曲面とする．

(5.4.2) $\qquad X: \quad c_1 M_1^{ld} + \cdots + c_s M_s^{ld} = 0, \quad c_j \in \mathbf{C}^*.$

Yを次で定義される$\mathbf{P}^n(\mathbf{C})$の超曲面とする．

(5.4.3) $\qquad Y: \quad c_1 M_1^{ld} + \cdots + c_s M_s^{ld} + z_{n+1}^{ld} = 0, \quad c_j \in \mathbf{C}^*.$

代数的部分集合$\Xi_1 \subset (\mathbf{C}^*)^s$を(5.4.2)に対し(5.3.17)でのように定義し，代数的部分集合$\Xi_2 \subset (\mathbf{C}^*)^s$を(5.4.3)に対し最後の係数$c_{s+1} = 1$と正規化して(5.3.17)でのように定義する．$\Xi = \Xi_1 \cup \Xi_2$とおく．

5.4.4 [定理]　上述の記号のもと，次を仮定する．

(5.4.5) $\qquad\qquad\qquad d > s(s-1).$

(i) Xが小林双曲的で，$\mathbf{P}^{n-1}(\mathbf{C}) \setminus X$が小林双曲的かつ$\mathbf{P}^{n-1}(\mathbf{C})$に双曲的に埋め込まれるのは，$(c_j) \in (\mathbf{C}^*)^s \setminus \Xi$の場合に限る．

(ii) $\Xi = \emptyset$であるためには，$\{M_j, z_{n+1}\}$が$(n+1)$-許容であることが必要十分である．

(iii) ある番号$d'(n-1)$が存在して，任意の自然数$d \geqq d'(n-1)$に対し次数dの$\mathbf{P}^{n-1}(\mathbf{C})$の非特異小林双曲的超曲面$X$で，補空間$\mathbf{P}^{n-1}(\mathbf{C}) \setminus X$が$\mathbf{P}^{n-1}(\mathbf{C})$に双曲的に埋め込まれているものが存在する．

証明 (i) 定理 5.3.19 (i) から，X が小林双曲的であるのは，$(c_j) \not\in \Xi_1$ の場合に限ることは既に示されている．定理 5.1.10 により，非定則曲線 $f : \mathbf{C} \to \mathbf{P}^{n-1}(\mathbf{C}) \setminus X$ が存在するのは，$(c_j) \in \Xi_2$ の場合に限ることを示せばよい．その場合，$F(z) = \sum_{j=1}^{s} c_j M_j^{ld}(f(z))$ は零点をもたない整関数である．$f_{n+1} = (-F(z))^{1/ld}$ とおけば，$g(z) = [f_1(z), \ldots, f_n(z), f_{n+1}(z)] \in Y$ となる．f_{n+1} が零をもたないことに注意し，(5.4.5)，系 4.2.15，定理 4.2.16，補題 5.3.11 から，$(c_j) \in \Xi_2$．

逆に $(c_j) \in \Xi_2$ ならば，(5.3.16) での作り方から，非定則曲線 $f(z) = [f_1(z), \ldots, f_{n+1}(z)] \in Y$ で，f_{n+1} が零点をもたないものがある．従って，$[f_1(z), \ldots, f_n(z)] \in \mathbf{P}^{n-1}(\mathbf{C}) \setminus X$ となり，$\mathbf{P}^{n-1}(\mathbf{C}) \setminus X$ は小林双曲的でない．

(ii) この証明は，定理 5.3.19 (ii) のそれと同様である．

(iii) この証明は，定理 5.3.19 (iii) のそれと同様である． **証了**

5.4.6 [例] 以下，第 3, 4 節で示された構成法で得られる小林双曲的射影超曲面の例を与えよう．

(i)（野口）$\mathbf{P}^3(\mathbf{C})$ で次のようにおく．

(5.4.7) $\quad X_1 : \; z_1^{3d} + \cdots + z_4^{3d} + t(z_1 z_2 z_3)^d = 0, \quad t \in \mathbf{C}^*,$
$$d > 7 \; (\deg X_1 = 3d \geq 24).$$

(5.4.8) $\quad X_2 : \; z_1^{4d} + \cdots + z_4^{4d} + t(z_1 z_2 z_3 z_4)^d = 0, \quad t \in \mathbf{C}^*,$
$$d > 6 \; (\deg = 4d \geq 28).$$

ここで，deg は，次数を表す．これらは，4-許容族で定義されている．X_1 に対し定理 5.3.19 を単純に適用すると，$d > 5 \cdot 3 = 15$ でなければならない．しかし今の場合は，以下の議論により，15 を 7 に下げることができる．

$f : \mathbf{C} \to X_1$ を非定則曲線とする．$f = [f_1, \ldots, f_4] : \mathbf{C} \to \mathbf{P}^3(\mathbf{C})$ を既約表現とする．$f_1 f_2 f_3 \not\equiv 0$ と仮定して一般性を失わない．系 4.2.15 を
$$g_1 = [f_1^{3d}, \ldots, f_4^{3d}] : \mathbf{C} \to \mathbf{P}^3(\mathbf{C})$$
に適用すると，$d > 7$ ならば，$f_1^{3d}, \ldots, f_4^{3d}$ は線形従属でなければならない．その非自明線形関係を

(5.4.9) $\quad c_1 f_1^{3d} + \cdots + c_4 f_4^{3d} = 0, \; (c_1, \ldots, c_4) \neq 0,$

とする．$3d > 3 \cdot 7 > 4 \cdot 2$ であるから定理 4.2.16 から，$f_1, \ldots, f_4$ の全ての互いの比が定数であるか，少なくとも $f_1, \ldots, f_4$ の中の二つの比が定数であることが結論される．初めの場合が起これば，f が定写像である．後の場合が起こったとする．例えば，f_3 と f_4 の比が定数だったとする．(5.4.9) に代入して次を得る．

(5.4.10) $\qquad f_1^{3d} + f_2^{3d} + c_3 f_3^{3d} + t(f_1 f_2 f_3)^d = 0, \; c_3 \in \mathbf{C}.$

$c_3 \neq 0$ とすると，上の議論を

$$g_2 = [f_1^{3d}, \ldots, f_3^{3d}] : \mathbf{C} \to \mathbf{P}^2(\mathbf{C})$$

に再び適用する．すると，$f_j, 1 \leqq j \leqq 3$ の少なくとも二つは比が定数であることになる．これと (5.4.10) から $f_j, 1 \leqq j \leqq 3$ の任意の二つの比は定数である．最後に (5.4.7) から $f_j, 1 \leqq j \leqq 4$ の任意の二つの比は定数であることが分かる．つまり f は定写像である．

同じようにして，X_2 も小林双曲的であることが証明される．

上述の二つの例から次が出る．

$$d(3) \leqq 54.$$

後の議論のために，例を加える．

(5.4.11) $\qquad X_3 : \; z_1^{4d} + \cdots + z_4^{4d} + t(z_1^2 z_2 z_3)^d = 0,$
$\qquad\qquad\qquad d > 6 \; (\deg X_2 = 4d \geqq 28), \quad t \in \mathbf{C}^*.$

これは，4-許容族で定義されている．

(5.4.12) $\quad X_4 : \; z_1^{2d} + \cdots + z_4^{2d} + t_1(z_1 z_2)^d + t_2(z_2 z_3)^d = 0,$
$\qquad\qquad\qquad d > 6 \cdot 4 = 24 \; (\deg X_4 = 2d \geqq 50), \quad (t_1, t_2) \in (\mathbf{C}^*)^2.$

この方程式で使われた単項式族は 4-許容族ではないが，パラメーター (t_j) がある非空ザリスキー開集合に属する場合に X_4 は小林双曲的になる．この例の場合は，$t_1 = t_2 = 1$ とおけばよい．

(ii) (増田・野口 [96]) $\mathbf{P}^3(\mathbf{C})$ 内の小林双曲的超曲面は，ブロディー・グリーン (Brody-Green [77]) の例等で存在は知られていた．しかし，$\mathbf{P}^n(\mathbf{C}), n \geqq 4$

では，その存在さえ知られておらず，増田・野口 [96] でその存在と $\mathbf{P}^n(\mathbf{C})$, $n = 4, 5$ での具体例が初めて与えられた．ここでは，そのいくつかを紹介する．ここで使われる単項式族が許容族であることを検証することは，手作業ではちょっと無理と思われる．筆者らは，MATHEMATICA を利用した．興味をもたれた読者のために，そのプログラムを節末に付けてある．

$\mathbf{P}^4(\mathbf{C})$ 内で次の超曲面を考える．

(5.4.13) $\quad X_5: \quad z_1^d + \cdots + z_5^d + t_1(z_1^2 z_2)^{d/3} + t_2(z_2^2 z_3)^{d/3} + t_3(z_3^2 z_4)^{d/3}$
$$+ t_4(z_4^2 z_1)^{d/3} = 0, \quad t_j \in \mathbf{C}^*, \quad d = 3e \geq 192.$$

これは，5-許容族で定義されているのでなく，特別な (t_j) の取り方に対しては非小林双曲的になる．例えば，$t_j = 1, 1 \leq j \leq 4$ とおくと，次の非定正則曲線を含む．

$$f(z) = [z \exp(\pi i/e), \exp(\pi i/e), z, 1, 0] \in X_5, \quad z \in \mathbf{C}.$$

ここで，e は (5.4.13) で使われたものである．しかし，一般の (t_j) に対しては，小林双曲的になる．例えば，$(t_j) = (-1, -1, 1, 1)$ とすれば，X_5 は小林双曲的である．

$\deg X_5$ は 3 の倍数である．定理 5.3.19 (iii) のためには，次の次数が 4 の倍数の例が興味深い．

(5.4.14)
$$z_1^d + \cdots + z_5^d + t_1(z_3 z_4^2 z_5)^{d/4} + t_2(z_1 z_2^2 z_5)^{d/4} + t_3(z_1 z_2 z_3^2)^{d/4} = 0,$$
$$t_j \in \mathbf{C}^*, \quad d = 4e \geq 196.$$

これは，$t_1 = t_2 = t_3 = 1$ のとき小林双曲的である．

(5.4.15) $\quad X_6: \quad z_1^d + \cdots + z_5^d + t_1(z_1^3 z_2)^{d/4} + t_2(z_2^3 z_3)^{d/4} + t_3(z_3^3 z_4)^{d/4}$
$$+ t_4(z_4 z_1)^{d/2} = 0, \quad t_j \in \mathbf{C}^*, \quad d = 4e \geq 256.$$

これは，5-許容族で定義されている．従って，零でない任意の t_j に対し，小林双曲的である．

(iii) $\mathbf{P}^5(\mathbf{C})$ 内の例を与える.

(5.4.16) $X_7:$ $z_1^d + \cdots + z_6^d + t_1(z_1 z_2^3)^{d/4} + t_2(z_2 z_3^3)^{d/4} + t_3(z_3 z_4^3)^{d/4}$
$\qquad + t_4(z_4 z_5^3)^{d/4} + t_5(z_5 z_1^3)^{d/4} + t_6(z_1 z_3)^{d/2}$
$\qquad + t_7(z_2 z_4)^{d/2} + t_8(z_3 z_5)^{d/2} + t_9(z_4 z_1)^{d/2} = 0,$
$\qquad t_j \in \mathbf{C}^*, \quad d = 4e \geqq 784.$

これは,6-許容族で定義されていないが, $t_1 = -1$, 他の $t_j = 1$ とすれば, X_7 は小林双曲的である.

次の例も 6-許容族で定義されていないが,全ての $t_j = 1$ とすれば, X_8 は小林双曲的である.

(5.4.17)
$\quad X_8:$ $z_1^d + \cdots + z_6^d + t_1(z_1 z_2^4)^{d/5}$
$\qquad + t_2(z_2^2 z_3^3)^{d/5} + t_3(z_3^3 z_4^2)^{d/5} + t_4(z_4 z_5^4)^{d/5} + t_5(z_5^3 z_1^2)^{d/5}$
$\qquad + t_6(z_1^4 z_3)^{d/5} + t_7(z_2 z_4^4)^{d/5} + t_8(z_3^3 z_5^2)^{d/5} = 0,$
$\qquad t_j \in \mathbf{C}^*, \quad d = 5e \geqq 845.$

次の例も同様で, $t_1 = -1$ 他の $t_j = 1$ で小林双曲的になる.

(5.4.18)
$\quad X_9:$ $z_1^d + \cdots + z_6^d + t_1(z_1 z_2^3)^{d/4} + t_2(z_2 z_3^3)^{d/4} + t_3(z_3 z_4^3)^{d/4}$
$\qquad + t_4(z_4 z_5^3)^{d/4} + t_5(z_5 z_1^3)^{d/4} + t_6(z_1 z_3)^{d/2} + t_7(z_2 z_4)^{d/2}$
$\qquad + t_8(z_3 z_5)^{d/2} + t_9(z_1 z_4)^{d/2} + t_{10}(z_2 z_5)^{d/2} = 0,$
$\qquad t_j \in \mathbf{C}^*, \quad d = 4e \geqq 900.$

次の例は,6-許容族による小林双曲的超曲面である.

(5.4.19) $X_{10}:$ $z_1^d + \cdots + z_6^d + t_1(z_1 z_2^4)^{d/5} + t_2(z_2 z_3^4)^{d/5} + t_3(z_3 z_4^4)^{d/5}$
$\qquad + t_4(z_4 z_5^4)^{d/5} + t_5(z_5 z_1^4)^{d/5}$
$\qquad + t_6(z_1^2 z_3^3)^{d/5} + t_7(z_2^2 z_4^3)^{d/5} + t_8(z_3^2 z_5^3)^{d/5}$
$\qquad + t_9(z_4^2 z_1^3)^{d/5} + t_{10}(z_5^2 z_2^3)^{d/5} = 0,$
$\qquad t_j \in \mathbf{C}^*, \quad d = 5e \geqq 1125.$

(iv) 定理 5.4.4 の例を与える．$\mathbf{P}^2(\mathbf{C})$ で，東川・鈴木 [80] が初めて例を与えた．その後ネーデル (Nadel [89b])，ザイデンベルグが例を作り，$\mathbf{P}^3(\mathbf{C})$ でも，ザイデンベルグは存在を示している (Zaidenberg [89])．一般次元での存在は増田・野口 [96] で初めて示された．以下の例もそのときに作られたものである．

$\mathbf{P}^3(\mathbf{C})$ で次のように定める．

$$Y_1 = X_1 \cap \{z_4 = 0\}, \quad \deg Y_1 = 3e \geqq 21 \ ((5.4.7) \text{ を参照}),$$
$$Y_3 = X_3 \cap \{z_4 = 0\}, \quad \deg Y_2 = 4e \geqq 24 \ ((5.4.11) \text{ を参照}),$$
$$Y_4 = X_4 \cap \{z_4 = 0\}, \quad \deg Y_3 = 2e \geqq 42 \ ((5.4.12) \text{ を参照}).$$

$\mathbf{P}^2(\mathbf{C})$ を超平面 $z_4 = 0$ と同一視する．すると，$\mathbf{P}^2(\mathbf{C}) \setminus Y_i, i = 1, 3, 4$ は完備小林双曲的で，$\mathbf{P}^2(\mathbf{C})$ に双曲的に埋め込まれている．

同様に，次のようにおく．

$$Y_5 = X_5 \cap \{z_5 = 0\}, \quad d = 3e \geqq 171,$$
$$Y_6 = X_6 \cap \{z_5 = 0\}, \quad d = 4e \geqq 228.$$

$\mathbf{P}^3(\mathbf{C})$ を $\mathbf{P}^4(\mathbf{C})$ の超平面 $\{z_5 = 0\}$ と同一視する．すると，$\mathbf{P}^3(\mathbf{C}) \setminus Y_i, i = 5, 6$ は完備小林双曲的で，$\mathbf{P}^3(\mathbf{C})$ に双曲的に埋め込まれている．

$$Y_7 = X_7 \cap \{z_6 = 0\}, \quad d = 4e \geqq 732,$$
$$Y_8 = X_8 \cap \{z_6 = 0\}, \quad d = 5e \geqq 785,$$
$$Y_9 = X_9 \cap \{z_6 = 0\}, \quad d = 4e \geqq 844,$$
$$Y_{10} = X_{10} \cap \{z_6 = 0\}, \quad d = 5e \geqq 1055.$$

これらは，$\mathbf{P}^4(\mathbf{C}) \setminus Y_i$ が完備小林双曲的で，$\mathbf{P}^4(\mathbf{C})$ に双曲的に埋め込まれている例である．

付録：Mathematica のためのプログラム

```
llcm[li_]:=
Block[{g,i},
For[g=1;i=1,i<=Length[li],i++,g=LCM[g,li[[i]]]];Return[g]
]

deg[e_]:=
Block[{le,a,t},
le=Length[e];
a=Table[Apply[Plus,e[[t]]],{t,le}];
Print["deg=",llcm[a],"e >= ", llcm[a] (le (le-2)+1]
]

ncr[n_,r_]:=
Block[{r1,a,c,i},
If[r==0,Return[{{}}]];
r1=r+1;a=Table[0,{r1}];
c={};i=r1;a[[i]]=n+1;
While[True,
   If[i==1,c=Prepend[c,Drop[a,-1]],i--;a[[i]]=a[[i+1]]];
   While[True,
      If[a[[i]]==i,i++;If[i==r1,Return[c]],a[[i]]--;Break[]]
      ]
]
]

cu[f_]:=
Block[{g,i},
For[g=f;i=1,i<=r+1,i++,
    While[(g/.x[[i]]->0)==0,g=Expand[g/x[[i]]]]
];Return[g]
]

hyp[e_,co_]:=
Block[{n,m1,n1,m,z,x,cc,t,ed,el,er,er2,i,j,fz,f0,b,c,rv,
c2,d,d2,na,k,n2,n3,n22,n33,i1,i2,i3,a,ng,rr,lz,ii,jj,zz,
p,q,ta,ZZ,gz},
n=Length[e];m1=Length[e[[1]]];n1=n+1;m=m1-1;
z={X,Y,Z,U,V,W,P,Q,R,S};
x={A,B,C,D,F,G,H,J,K,L};
cc=Table[co[[t]]->1,{t,Length[co]}];
ed=Table[Apply[Plus,e[[t]]],{t,n}];el=llcm[ed];
er=Table[el/ed[[t]] Drop[e[[t]],-1],{t,n}];
er2=Table[er[[i]]-er[[j]],{i,n},{j,n}];
fz=Sum[co[[i]] Product[z[[j]]^er[[i,j]],{j,m}],{i,n}];
f0=Table[0,{m}];
b=c=rv=Table[0,{n1}];c2=d=d2=Table[0,{n}];rv[[n1]]={};
na=0;
```

4. 射影空間での双曲的埋め込み　181

```
For[k=0,k<=n/3,k++,
If[Mod[n-3 k,2]==1,Continue[]];
n2=(n-3 k)/2;n3=k;n22=2 n2;n33=3 n3;
For[i=0,i<n3,i++,i1=3 i+1;i2=i1+1;i3=i2+1;
   c[[i1]]=i1-3;c[[i2]]=i1;c[[i3]]=i2;
   d[[i1]]=0;d[[i2]]=d[[i3]]=i1;
   d2[[i2]]=i1-1;d2[[i3]]=i2
];
For[i=0,i<n2,i++,i1=n33+2 i+1;i2=i1+1;
   c[[i1]]=i1-2;c[[i2]]=i1;
   d[[i1]]=0;d[[i2]]=i1;d2[[i2]]=i1-1
];
c[[1]]=n1;c[[n33+1]]=n1;d2[[2]]=n1;
a=Table[0,{n}];
b[[1]]=1;a[[1]]=1;If[k>0,c2[[1]]=n22,c2[[1]]=0];
i=1;
Label[la1];
i++;
If[i==n1,Goto[la3]];
For[j=b[[c[[i]]]]+1,j<=n,j++,If[a[[j]]==0,Break[]]];
If[j==n1,Goto[la4]];ng=1;
Label[la2];
b[[i]]=j;a[[j]]=i;
(*If[i==3,Print[Take[b,3]];*)
If[d[[i]]==0&&i<n33,If[ng==1,c2[[i]]=c2[[i-3]],c2[[i]]--]];
If[d[[i]]==0,Goto[la1]];
rv[[i]]=RowReduce[Append[rv[[d2[[i]]]],er2[[j,b[[d[[i]]]]]]]];
For[r=1,r<=Length[rv[[i]]],r++,If[rv[[i,r]]==f0,Break[]]];r--;
If[r!=m,Goto[la1]];i++;Goto[la4];
Label[la3];
rr=rv[[n]];
For[r=1,r<=Length[rr],r++,If[rr[[r]]==f0,Break[]]];r--;
If[r==m,Goto[la4]];
na++;
For[p={};q=b;ii=1,ii<=n3,ii++,p=Append[p,Take[q,3]];q=Drop[q,3]];
For[ii=1,ii<=n2,ii++,p=Append[p,Take[q,2]];q=Drop[q,2]];
Print[na,p];
For[lz={};ii=1,ii<=r,ii++,
   For[jj=1,jj<=m,jj++,If[rr[[ii,jj]] !=0,Break[]]];
   zz=x[[jj]] Product[z[[t]]^(-rr[[ii,t]]),{t,jj+1,m}];
   lz=Append[lz,z[[jj]]->zz]
];
p=Table[llcm[Table[Denominator[rr[[ii,jj]]],{ii,r}]],{jj,m}];
ta=Append[Table[z[[t]]^(1/p[[t]]),{t,m}],ZZ];
gz=Collect[PowerExpand[(fz/.lz) ZZ+1],ta];
Table[cu[gz[[t,1]]],{t,2,Length[gz]}]>>>tmp;
If[r<m-1||Length[gz]-1<=r,Print[(gz-1)/.ZZ->1];Return[-1]];
Label[la4];
i--;
```

```
        If[i==0,Goto[la5]];
        a[[b[[i]]]]=0;
        If[d[[i]]==0&&c2[[i]]==0,j=n1,
            For[j=b[[i]]+1,j<=n,j++,If[a[[j]]==0,Break[]]]
        ];ng=0;
        If[j==n1,Goto[la4],Goto[la2]];
        Label[la5];
        ];
        Return[na]
        ]


        hyperb[e_]:=
        Block[{n,m,tm,na,coe,i,nc,j,nj,njc,ej,co,k,ek,l,hy},
        n=Length[e];m=Length[e[[1]]];tm=Table[t,{t,m}];na=0;
        coe=Table[ToExpression["a"<>ToString[t]],{t,n}];
        For[i=4,i<=m,i++,nc=ncr[m,i];
            For[j=1,j<=Length[nc],j++,nj=nc[[j]];njc=Complement[tm,nj];
                For[ej={};co={};k=1,k<=n,k++,ek=e[[k]];
                    For[l=m-i,l>=1,l--,
                        If[ek[[njc[[l]]]]==0,ek=Delete[ek,njc[[l]]],Break[]]
                    ];
                    If[l==0,ej=Append[ej,ek];co=Append[co,coe[[k]]]]
                ];
                Print[nj,"s'=",Length[ej]];
                If[Length[ej]>1,hy=hyp[ej,co];
                    If[hy==-1,Print["maybe non-hyperbolic"];Return[],na=na+hy]
                ]
            ]
        ];
        If[na==0,Print["n-admissible"],Print["generically hyperbolic"]]
        ]


        eq[cc_]:= (* list of alg eq *)
        Block[{cc2,t,da,da2},
        cc2=Table[ToExpression["a"<>ToString[t]]->cc[[t]],{t,Length[cc]}];
        da=ReadList["tmp"];da2=Union[da/.cc2];Print["#=",Length[da2]];
        Return[da2]
        ]


        alg[ta_,tn_]:= (* ta-->tn *)
        Block[{s,t,n,i,a},
        x={A,B,C,D,F,G,H,J,K,L};
        s=N[NSolve[Table[l[[t]]==0,{t,Length[l]}][[ta]],x]];
        For[n=0;i=1,i<=Length[s],i++,
            If[(a=N[Abs[l[[tn]]/.s[[i]]]])<0.01,n++;Print[a,s[[i]]]]
        ];
        If[n==0,Print["no solutions"]]
        ]
```

このプログラムを使って (5.4.13) を検証する例.
以下の行ベクトルが, z_5, z_1, z_2, z_3, z_4 の順でそれらの指数に対応している.

```
e={
{1,0,0,0,0},
{0,1,0,0,0},
{0,0,1,0,0},
{0,0,0,1,0},
{0,0,0,0,1},
{0,2,1,0,0},
{0,0,2,1,0},
{0,0,0,2,1},
{0,1,0,0,2}
};
deg[e];
OpenWrite["tmp"];Close["tmp"];
hyperb[e]

    deg=3e>=192
    {1, 2, 3, 4}s'=6
    {1, 2, 3, 5}s'=6
    {1, 2, 4, 5}s'=6
    {1, 3, 4, 5}s'=6
    {2, 3, 4, 5}s'=8
    1{{1, 3}, {2, 4}, {5, 7}, {6, 8}}
    {1, 2, 3, 4, 5}s'=9
    1{{1, 2, 4}, {3, 5}, {6, 8}, {7, 9}}
    2{{1, 3, 5}, {2, 4}, {6, 8}, {7, 9}}
    3{{1, 6, 8}, {2, 4}, {3, 5}, {7, 9}}
    4{{1, 7, 9}, {2, 4}, {3, 5}, {6, 8}}
    generically hyperbolic

eq[{}]

    #=5
```

$\{\{a5 + a3*B^3, A*a9 + a7*B^2, a8 + A^2*a6*B, A^3*a2 + a4\},$
$\{a5 + a3*C^3, a9*B + a7*C^2, a8 + a6*B^2*C, A^3*a1 + a4 + a2*B^3\},$
$\{a5 + a3*C^3, a9*B + a7*C^2, A^3*a1 + a8 + a6*B^2*C, a4 + a2*B^3\},$
$\{a5 + a3*C^3, A^3*a1 + a9*B + a7*C^2, a8 + a6*B^2*C, a4 + a2*B^3\},$
$\{A^3*a1 + a5 + a3*C^3, a9*B + a7*C^2, a8 + a6*B^2*C, a4 + a2*B^3\}\}$

```
dd=eq[{1,1,1,1,1,1,1,1}];

    #=5

l=dd[[1]]
```

$\{1 + B^3,\ A + B^2,\ 1 + A^2*B,\ 1 + A^3\}$

alg[{1,4},2]

3.14018 10^{-16} {B -> 0.5 - 0.866025 I, A -> 0.5 + 0.866025 I}
4.00297 10^{-16} {B -> -1. + 3.33067 10^{-16} I, A -> -1. + 3.33067 10^{-16} I}
1.24127 10^{-16} {B -> 0.5 + 0.866025 I, A -> 0.5 - 0.866025 I}

alg[{1,2,4},3]

8.9509 10^{-16} {B -> -1. + 1.11022 10^{-16} I, A -> -1. + 3.33067 10^{-16} I}

dd=eq[{1,1,1,1,1,-1,-1,1,1}];

#=5

l=dd[[1]]

$\{1 + B^3,\ A - B^2,\ 1 - A^2*B,\ 1 + A^3\}$

alg[{1,4},2]

no solutions

l=dd[[2]]

$\{1 + C^3,\ B - C^2,\ 1 - B^2*C,\ 1 + A^3 + B^3\}$

alg[{1,2},3]

no solutions

l=dd[[3]]

$\{1 + C^3,\ B - C^2,\ 1 + A^3 - B^2*C,\ 1 + B^3\}$

alg[{1,4},2]

no solutions

l=dd[[4]]

$\{1 + C^3,\ A^3 + B - C^2,\ 1 - B^2*C,\ 1 + B^3\}$

alg[{1,4},3]

    no solutions

l=dd[[5]]

   $\{1 + A^3 + C^3, B - C^2, 1 - B^2*C, 1 + B^3\}$

alg[{2,4},3]

    no solutions

6

関数体上のネヴァンリンナ理論

第4章1節および2節で述べられた正則曲線に対するネヴァンリンナ理論を代数関数体上で展開する．これは，代数関数を代数関数で近似する理論と捉えられる．ヴォイタ (Vojta [87]) は，ネヴァンリンナ理論とディオファントス近似理論の類似性に注目しその定式化を行った．その見方によれば，ネヴァンリンナ理論は複素数を超越的有理型関数で近似する理論ということになる．これは，両理論に新しい視点を持ち込み研究を大いに活性化した．代数関数体上のネヴァンリンナ理論は，それら両者の中間に位置するものと考えられる．

1. ラング予想

ここでは，関数体といえば $\mathbf{C}$ 上の代数関数体を意味することとする．本章では，関数体上のネヴァンリンナ理論を述べるのであるが，まずその背景には小林双曲性があり，それを本節で解説する．

一般に体 F 上の N 次元射影空間 $\mathbf{P}_F^N$ を考え，同次座標系 $[x_0,\ldots,x_N]$ をとる．$\mathbf{P}^N(F) = \{[x_0,\ldots,x_N]; x_j \in F\}$ とおく．V を F 上定義された $\mathbf{P}_F^N$ 内の射影的代数多様体とする．V の点を考えるに，ひとまず F の代数閉包 $\bar{F}$ で考えるのが一つの考え方であるが，ここでは V の "F-解" の集合 $V(F)$ を考える．つまり，

$$V(F) = V \cap \mathbf{P}^N(F)$$

とおき，その元を V の F-有理点と呼ぶ．

S. ラング (Lang [74]) はモーデル予想 (Mordell [22]) に基づき次の大胆な予想を提唱した．

6.1.1 [予想] (ラング予想)　　代数体 F ($\mathbf{Q}$ 上の有限次拡大体) 上定義された

射影的代数多様体を V とする．ある埋め込み $F \hookrightarrow \mathbf{C}$ に関して，V を複素射影的代数多様体 $V_{\mathbf{C}}$ とみたときに，それが小林双曲的であるならば，$V(F)$ は有限集合である．

V が一次元の場合は，$V_{\mathbf{C}}$ が小林双曲的であることと V の種数が 2 以上であることは同値であるから，この場合，ラング予想 6.1.1 はモーデル予想に一致し，それは，ファルティンクス (Faltings [83b]) により証明された．そのモーデル予想について S. ラングは論文 (Lang [60]) で代数体の代わりに関数体上の類似を扱う問題を掲げた．有理点の有限性に着目するならば，関数体は一次元の場合が本質的である．R を標数零の代数閉体 k 上の射影的代数曲線とする．モーデル予想（ファルティンクスの定理）の関数体類似は次のようになる．

$\pi : \mathcal{X} \to R$ を R の射影的代数曲線族で，有限集合 $S \subset R$ が存在して，制限 $\mathcal{X}|_{R \setminus S} = \pi^{-1}(R \setminus S)$ 上で微分 $d\pi$ は非退化で，ファイバー $\mathcal{X}_t, t \in R \setminus S$ は既約とする．$\mathcal{X}$ は，R の有理関数体 $k(R)$ 上の射影的代数曲線とみなせる．そのとき，$\mathcal{X}$ の $k(R)$-有理点と，有理切断 $\sigma : R \to \mathcal{X}, \pi \circ \sigma = \mathrm{id}$ は自然に同一視される．

6.1.2 [定理] $\mathcal{X}_t, t \in R \setminus S$ の種数 $g \geq 2$ と仮定する．$\mathcal{X} \to R$ に無限個の有理切断が存在するならば，あるザリスキー開集合 $R' \subset R$ が存在して，同型 $\mathcal{X}|_{R'} \cong R' \times \mathcal{X}_t$ $(t \in R')$ が存在し，有限個を除いて，有理切断は定切断になる．

この定理は初め Y. マニン (Manin [63]) により証明された（実は証明に不備な点があったが，コウルマン (Coleman [90]) により埋められた）．Y. マニンは微分方程式を使ったが，H. グラウエルト (Grauert [65]) は，純代数幾何的方法による別証を与えた．一方シャファレヴィッチ (Shafarevich [63]) は次の予想を揚げた．

6.1.3 [予想]（シャファレヴィッチ予想） F を代数体，$\mathcal{O}_F$ をその整数環とし，有限部分集合 $S \subset \mathrm{Spec}(\mathcal{O}_F)$ および整数 $g \geq 2$ を固定する．このとき，F 上の g 次元アーベル多様体および種数 g の代数曲線で高々 S のみで退化するものは，有限個しかない．

このシャファレヴィッチ予想 6.1.3 も，初め関数体上の類似が考えられ，パー

シン (Parshin [68]) は，関数体上の代数曲線について $S = \emptyset$ の場合を示し，さらに関数体および代数体上でシャファレヴィッチ予想がモーデル予想を含むことを示した．次いで，アラケロフ (Arakelov [71]) は，関数体上の代数曲線に対し，S が一般の場合を証明した．ファルティンクス (Faltings [83a]) は，関数体上のアーベル多様体に対するシャファレヴィッチ予想には一般には反例 (セール) があるが，成立する必要十分条件を与えた．そして，ついに同年ファルティンクスはシャファレヴィッチ予想を証明することにより，モーデル予想を解決するに至った．その後，ボンビエリ (Bombieri [90]) がディオファントス近似を用いる別証明を与えている．関数体上のモーデル予想・シャファレヴィッチ予想に関連して種々の成果がある (Mumford [75]，野口 [81b] [85a] [88]，今吉・志賀 [88]，宮野・野口 [91]，齋藤・Zucker [91]，Zaidenberg [90]，鈴木 [94] 等)．

このように，有理点に関する問題を関数体上で考えることは意義深く，またそれ自身としても興味ある研究をなす．ラング予想 6.1.1 についても，関数体上の類似を考えることは興味深く，S.ラングも問題として提唱した．

次の小林・落合 [75] による有限性定理もこのような問題意識の中から得られた成果であった．

6.1.4 [定理] コンパクト複素多様体から一般型複素多様体への有理型全射は高々有限個しか存在しない．

$\mathcal{Y}$ を既約コンパクト複素空間，$\eta : \mathcal{Y} \to R$ を固有正則全射とする．ある有限集合 $S \subset R$ があり，

$$R' = R \setminus S, \quad \mathcal{Y}' = \eta^{-1}(R'), \quad \eta' = \eta|_{\mathcal{Y}'}$$

とおくとき，$d\eta'$ は $\mathcal{Y}'$ の各点で非退化で，$\mathcal{Y}_t = \eta'^{-1}(t), t \in R'$ はコンパクト連結複素多様体であるとする．ラング予想の関数体版を考えるために，次の条件を考える．

6.1.5 [条件] (i) 任意の $t \in R'$ に対し，$\mathcal{Y}_t$ は小林双曲的である．

(ii) 任意の $t \in S$ に対し，ある近傍 $U \ni V \ni t$ があって $\mathcal{Y}'|_{V \setminus \{t\}}$ は $\mathcal{Y}'|_{U \setminus \{t\}}$ に双曲的に埋め込まれている．

6.1.6 [定理](野口 [85a] [92] ; 野口 [81b] も参照)　　上の記号のもと条件 6.1.5 (i), (ii) を仮定する．このとき $\eta': \mathcal{Y}' \to R'$ の有理型切断の全体はコンパクト複素空間 Γ をなし，取値写像

$$\Phi: (s,t) \in \Gamma \times R' \to s(t) \in \mathcal{Y}'$$

は有理型である．特に，ある $t_0 \in R'$ があって $\{s(t_0); s \in \Gamma\}$ が $\mathcal{Y}'_{t_0}$ 内でザリスキー稠密ならば，ある既約成分 $\Gamma_0 \subset \Gamma$ が存在して

$$\Phi|_{\Gamma_0 \times R'}: \Gamma_0 \times R' \to \mathcal{Y}'$$

は正則同型である．

6.1.7 [注意]　　$\dim \mathcal{Y}_t = 1$ のときは，$\mathcal{Y}_t$ の種数が 2 以上ならば，条件 6.1.5 (i) は自動的にみたされるようなコンパクト化 $\bar{\mathcal{Y}}$ がとれる（野口 [85a]）．従って，関数体上のモーデル予想に対し，マニン（・コウルマン），グラウエルト，パーシン・アラケロフらの証明とは別の証明が与えられたことになる．

この定理の証明の過程で次の有限性定理が得られ，使われた．

6.1.8 [定理](野口 [91])　　X, Y をコンパクト複素空間，Y は小林双曲的とする．このとき，有理型全射 $f: X \to Y$ は高々有限個しか存在しない．

鈴木 [94] は，これをさらに非コンパクトの場合に拡張した．

このように少なくとも関数体上でみたときに，小林双曲性は種々の有限性と深い関わり合いをもつ．第 5 章でみたように小林双曲性を示すのにネヴァンリンナ理論が大変有効であった．一方不定方程式における有理解の有限性を導くのに使われるのはいわゆるディオファントス近似論である（Schmidt [80] [91], Lang [83], Bombieri [90], Hindry-Silberman [00], Waldschmidt [00]）．ヴォイタ (Vojta [87]) はトゥエ・ジーゲル・ロス・シュミットの代数的数を有理数で近似する理論（ディオファントス近似論）とネヴァンリンナ理論の類似に注目し，その定式化を行った（ヴォイタ予想）．これは両理論に新しい視点を持ち込み，新しい結果を生んだ (Lang [91], Ru-Wong [91], Faltings [91], Vojta [96] [99], 野口・Winkelmann [02a], 野口 [02] 等)．関数体上での取り扱いはそれら両者の中間に位置するものと考えられる．

ここでのプランは，これまで展開してきたネヴァンリンナ理論と繋がりが明らかになるように本章で関数体上の理論を扱い，次章で数論的場合を述べる．

2. 関数体上のネヴァンリンナ・カルタン理論

この節では，主に野口 [97] に沿って解説する．高次元の場合や正標数の場合など，より一般的な結果については巻末にあげた文献を適宜参照されたい．

R を種数 g のコンパクトリーマン面（複素射影的代数曲線）とする．$\mathbf{C}(R)$ でその有理関数体を表す．$u \in \mathbf{C}(R), a \in R$ に対し，a を原点とする局所座標 t をとり
$$u(t) = t^d v(t), \quad d \in \mathbf{Z}, \quad v(0) \neq 0$$
と書くとき，
$$\mathrm{ord}_a u = d$$
と記す．これを u の a での位数と呼ぶ．これは，もちろんかかる t のと取り方によらず，局所的に定義されるものである．

$L \to R$ を R 上の直線束とし，エルミート計量 $\|\cdot\|$ を一つ定めておく．L の有理切断 $\sigma \in \Gamma_{\mathrm{rat}}(R, L), \sigma \not\equiv 0$ （Γ_{rat} は有理切断を表す）をとる．$(L, \|\cdot\|)$ のチャーン型式 ω_L は次で与えられる．

$$(6.2.1) \qquad \omega_L = dd^c \log \frac{1}{\|\sigma(x)\|^2}, \qquad \sigma(x) \neq 0, \infty.$$

ω_L は R 上の C^∞-$(1,1)$ 型式である．σ の決める R 上の因子を D とすると，$\mathrm{ord}_a D = \mathrm{ord}_a \sigma$ と表す．次のようにおく．

$$(6.2.2) \qquad N(D) = \sum_{a \in R} \mathrm{ord}_a D,$$
$$N_k(D) = \sum_{a \in R} \min\{k, \mathrm{ord}_a D\}, \qquad k \in \mathbf{N}.$$

$N(D)$ は通常 $\deg D$ と書かれるものだが，ネヴァンリンナ理論との対比上個数関数 $N(D)$ の記号を用いる．D は第 2 章でみたように R 上のカレントとして R 上のラドン測度（今の場合は，整数係数のディラック測度の有限和）を定める．

$R = \bigcup U_\alpha$ を L の自明化被覆（$L|_{U_\alpha} \cong U_\alpha \times \mathbf{C}$）として，$\{\xi_{\alpha\beta}\}$ を変換関数系とする．各 U_α 上の非負値関数 $\psi_\alpha \geq 0$ で，

(i) $\psi_\alpha = |\xi_{\alpha\beta}|^2 \psi_\beta$, $U_\alpha \cap U_\beta \neq \emptyset$,
(ii) $\log \psi_\alpha$ は局所可積分,

をみたすとき, $\psi = \{\psi_\alpha\}$ を L の**特異計量**と呼ぶ. $\sigma = \{\sigma_\alpha\} \in \Gamma_{\mathrm{rat}}(R, L)$ に対し, R 上の関数 $\|\sigma\|_\psi^2 = |\sigma_\alpha|^2/\psi_\alpha$ が定義され, $\log \|\sigma\|_\psi$ は可積分である. また, R 上のカレントとして, ψ の**曲率カレント**

$$\omega_\psi = dd^c[\log \psi_\alpha]$$

が R 上定義される.

6.2.3 [補題]　記号は上述のものとする. 次のカレント方程式と等式を得る.

(i) $dd^c \left[\log \dfrac{1}{\|\sigma(x)\|^2}\right] = \omega_L - D.$

(ii) $\displaystyle\int_R \omega_L = N(D).$

(iii) $\displaystyle\int_R \omega_\psi = \int_R \omega_L.$

証明　(i) 定理 2.2.15 (補題 2.3.13 も参照) より従う.
(ii) (i) のカレント方程式の両辺を R 上積分すれば得られる.
(iii) R 上のある可積分関数 ϕ があって, $\omega_\psi - \omega_L = dd^c[\phi]$ となる. よって,
$$\int_R 1 \cdot \omega_\psi - \int_R 1 \cdot \omega_L = \int_R \phi dd^c 1 = 0. \qquad \text{証了}$$

次のようにおく.
$$\deg L = \int_R \omega_L.$$

これはエルミート計量の取り方によらない. 補題 6.2.3 より,

$$\deg L = N(D).$$

$x = [x_0, \ldots, x_m]$ を m 次元射影空間 $\mathbf{P}^m(\mathbf{C})$ の同次座標として線形型式

$$F = \sum_{j=0}^m a_j x_j, \qquad a_j \in \mathbf{C}$$

を考える．$x_j, 0 \leq j \leq m$ を $\mathbf{C}(R)$ の元としたときに，$F(x)$ の零点の重複度を込めた個数 $N((F(x))_0)$ がどう表されるかを考える．因子 D_0 を次で定める．

$$(6.2.4) \qquad D_0 = -\sum_{a \in R} \min_j \{\mathrm{ord}_a x_j\} \cdot a.$$

D_0 の決める R 上の直線束を $L = L(D_0)$ とする．$\sigma_0 \in H^0(R, L)$ でその因子 $(\sigma_0) = D_0$ となるものがある．$\sigma_j = x_j \sigma_0, 1 \leq j \leq m$ とすると $\sigma_j \in H^0(R, L)$ となり，共通零点をもたない．

$$(6.2.5) \qquad \mathrm{Ht}(x) = \mathrm{Ht}((\sigma_j)) = \deg L$$

と表す．$\mathrm{Ht}(x)$ はネヴァンリンナ理論での位数関数に対応するものとみなせ，また次章でのディオファントス近似論での高さ関数に比するものである．

6.2.6 [定理]　　上述の記号のもとで，$F(x) \not\equiv 0$ とすると，

$$\mathrm{Ht}(x) = N((F(x))_0) = N((F(\sigma_0, \ldots, \sigma_m))).$$

証明　構成法から，$F(\sigma_j) \in H^0(R, L)$ で $(F(x))_0 = (F(\sigma_j))$．従って，補題 6.2.3 より，求める式が出る．　　　　　　　　　　　　　　　　　　　　　　　　　　　**証了**

記号の簡略化のために次のように書くことにする．

$$N(F(\sigma_j)) = N((F(\sigma_j))), \qquad N_k(F(\sigma_j)) = N_k((F(\sigma_j))).$$

$L \to R$ の正則切断，$\sigma_j, 0 \leq j \leq l$ をとる．(U, z) を R の局所正則座近傍系とする．$L|_U \cong U \times \mathbf{C}$ として，$\sigma_j|_U$ は，U 上の正則関数 σ_{jU} で与えられるとする．それらのロンスキアンを次のように定める．

$$(6.2.7) \qquad W_{(U,z)}((\sigma_j)) = \begin{vmatrix} \sigma_{0U} & \cdots & \sigma_{lU} \\ \frac{d}{dz}\sigma_{0U} & \cdots & \frac{d}{dz}\sigma_{lU} \\ \vdots & \cdots & \vdots \\ \frac{d^l}{dz^l}\sigma_{0U} & \cdots & \frac{d^l}{dz^l}\sigma_{lU} \end{vmatrix}.$$

(U', z') を他の同様な局所正則座標近傍とし，$\sigma'_{jU'}$ で σ_j が与えられているとする．(6.2.7) と同様に $W_{(U', z')}$ を定義する．$U \cap U' \neq \emptyset$ として，L の変換関数が，

$$\sigma_{jU} = \xi_{UU'} \sigma_{jU'},$$

で与えられているとする．この関係と，$\frac{d}{dz} = \frac{dz'}{dz}\frac{d}{dz'}$ の関係を帰納的に使用すれば，次が簡単に分かる．

$$W_{(U,z)}((\sigma_j)) = \xi_{UU'}^{l+1} W_{(U',z')}((\sigma_j)) \left(\frac{dz'}{dz}\right)^{\frac{l(l+1)}{2}}.$$

従って，$W((\sigma_j)) = W_{(U,z)}((\sigma_j))(dz)^{\frac{l(l+1)}{2}}$ とおくと，これは L^{l+1} に値をもつ $\frac{l(l+1)}{2}$-次微分となる．これを，(σ_j) の**ロンスキアン**と呼ぶ．

$$\Delta((\sigma_j)) = \frac{W((\sigma_j))}{\sigma_0 \cdots \sigma_l} \in \Gamma_{\text{rat}}\left(R, K_R^{\frac{l(l+1)}{2}}\right)$$

は $\frac{l(l+1)}{2}$-次有理微分となり，これを**対数的ロンスキアン**と呼ぶ．以上をまとめる．

6.2.8［補題］　$\sigma_j \in H^0(R, L), 0 \leqq j \leqq l$ を正則切断とする．

(i) $W((\sigma_j)) \in H^0\left(R, L^{l+1} \otimes K_R^{\frac{l(l+1)}{2}}\right)$.

(ii) $\sigma_j, 0 \leqq j \leqq l$ が一次独立であることと $W((\sigma_j)) \not\equiv 0$ は同値である．

(iii) A を複素正方 $(l+1)$-次行列とし，${}^t(\tau_0, \ldots, \tau_l) = A\,{}^t(\sigma_0, \ldots, \sigma_l)$ とすると，

$$W((\tau_j)) = (\det A) \cdot W((\sigma_j)).$$

(iv) $\Delta((\sigma_j)) \in \Gamma_{\text{rat}}\left(R, K_R^{\frac{l(l+1)}{2}}\right)$．$\sigma_j, 0 \leqq j \leqq l$ が一次独立ならば，

$$N(\Delta(\sigma_j)) = l(l+1)(g-1).$$

さて R 上では，ネヴァンリンナ理論でいえば $m(r, F)$ に相当する項がなく位数関数と個数関数が一致して，第一主要定理と第二主要定理（ただし非打ち切り個数関数によるもの）は一致することになる（定理 6.2.6）．しかし，ここで述べようとする打ち切り個数関数 $N_k(F(\sigma_j))$ を用いた第二主要定理は，そこで終わらない内容をもつ．一個の $N_k(F(\sigma_j))$ で $\mathrm{Ht}(x)$ を押さえることはもちろん無理であるが，複数用いればできるというのが関数体上の第二主要定理である．

$$F_i = \sum_{j=0}^{m} a_{ij} x_j, \quad 1 \leqq i \leqq q, \quad a_{ij} \in \mathbf{C}$$

とする. これらで定義される $\mathbf{P}^m(\mathbf{C})$ の超平面が一般の位置にある (または, n-準一般の位置にある) とき, $F_i, 1 \leqq i \leqq q$ は**一般の位置にある** (または, n-**準一般の位置にある**) という.

6.2.9［定理］　$F_i, 1 \leqq i \leqq q$ を $\mathbf{P}^m(\mathbf{C})$ の一般の位置にある線形型式, $L \to R$ を直線束とする. $\sigma_j \in H^0(R, L), 0 \leqq j \leqq m$ は共通零点をもたないものとし, $\sigma = [\sigma_0, \ldots, \sigma_m] : R \to \mathbf{P}^m(\mathbf{C})$ の像の張る線形部分空間の次元を l とする. このとき,

$$(q - 2m + l - 1)\mathrm{Ht}(\sigma) \leqq \sum_{i=1}^{q} N_l(F_i(\sigma)) + C(l, m, g).$$

ただし

$$C(l, m, g) = \begin{cases} -m(l+1), & g = 0, \\ l(2m - l + 1)(g - 1), & g \geqq 1. \end{cases}$$

特に $l = m$ ならば,

(6.2.10)　　$(q - m - 1)\mathrm{Ht}(\sigma) \leqq \sum_{i=1}^{q} N_m(F_i(\sigma)) + m(m+1)(g-1).$

証明　F_i を $\mathbf{P}^l(\mathbf{C})$ ($\subset \mathbf{P}^m(\mathbf{C})$) に制限すると, $\sigma : R \to \mathbf{P}^l(\mathbf{C})$ は線形非退化, $F_i, 1 \leqq i \leqq q$ は m-準一般の位置にあることになる. $\{\sigma_j\}$ の極大一次独立系を簡単のために, $\{\sigma_0, \ldots, \sigma_l\}$ とする. $q > 2m - l + 1$ と仮定してよい. $Q = \{1, \ldots, q\}$ とおく. $F_i, i \in Q$ のノチカ荷重 $\omega(i) > 0, i \in Q$ が存在して, 定理 4.1.10 の (i)〜(iv) をみたす. $\tilde{\omega} = \max \omega(i)$ をノチカ定数とする.

　開集合 $U \subset R$ を自明化 $L|_U \cong U \times \mathbf{C}$ があるようにとる. U 上 $\sigma_j, 0 \leqq j \leqq m$ は正則関数 σ_{jU} で表されるとする.

$$\sigma_U = (\sigma_{0U}, \ldots, \sigma_{mU}), \quad \|\sigma_U\| = \left(\sum_{j=0}^{m} |\sigma_{jU}|^2\right)^{1/2}$$

とおく.

　補題 4.2.3 で計算したのと同様にして,

$$(6.2.11) \quad \|\sigma_U\|^{\tilde{\omega}(q-2N+n-1)} = \phi \frac{\prod_{i \in Q} |F_i(\sigma_U)|^{\omega(i)}}{|W(\sigma_{0U}, \ldots, \sigma_{lU})|}$$
$$\cdot \left\{ \sum_{P \subset Q, |P|=n+1} |\Delta((F_i(\sigma_U), i \in P))| \right\}.$$

ただし，$\phi \geqq 0$ は R 上の有界関数で，$\log \phi$ は可積分である．(6.2.11) の対数をとり，カレントとして $2dd^c$ を作用させ積分する．$dd^c[\log \|\sigma_U\|]$ は，R 上大域的に定義されていると考えてよい．補題 6.2.3 と補題 6.2.8 から次を得る．

(i) $\displaystyle\int_R 2dd^c[\log \|\sigma_U\|^{\tilde{\omega}(q-2N+n-1)}] = \tilde{\omega}(q - 2m - l + 1)\mathrm{Ht}(\sigma)$.

(ii) $\displaystyle\int_R 2dd^c[\log \phi] = 0$.

(iii) $\displaystyle\int_R 2dd^c \left[\log \sum_{P \subset Q, |P|=n+1} |\Delta((F_i(\sigma_U), i \in P))|\right] = l(l+1)(g-1)$.

補題 4.2.6 での計算と同様にして，

$$\sum_{i \in Q} \omega(i)(F_i(\sigma_U)) - (W(\sigma_U))$$
$$\leqq \sum_{i \in Q} \omega(i) \sum_{a \in U} \min\{\mathrm{ord}_a F_i(\sigma_U), l\} \cdot a.$$

以上より，

$$\tilde{\omega}(q - 2m + l - 1)\mathrm{Ht}(\sigma) \leqq \sum_{i \in Q} \omega(i) N_l(F_i(\sigma)) + l(l+1)(g-1).$$

$\omega(j) \leqq \tilde{\omega}$ より，

$$(6.2.12) \quad (q - 2m + l - 1)\mathrm{Ht}(\sigma) \leqq \sum_{i \in Q} N_l(F_i(\sigma)) + \frac{l(l+1)(g-1)}{\tilde{\omega}}.$$

定理 4.1.10 (iii) より，$g = 0$ のとき，

$$(q - 2m + l - 1)\mathrm{Ht}(\sigma) \leqq \sum_{i \in Q} N_l(F_i(\sigma)) - m(l+1),$$

$g \geqq 1$ のとき，

$$(q - 2m + l - 1)\mathrm{Ht}(\sigma) \leqq \sum_{i \in Q} N_l(F_i(\sigma)) + l(2m - l + 1)(g-1).$$

証了

3. ボレル恒等式または単数方程式

次の簡単な方程式

(6.3.1) $$x_1 + x_2 + \cdots + x_n = 0$$

を考える．その解 (x_j) で，任意の真部分集合 $J \subset Q = \{1,\ldots,n\}$ に対し，$\sum_{j \in J} x_j \neq 0$ となるとき，その解を**非退化解**と呼ぶ．

関数論では x_j として整関数環の単数（可逆元）つまり，0 をとらない整関数を考えることは，E. ボレル (E. Borel [1897]) により始められ，その場合 (6.3.1) はボレル恒等式と古典的に呼ばれた（第 4 章 2 節の歴史的補足を参照）．

一方 x_j として代数体 F の整数環 $\mathcal{O}_F$ の単数をとるとき，(6.3.1) は**単数方程式**と呼ばれ，$n = 3$ の場合に C.L. ジーゲル (Siegel [26]) により始められた．これにより，代数体上定義されたアファイン代数曲線は，その種数が 1 以上ならば，$\mathcal{O}_F$-整数解は有限であることが導かれた．

この節では，方程式 (6.3.1) を必ずしも単数に限らない解について，何がいえるかを考える．これに関連して深い予想がある．

6.3.2 [予想](イロハ予想) これは，いわゆる **abc-Conjecture** の和訳である (Oesterlé [88] §3; Granville-Tucker [02]，およびその題名も参照)．それは，次のことを主張する．a, b, c を互いに素な整数で，

(6.3.3) $$a + b + c = 0$$

をみたすとする．すると，任意の $\epsilon > 0$ に対しある定数 $C_\epsilon > 0$ が存在して，

(6.3.4) $$\max\{|a|, |b|, |c|\} \leq C_\epsilon \left(\prod_{\substack{p > 1\ 素数 \\ p | abc}} p \right)^{1+\epsilon}.$$

仮定より，$|c| \leq 2 \max |a|, |b|$ であるから，(6.3.4) は次の形の評価式と同値である．

(6.3.5) $$\log \max\{|a|, |b|\} \leq (1 + \epsilon) \sum_{\substack{p > 1\ 素数 \\ p | abc}} \log p + C'_\epsilon.$$

$[a,b]$ を $\mathbf{P}^1$ の点とみると,$c = -a-b$ は a, b とともにその上の一般の位置にある線形型式とみられる.

さて,$S \subset R$ を有限部分集合とし,$|S|$ でその含む元の個数を表すことにする.

6.3.6 [定義] 元 $x \in \mathbf{C}(R)$ が S-整とは,x は S 以外で極をもたないこととする.さらに,x が S-単とは,S 以外で極も零ももたないこととする.

a, b, c を関数体 $\mathbf{C}(R)$ の S-整元で (6.3.1) をみたしているとする.互いに素とは,共通の零因子や,極因子をもたないこととする.a, b, c に対し (6.2.4) でのように,D_0 と $\sigma_0 \in H^0(R, L(D_0))$ をとる.$a\sigma_0, b\sigma_0, c\sigma_0$ に対し定理 6.2.9 を,$l = m = 1, q = 3$ として適用すると,

$$\mathrm{Ht}((a,b)) = \mathrm{Ht}(a,b,c)$$
$$\leq N_1((a\sigma_0)_0) + N_1((b\sigma_0)_0) + N_1((c\sigma_0)_0) + C(1,1,g)$$
$$\leq N_1((a)_0) + N_1((b)_0) + N_1((c)_0) + 2|S| + C(1,1,g).$$

つまり,イロハ予想の類似が関数体上では $\epsilon = 0$ で成立していることになる.これは,初めメイソン (Mason [84]) により示された.この結果をもとに,マッサー,オステルレが上述のイロハ予想を定式化した (Oesterlé [88] §3).

直線束 $L \to R$ を一つ固定する.$\sigma_j \in H^0(R, L), 1 \leq j \leq n$ を共通零点をもたない切断とする.すると,

$$\mathrm{Ht}((\sigma_j)) = \deg L$$

であるが,特に (6.3.1) をみたす,つまり

(6.3.7)
$$\sigma_1 + \cdots + \sigma_n = 0$$

をみたす非退化解の場合に $\mathrm{Ht}((\sigma_j))$ がどのように評価されるかを調べる.そのために,いくつか補題を準備する.

ひとまず,$x_j = \sigma_j$ が (6.3.1) の非退化解かどうかということは仮定しない.$\mathcal{L}$ で x_j の $\mathbf{C}$ を係数とする線形和 $L = \sum_{j=1}^n c_j x_j$ で,$x_j = \sigma_j, 1 \leq j \leq n$ とすると $L = 0$ となるものの全体とする.部分集合 $I \subset Q, I \neq \emptyset$ が**極小**とは,任意の真部分集合 $I' \subsetneq I$ に対して,$\sigma_i, i \in I'$ は一次独立で,$\sigma_i, i \in I$ は一次従属であることとする.I が極小ならば,ある一次結合 $L_I = \sum_{i \in I} c_i x_i$ で $\mathcal{L}$ に

属するものがある．係数はどれも $c_i \neq 0$ で，定数倍を除いて一意的に決まる．それを**極小型式**と呼ぶ．

6.3.8 [補題]　極小型式は，$\mathcal{L}$ を生成する．

証明　任意の $L \in \mathcal{L}$ が，極小型式の一次結合で書けることを示す．l を L の長さ，つまり零でない係数の個数とし，それに関する帰納法を用いる．$l=1$ の場合は自明である．$l>1$ として，$l-1$ 以下では成立しているとする．添字を必要なら変更して，
$$L = \sum_{i=1}^{l} c_i x_i, \qquad c_i \neq 0,$$
としてよい．$I = \{1,\ldots,l\}$ が極小ならば，証明は終わりである．そうでなければ，ある $1 \leqq k < l$ があって，
$$L' = c'_1 x_1 + \cdots + c'_k x_k \in \mathcal{L}, \quad c'_1 \neq 0,$$
が成立しているとしてよい．$L'' = c'_1 L - c_1 L'$ とおくと，$L', L'' \in \mathcal{L}$ でそれらの長さは $l-1$ 以下である．あとは帰納法の仮定を用いればよい．　**証了**

6.3.9 [補題]　(6.3.7) を仮定する．ある $I \subset Q$ に対し $\sum_{i \in I} \sigma_i \neq 0$ とする．すると，極小部分集合 $J \subset Q$ で，$J \cap I \neq \emptyset$ かつ $J \cap (Q \setminus I) \neq \emptyset$ となるものが存在する．

証明　$L = \sum_{i=1}^{n} x_i \in \mathcal{L}$ であるから，補題 6.3.8 によりいくつかの極小型式 L_J をもって

(6.3.10) $$L = \sum L_J.$$

もし，本補題が成立していないとすると，かかる J は，I または $Q \setminus I$ のどちらかに含まれる．(6.3.10) で，変数 $x_i = 0, i \in Q \setminus I$ とおくと，
$$\sum_{i \in I} x_i = \sum_{J \subset I} c_J L_J.$$
従って，$\sum_{i \in I} x_i = 0$ となり，矛盾である．　**証了**

6.3.11 [補題] $\sigma_i, i \in Q$ は (6.3.7) をみたす非退化解であるが,その真部分族で一次従属なものがあるとする.すると Q の互いに素な,非空部分集合への分割

$$Q = I_1 \cup \cdots \cup I_k, \qquad k \geqq 2$$

が存在して,さらに非空部分集合

$$J_1 \subset I_1, J_2 \subset I_1 \cup I_2, \ldots, J_{k-1} \subset I_1 \cup \cdots \cup I_{k-1}$$

が存在して,

$$I_1, J_1 \cup I_2, \ldots, J_{k-1} \cup I_k$$

が全て極小になる.

証明 極小な $I_1 \subset Q$ を一つ任意にとる.仮定より,Q は極小でないので,$I_1 \neq Q$.非退化性より $\sum_{i \in I_1} \sigma_i \neq 0$.すると,補題6.3.9により極小な I_2' で,I_1 および $Q \setminus I_1$ と真に交わるものがある.$I_2 = I_2' \cap (Q \setminus I_1), J_1 = I_2' \cap I_1$ とおく.もし $I_1 \cup I_2 = Q$ ならば,証明は終わる.$I_1 \cup I_2 \neq Q$ とすると,$I = I_1 \cup I_2$ に補題6.3.9を適用して極小な I_3' が得られ,同様にして I_3, J_2 を得る.これを帰納的に繰り返せば,有限回で求めるものを得る. 　　　　　　　　　　証了

6.3.12 [定理] $x_i \in \mathbf{C}(R), 1 \leqq i \leqq n$ を互いに素な S-整元で (6.3.1) の非退化解とする.このとき,

$$\mathrm{Ht}((x_i)) \leqq \sum_{i=1}^{n} N_{n-2}((x_i)_0) + (n-1)|S| + (n-1)(n-2)(g-1)^+.$$

証明 x_i に対し (6.2.4) でとったように,D_0 と $\sigma_0 \in H^0(R, L(D_0))$ をとり,

$$\sigma_i = x_i \sigma_0, \qquad 1 \leqq i \leqq n$$

とおく.仮定より σ_i は共通零点をもたない.もし $\sigma_i, 1 \leqq i \leqq n-2$ が線形独立ならば (6.2.10) を,$m = n-2, q = n$ の場合として適用すると,

$$\mathrm{Ht}((\sigma_i)) \leqq \sum_{i=1}^{n} N_{n-2}(\sigma_i) + (n-1)(n-2)(g-1)^+$$
$$\leqq \sum_{i=1}^{n} N_{n-2}((x_i)_0) + (n-1)|S| + (n-1)(n-2)(g-1)^+.$$

よって，求める式が得られている．

以下，$\sigma_i, 1 \leq i \leq n-2$ は線形従属とする．すると補題 6.3.11 の仮定がみたされる．I_i, J_j を補題 6.3.11 でのようにとる．$|I_1| \geq 2$ であり，線形関係式

$$(6.3.13) \qquad \sum_{i \in I_1} c_i \sigma_i = 0$$

がある．I_1 は極小であるから，任意の $i \in I_1$ について $c_i \neq 0$．局所正則座標 z をとり，そこで σ_i は正則関数で表されているとする．方程式 (6.3.13) を z について $|I_1| - 1$ 回微分し次のように書く．

$$\sum_{i \in I_1} c_i \frac{\sigma_i^{(h)}}{\sigma_i} \sigma_i = 0, \qquad 1 \leq h \leq |I_1| - 1.$$

同じことを，$J_1 \cup I_2$ に対し，$|I_2|$ 回微分して方程式を立てると，

$$\sum_{i \in I_2 \cup J_1} c_i \frac{\sigma_i^{(h)}}{\sigma_i} \sigma_i = 0, \qquad 1 \leq h \leq |I_2|.$$

これを順に $J_{k-1} \cup I_k$ まで行う．すると，$(|I_1| - 1) + |I_2| + \cdots + |I_k| = n - 1$ 個の $\sigma_i, 1 \leq i \leq n$ に関する連立方程式を得る．これらから，σ_i の係数列を除いてできる係数行列式を Δ_i とする．Δ_i は $K_R^{(n-1)(n-2)/2}$ の有理型切断である．構成から，

$$(6.3.14) \qquad \sigma_i \Delta_j = \pm \sigma_j \Delta_i.$$

$i \in I_1$ ならば，$I_1' = I_1 \setminus \{i\}$ として，$I_i', I_2, \ldots, I_k$ の添字の σ_i 等からできる対数ロンスキアンを $\Delta(I_1'), \Delta(I_2), \ldots, \Delta(I_k)$ とすると，

$$\Delta_i = c_i \Delta(I_1') \Delta(I_2) \cdots \Delta(I_k) \not\equiv 0.$$

これと (6.3.14) より，$\Delta_i \not\equiv 0, 1 \leq i \leq n$．再び，(6.3.14) より，

$$\mathrm{Ht}((x_i)) = \mathrm{Ht}((\Delta_i)).$$

Δ_i の極の位数を調べることにより，

$$\mathrm{Ht}((\Delta_i)) \leq \sum_{i=1}^{n} N_{n-2}((\sigma_i)) + \frac{(n-1)(n-2)}{2}(2g-2)^+$$

$$\leq \sum_{i=1}^{n} N_{n-2}((x_i)_0) + (n-1)|S| + (n-1)(n-2)(g-1)^+.$$

証了

6.3.15 [系]　定理 6.3.12 で x_i が S-単元ならば，
$$\mathrm{Ht}((x_i)) \leqq (n^2 - n - 1)|S| + (n-1)(n-2)(g-1)^+.$$

証明　これは，次から明らか.
$$\begin{aligned}\mathrm{Ht}((x_i)) &\leqq \sum_{i=1}^{n} N_{n-2}((x_i)_0) + (n-1)|S| + (n-1)(n-2)(g-1)^+ \\ &\leqq n(n-2)|S| + (n-1)|S| + (n-1)(n-2)(g-1)^+.\end{aligned}$$

証了

定理 6.3.12 と系 6.3.15 は，ヴォロック（Voloch [85]）とブラウンナウェル・マッサー（Brownawell-Masser [86]）による.

4. 一般化ボレルの定理と応用

記号は前節と同じとする. $x_1, \ldots, x_s, s \geqq 2$ を変数とし，$a_i \in \mathbf{C}(R)^* (= \mathbf{C}(R) \setminus \{0\}), 1 \leqq i \leqq s$ を係数とする不定方程式

(6.4.1)　　　　　$a_1 x_1^d + \cdots + a_s x_s^d = 0, \qquad d \in \mathbf{N},$

を考える.

6.4.2 [補題]　$x_i \in \mathbf{C}(R)$ で，$a_i x_i^d, 1 \leqq i \leqq s-1$ は $\mathbf{C}$ 上線形独立であるとする. このとき，
$$(d - s(s-2))\mathrm{Ht}((x_i)) \leqq s(s-1)\mathrm{Ht}((a_i)) + (s-1)(s-2)(g-1)^+.$$

証明　$a_i x_i^d, 1 \leqq i \leqq s-1$ に対し (6.2.4) でのように，D_0 と $\sigma_0 \in H^0(R, L(D_0)), (\sigma_0) = D_0$ をとる. 正則写像
$$t \in R \to [a_1(t) x_1^d(t) \sigma_0(t), \ldots, a_{s-1}(t) x_{s-1}^d(t) \sigma_0(t)] \in \mathbf{P}^{s-2}(\mathbf{C})$$
は線形非退化である. $[u_1, \ldots, s_{s-2}]$ を $\mathbf{P}^{s-2}(\mathbf{C})$ の同次座標系とすると，線形型式
$$u_1, \ldots, u_{s-1}, -u_1 - \cdots - u_{s-1}$$

は一般の位置にある．定理 6.2.9 で $q = s, m = l = s - 2$ として適用すると，

$$\mathrm{Ht}((a_i x_i^d)_{1 \leq i \leq s-1}) \leq \sum_{i=1}^{s} N_{s-2}(a_i x_i^d \sigma_0) + (s-1)(s-2)(g-1)^+$$
$$\leq s(s-2)\mathrm{Ht}((x_i)_{1 \leq i \leq s-1}) + s(s-2)\mathrm{Ht}((a_i)_{1 \leq i \leq s-1})$$
$$+ (s-1)(s-2)(g-1)^+$$
$$\leq s(s-2)\mathrm{Ht}((x_i)_{1 \leq i \leq s}) + s(s-2)\mathrm{Ht}((a_i)_{1 \leq i \leq s})$$
$$+ (s-1)(s-2)(g-1)^+.$$

一方，

$$\mathrm{Ht}((a_i x_i^d)_{1 \leq i \leq s-1}) = \mathrm{Ht}((a_i x_i^d)_{1 \leq i \leq s})$$
$$\geq \mathrm{Ht}((x_i^d)_{1 \leq i \leq s}) - \mathrm{Ht}((a_i^{-1})_{1 \leq i \leq s})$$
$$\geq \mathrm{Ht}((x_i^d)_{1 \leq i \leq s}) - s\mathrm{Ht}((a_i)_{1 \leq i \leq s})$$

従って，求める式を得る． 証了

6.4.3 [定理] $x_i \in \mathbf{C}(R)^*$ は (6.4.1) をみたし，次が成立していると仮定する．

(6.4.4) $\quad d > s(s-2) + s(s-1)\mathrm{Ht}((a_i)) + (s-1)(s-2)(g-1)^+.$

このとき，添字集合の分割 $\{1, \ldots, s\} = \bigcup_{\nu=1}^{t} I_\nu$ が存在して次が成立する．

(i) $|I_\nu| \geq 2, 1 \leq \nu \leq t$.
(ii) 任意の $j, k \in I_\nu$ に対し，x_j/x_k は定数である．
(iii) $\sum_{i \in I_\nu} a_i x_i^d = 0, 1 \leq \nu \leq t$.

証明 $s \geq 2$ に関する帰納法を用いる．$s = 2$ のときは，

$$\frac{a_1}{a_2} = -\left(\frac{x_2}{x_1}\right)^d$$

が成立する．もしこの右辺が定数でなければ，

$$\mathrm{Ht}((a_i)) = d\mathrm{Ht}((x_i)) \geq d.$$

これは仮定 (6.4.4) に反する．よって，$I_1 = \{1, 2\}$ で成立している．

$s > 2$ として，主張は $s-1$ まで成立しているとする．補題 6.4.2 より，$a_1 x_1^d, \ldots, a_{s-1} x_{s-1}^d$ は線形従属でなければならない．添字を適当に変更して次の線形関係があるとしてよい．

(6.4.5) $\quad a_1 x_1^d + c_2 a_2 x_2^d + \cdots + c_r a_r x_r^d = 0, \quad 2 \leqq r \leqq s-1, c_j \in \mathbf{C}^*.$

(6.4.1) と (6.4.5) より，ある $c_j' \in \mathbf{C}$ があって，

(6.4.6) $\quad c_2' a_2 x_2^d + \cdots + c_r' a_r x_r^d + a_{r+1} x_{r+1}^d + \cdots + a_s x_s^d = 0.$

帰納法の仮定を (6.4.5) と (6.4.6) に適用すると，主張が従う． □

第 5 章 3 節で構成した変数 $z_1, \ldots, z_n$ についての単項式族 $\{M_j(z_1, \ldots, z_n)\}_{j=1}^s$ で n-許容族であるものをとる．変数 $[z_1, \ldots, z_n] \in \mathbf{P}^{n-1}$ に関する不定方程式

(6.4.7) $\quad \displaystyle\sum_{j=1}^s a_j M_j^d(z_1, \ldots, z_n) = 0, \quad a_j \in \mathbf{C}(R)^*,$

を考える．

6.4.8 [定理](野口 [97]) $\quad [z_1, \ldots, z_n] \in \mathbf{P}^{n-1}, z_j \in \mathbf{C}(R)$ を (6.4.7) の解とする．

 (i) $d > s(s-2)$ ならば，ある定数 $C(s, g, \mathrm{Ht}((a_j))) \geqq 0$ があって，
$$\mathrm{Ht}((z_j)) \leqq C(s, g, \mathrm{Ht}((a_j))).$$

 (ii) d が (6.4.4) をみたせば，$\mathrm{Ht}((z_j)) = 0$．つまり，z_j の連比は定数である．

証明 n-許容族の定義 5.3.4 より，(i) と (ii) を示すためには任意の $z_j \in \mathbf{C}(R)^*$ として一般性を失わない．$z = (z_j)$ と記す．また，添字の付け替えによりある番号 r があって，

(6.4.9) $\quad \{a_j M_j^d(z_1, \ldots, z_n)\}_{j=1}^r$ が極大線形独立系

になっているとしてよい．

任意の $r < k \leqq s$ に対し，ある $I(k) \subset \{1,\ldots,r\}$ と $c_j \in \mathbf{C}^*, j \in I(k)$ が一意的に存在して

(6.4.10) $$\sum_{j \in I(k)} c_j a_j M_j^d(z) + a_k M_k^d(z) = 0.$$

補題 6.4.2 より，

$$(d - (|I(k)| + 1)(I(k) - 1))\mathrm{Ht}((M_j, M_k)_{j \in I(k)})$$
$$\leqq (|I(k)| + 1)|I(k)|\mathrm{Ht}((a_j)) + |I(k)|(|I(k)| - 1)(g - 1)^+.$$

(6.4.11) $$A = s(s-1)\mathrm{Ht}((a_j)) + (s-1)(s-2)(g-1)^+$$

とおけば，

(6.4.12) $$\mathrm{Ht}((M_j, M_k)_{j \in I(k)}) \leqq A.$$

(6.4.10) で得られた

$$a_k M_k^d(z) = -\sum_{j \in I(k)} c_j a_j M_j^d(z), \qquad r < k \leqq s$$

を (6.4.7) に代入する．(6.4.9) より次が分かる．

$$\bigcup_{k=r+1}^{s} I(k) = \{1,\ldots,r\}.$$

$I = \{1,\ldots,s\}$ とおき，添字部分集合 $I(k) \cup \{k\}$ を I の**紐**と呼ぼう．$i, j \in I$ が連結しているとは，紐 $C_1,\ldots,C_l$ が存在して，

$$i \in C_1, \quad k \in C_l, \quad C_h \cap C_{h+1} \neq \emptyset, \quad 1 \leqq h \leqq l-1,$$

が成立していることとする．$l \leqq s - r \leqq s - 1$ である．$i, j \in I$ が連結しているとは，明らかに同値関係であるからこの同値関係で I を分類する：

$$I = \bigcup_{\nu=1}^{t} I_\nu.$$

$k_\nu = \max I_\nu \ (> r)$ とおく. $j \in I_\nu \setminus \{k_\nu\}$ をとり,可能な全ての対 (j, k_ν) $(1 \leqq \nu \leqq t)$ を考える.添字の順序を入れ替えて $1 \leqq j_1 < \cdots < j_h < s$ と, $j_\mu, k_\mu \leqq s, 1 \leqq \mu \leqq h$ がとれて,j_μ と k_μ は連結していて,集合として

$$\{j_1, \ldots, j_h, k_1, \ldots, k_l\} = I.$$

さて (6.4.12) より,

$$\mathrm{Ht}((M_{j_\mu})(z), (M_{k_\mu})(z)) = \mathrm{Ht}((M_{j_\mu})(z)/(M_{k_\mu})(z), 1) \leqq (s-1)A.$$

$M_j(z_1, \ldots, z_n) = z_1^{\alpha_{j1}} \cdots z_n^{\alpha_{jn}}$ とすれば,$a \in R$ に対し

$$\mathrm{ord}_a \left(\frac{M_{j_\mu}}{M_{k_\mu}} \right) = \sum_{i=1}^n (\alpha_{j_\mu i} - \alpha_{k_\nu i}) \mathrm{ord}_a z_i$$
$$= \sum_{i=1}^{n-1} (\alpha_{j_\mu i} - \alpha_{k_\nu i})(\mathrm{ord}_a z_i - \mathrm{ord}_a z_n).$$

この右辺の係数行列の階数は (5.3.2) より $n-1$ であるから,ある $\beta_{i\mu(\lambda)}$ が存在して,

$$\mathrm{ord}_a z_i - \mathrm{ord}_a z_n = \sum_{\lambda=1}^{n-1} \beta_{i\mu(\lambda)} \mathrm{ord}_a \left(\frac{M_{j_\mu(\lambda)}}{M_{k_\mu(\lambda)}} \right).$$

$C = \max\{|\beta_{i\mu}|\}$ とおけば,

$$\sum_{a \in R} |\mathrm{ord}_a z_i - \mathrm{ord}_a z_n| \leqq 2(n-1)(s-1)CA.$$

従って,$\mathrm{Ht}(z_i/z_n, 1) \leqq (n-1)(s-1)CA$. これより,

$$\mathrm{Ht}(z_1, \ldots, z_n) = \mathrm{Ht}\left(\frac{z_1}{z_n}, \ldots, \frac{z_{n-1}}{z_n}, 1 \right),$$
$$\sum_{i=1}^{n-1} \mathrm{Ht}(z_i/z_n, 1) \leqq (n-1)^2(s-1)CA.$$

(ii) n-許容族の定義より,$z_i \in \mathbf{C}(R)^*, 1 \leqq i \leqq n$ として一般性を失わない.d に関する条件より定理 6.4.3 が使える.よって添字の分割 $\{1, \ldots, s\} = \bigcup_{\nu=1}^t I_\nu$ が存在して,$j, k \in I_\nu$ に対し

$$\frac{M_j^d(z)}{M_k^d(z)} = b_{jk} \in \mathbf{C}^*.$$

(5.3.9) の記号を用いると，(5.3.14) と同様に

$$(\log z_1, \ldots, \log z_{n'}) R(\{M_j^d\}; \{I_\nu\}_{\nu=1}^t) = (\ldots, \log b_{jk}, \ldots).$$

$R(\{M_j^d\}; \{I_\nu\}_{\nu=1}^t)$ の階数は $n-1$ であるから，$(z_1, \ldots, z_n)$ の連比は定数である。 □

次の系は，定理 6.4.8 の直接的結果である．

6.4.13 [系]　(i) $d > s(s-2)$ ならば，(6.4.7) の $\mathbf{C}(R)$ の解 (z_i) の全体は，射影代数的多様体をなす．

(ii) d が (6.4.4) をみたし，$a_j, 1 \leqq j \leqq s$ が線形独立ならば，方程式 (6.4.7) は $\mathbf{C}(R)$ に解をもたない．

証明　(i) (6.4.7) が決める $R \times \mathbf{P}^{n-1}(\mathbf{C})$ 内の代数的部分多様体を X とし $\pi: X \to R$ を射影とする．(z_j) は切断 $\sigma: R \to X$ と同一視される．$\mathrm{Ht}((z_j))$ が一様有界とは，$\sigma(R) \subset X \subset R \times \mathbf{P}^{n-1}(\mathbf{C})$ の $R \times \mathbf{P}^{n-1}(\mathbf{C})$ の直積エルミート計量に関する面積が一様に有界であることと同じである．チャウの定理により，かかる σ の全体は射影代数的多様体をなす．

(ii) これは定理 6.4.8 (ii) より明らかである． □

6.4.14 [注意]　(6.4.7) で定義される射影超曲面についてサルナック・ワン (Sarnack-Wang [95]) が数論的に興味ある例を構成している．

7

ディオファントス近似

　代数的数の有理数または代数的数による近似理論は，ディオファントス近似論の重要な一角をなす．そのネヴァンリンナ理論との類似性を P. ヴォイタは指摘しネヴァンリンナの第二主要定理に対応するディオファントス近似論での予想を提案した（ヴォイタ予想）．この章では，ディオファントス近似論の結果の証明は他書によることとし，その定式化をこれまでに論じてきたネヴァンリンナ理論の結果に対応させて行う．その応用として，値分布論での結果に対応する有理点分布の結果を証明する．その証明自体にも，深い類似性がある．

1. 付値

（イ）付値の定義

　k を一般に体とする．関数 $|x| \in [0,\infty)$, $x \in k$ が次をみたすとき，それを k 上の**付値**と呼び，対 $(k, |\cdot|)$ または単に k を**付値体**と呼ぶ．

7.1.1 [定義]　(i) $|x| = 0$ となるのは，$x = 0$ に限る．

(ii) $|xy| = |x| \cdot |y|$,　　$x, y \in k$.

(iii) (a) $|x + y| \leq \max\{|x|, |y|\}$,　　$x, y \in k$.

　　または，

　　(b) $|x + y| \leq C(|x| + |y|)$,　　$x, y \in k$. ただし，$C > 0$ は定数である．

(iii)(a) をみたす付値を，**非アルキメデス（的）付値**と呼び，それをみたさないが (iii)(b) をみたすものを**アルキメデス（的）付値**と呼ぶ．(iii)(b) が $C = 1$ として成立するとき，付値 $|\cdot|$ は**三角不等式**をみたすという．$x \neq 0$ に対し恒等的に $|x| = 1$ で，$|0| = 0$ である付値を自明な付値と呼ぶ．
　ここでは以下付値の基本的性質を述べるが，その証明は他書にゆずる（例え

ば，藤崎 [75]，森田 [99]，永田 [67]，Lang [65] 等を参照されたい）．

二つの付値 $|\cdot|_1, |\cdot|_2$ が同値であるとは，ある $c > 0$ が存在して

$$|x|_1 = |x|_2^c, \qquad x \in k.$$

7.1.2 [定理] (i) 二つの付値 $|\cdot|_1, |\cdot|_2$ が同値であるためには，次が必要十分条件である．

$$|x|_1 < 1 \iff |x|_2 < 1.$$

(ii) 任意の付値に対し，それと同値な付値で三角不等式をみたすものが存在する．

k 上の自明でない付値全体の同値類から三角不等式をみたす代表元を一つずつとって作った集合（完全代表系）を M_k と書く．その中で，アルキメデス付値であるものの全体を M_k^∞，非アルキメデス付値であるものの全体を M_k^0 と書く．もちろん，

$$M_k = M_k^0 \cup M_k^\infty.$$

関数表記が必要な場合には，$v(x) = |x|$ とも書く．

$v(x)$ が非アルキメデス付値のとき，

$$\mathcal{O}_v = \{x \in k; v(x) \leqq 1\}$$

は整域部分環をなし，v の**付値環**と呼ぶ．$\mathcal{O}_v$ は唯一つの極大イデアル

$$\mathfrak{m}_v = \{x \in k; v(x) < 1\}$$

をもつ．

$k = \mathbf{Q}$ の場合，$\mathbf{Q} \subset \mathbf{R}$ とみなしての絶対値 $|x| = \max\{x, -x\}$ は，定義 7.1.1 の (iii)(b) をみたすが，(a) はみたさない．従って，これはアルキメデス付値であり，$v = \infty$，または $|\cdot|_\infty$ と表す．

有理素数 $p > 1$ をとる．$x \in \mathbf{Q}$ を

$$x = p^\nu y, \qquad y \in \mathbf{Q}, \quad \nu \in \mathbf{Z}$$

とおく．ただし，y の分母，分子は p を因子としないものとする．

(7.1.3) $$\mathrm{ord}_p x = \nu$$

と書く．このとき，

(7.1.4) $$|x|_p = p^{-\mathrm{ord}_p x}$$

とおくと，$|x|_p$ は非アルキメデス付値を与える．これを **Q** の p-**進付値**と呼ぶ．

7.1.5 [定理] **Q** 上の自明でない任意の付値は，絶対値もしくはある p-進付値に同値である．

従って，$M_{\mathbf{Q}} = \{p > 1;\text{有理素数}\} \cup \{\infty\}$ となる．次は，**積公式**と呼ばれる．

(7.1.6) $$\prod_{v \in M_{\mathbf{Q}}} |x|_v = 1, \qquad x \in \mathbf{Q}^*.$$

次のようにも書ける．

(7.1.7) $$\log |x|_\infty = \sum_{p \in M_{\mathbf{Q}}^0} (\mathrm{ord}_p x) \log p, \qquad x \in \mathbf{Q}^*.$$

$v \in M_k$ は，k 上に距離を定め，従って位相を定める．二つの付値が同値であるために，それらが定める位相が同相であることが必要十分であることが知られている．k が v の定める位相に関して完備位相空間であるとき，v を完備付値，対 (k, v) または単に k を完備付値体と呼ぶ．完備でないときは，その距離に関する完備化をとることができる．それを k_v と書く．

7.1.8 [定理] (i) 一般の体 k 上の非自明な付値 v に関する k の完備化 k_v は体になり，v は k_v 上の付値 $\hat{v}$ に，$\hat{v}(x) = v(x), \forall x \in k$ をみたすように，一意的に拡張される．v が非アルキメデス的ならば $\hat{v}$ も非アルキメデス的である．

(ii) v が非アルキメデス的で，k が代数的閉体ならば，k_v も代数的閉体である．

Q のアルキメデス付値 $v = \infty$ に関する完備化は **R** である．その代数的閉包 **C** は，アルキメデス付値に関して完備である．

Q の p-進付値に関する完備化 $\mathbf{Q}_p$ の元 x は，次の形に一意的に表せる．

$$x = a_N p^N + a_{N+1} p^{N+1} + \cdots, \qquad N \in \mathbf{Z}, \quad a_N \neq 0.$$

ただし，$a_i \in \{0, 1, \ldots, p-1\}$．このとき，

$$|x|_p = p^{-N}.$$

$\mathbf{Q}_p$ の代数的閉包 $\bar{\mathbf{Q}}_p$ の完備化を $\mathbf{C}_p$ と表す．定理 7.1.8 (ii) により $\mathbf{C}_p$ は代数的閉体である．

v を体 k 上の自明でない非アルキメデス付値とする．v の付値環 $\mathcal{O}_v$ がネーター環であるためには，像 $v(k^*)$ が乗法群 $\mathbf{R}_+^* = \{x \in \mathbf{R}; x > 0\}$ の無限巡回部分群になることが必要十分である．このとき，v を**離散的**であるという．

v が離散的ならば，$\mathcal{O}_v$ の極大イデアル $\mathfrak{m}_v$ は単項イデアル $\mathfrak{m}_v = (\pi_v)$ となり元 π_v を**素元**と呼ぶ．このとき，$\mathcal{O}_v$ の任意のイデアルは $\{0\}$ または，$\mathfrak{m}_v^n$ $(n \in \mathbf{Z}^+)$ の形に書ける．

k が代数体ならば，その上の任意の自明でない非アルキメデス付値は，常に離散的である．

(ロ) 付値の拡張

ここでは，体の拡大 k'/k があるとき，k 上の付値 v がどのようにして，k' 上の付値 v' に拡張されるかをみる．かかる拡張 v' を v 上の付値と呼び，

$$v'|v$$

と表す．

7.1.9〔定理〕 (k, v) を完備付値体，k' を k の有限次拡大体とする．付値 v (と同値な付値 w) は，k' 上の付値 v' (と同値な付値 w') に一意的に拡張される．(k', v') は完備付値体になる．

v を k 上の非アルキメデス付値とする．$\hat{v}$ を完備化 k_v 上の拡張付値とする．定理 7.1.9 により，$\hat{v}$ を k_v の代数的閉包 $\bar{k}_v$ 上の付値 $\bar{v}$ に拡張しておく．このことを $k = \mathbf{Q}$ に適用し，有理素数 $p > 1$ に対し $\mathbf{C}_p$ は $\mathbf{Q}$ 上の p-進付値を拡張した完備付値を備えているものとする．

k'/k を有限次拡大とする．k' を k-同型で代数閉体 $\bar{k}_v$ に埋め込み，$\bar{v}$ をそこに制限すれば v の k' 上への拡張が得られる．k' の $\bar{k}_v$ への k-同型の数は分離次数 $[k' : k]_s$ に等しい．

拡張 $v'|v$ の**分岐指数**を

$$e(v'|v) = [v'(k'^*) : v(k^*)]$$

と定め，その**剰余指数**を

$$f(v'|v) = [\mathcal{O}_{v'}/\mathfrak{m}_{v'} : \mathcal{O}_v/\mathfrak{m}_v]$$

とおく．v が離散付値の場合，次が成立する．

(7.1.10) $$e(v'|v)f(v'|v) = [k'_{v'} : k_v].$$

7.1.11 [定理]　v を k の離散的付値，k' を k の有限分離拡大体とする．$v'_1, \ldots, v'_h$ を v の k' への互いに同値でない拡張の全体とする．すると次が成立する．

$$\sum_{i=1}^{h} e(v'_i|v)f(v'_i|v) = \sum_{i=1}^{h} [k'_{v'_i} : k_v] = [k' : k].$$

（ハ）　正規化付値

以下，k を有限次代数体とし，

$$d = [k : \mathbf{Q}]$$

とする．$\mathbf{Q}$ 上のアルキメデス付値および p-進付値を k 上へ拡張する際に積公式 (7.1.6) が保たれるように拡張したい．

(a) アルキメデス付値の場合

k の $\mathbf{C}$ への埋め込みの全体を $\{\sigma_j\}_{j=1}^{d}$ とする．各 σ_j は付値

$$|x|_{\sigma_j} = |\sigma_j(x)|, \quad x \in k$$

を定める．k のアルキメデス付値は，これら d 個の付値で尽くされる．これらの中で，実埋め込みであるもの，つまり $\sigma_j(k) \subset \mathbf{R}$ であるものを $\sigma_1, \ldots, \sigma_r$ と番号付けしておく．実埋め込みでないもの，つまり複素埋め込みは，必ず複素共役が対になってあるので，$\sigma_{r+1}, \ldots, \sigma_{r+s}, \sigma_{r+s+1} = \bar{\sigma}_{r+1}, \ldots, \sigma_{r+2s} = \bar{\sigma}_{r+s}$ と番号付けされているとしてよい．$|\cdot|_{\sigma_{r+j}}$ と $|\cdot|_{\bar{\sigma}_{r+j}}$, $1 \leqq j \leqq s$ は値が等しいので同値な付値であり，

$$M_k^\infty = \{\sigma_j ; 1 \leqq j \leqq r+s\}.$$

$$d_{\sigma_j} = \begin{cases} 1, & \sigma_j \text{は実}, \\ 2, & \sigma_j \text{は複素}, \end{cases}$$

とおく．$\sigma \in M_k^\infty$ に対し**正規化付値**を次のように定義する．

$$\|x\|_\sigma = |x|_\sigma^{d_\sigma}.$$

$\alpha \in k$ とする．α の $\mathbf{Z}$ 上の最小多項式を

(7.1.12) $$P(X) = a_0 X^{d(\alpha)} + a_1 X^{d(\alpha)-1} + \cdots + a_{d(\alpha)}$$

とする．定義により，$a_0 \neq 0$ で $a_0, \ldots, a_{d(\alpha)}$ は互いに素である．$\alpha_j = \sigma_j(\alpha)$ とおけば，根と係数の関係から次が成立する．

(7.1.13) $$\prod_{\sigma \in M_{\mathbf{Q}(\alpha)}^\infty} \|\alpha\|_\sigma = \prod_{j=1}^{d(\alpha)} |\alpha_j| = \left|\frac{a_{d(\alpha)}}{a_0}\right|,$$

$$\prod_{\sigma \in M_{\mathbf{Q}(\alpha)}^\infty} \max\{1, \|\alpha\|_\sigma\} = \prod_{j=1}^{d(\alpha)} \max\{1, |\alpha_j|\}.$$

k 上では次が成立する．

(7.1.14) $$\prod_{w | v, w \in M_k^\infty} \|\alpha\|_w = \|\alpha\|_v^{[k:\mathbf{Q}(\alpha)]}, \qquad v \in M_{\mathbf{Q}(\alpha)}^\infty.$$

(b) 非アルキメデス付値の場合

$p > 1$ を有理素数とする．$\alpha \in k$ とする．$w \in M_k^0, w|p$ をとる．ノルム関数 $N_{k_w/\mathbf{Q}_p}(\alpha) \in \mathbf{Q}_p$ と拡大次数 $d_w = [k_w : \mathbf{Q}_p]$ を使って，w は次の式で与えられる．

$$|\alpha|_w = |N_{k_w/\mathbf{Q}_p}(\alpha)|_p^{1/d_w}.$$

w の**正規化付値**を次で定める．

$$\|\alpha\|_w = |\alpha|_w^{d_w} = |N_{k_w/\mathbf{Q}_p}(\alpha)|_p.$$

α の $\mathbf{Z}$ 上の最小多項式を (7.1.12) とする．このとき，定理 7.1.11 より次が成立する．

(7.1.15) $$\sum_{w|p, w \in M_k^0} d_w = d,$$

(7.1.16) $$N_{k/\mathbf{Q}}(\alpha) = \prod_{w|p, w \in M_k^0} N_{k_w/\mathbf{Q}_p}(\alpha) = \left((-1)^d \frac{a_{d(\alpha)}}{a_0}\right)^{[k:\mathbf{Q}(\alpha)]}.$$

従って,

(7.1.17) $$\prod_{w|p, w \in M_k^0} \|\alpha\|_w = \prod_{w|p, w \in M_k^0} |N_{k_w/\mathbf{Q}_p}(\alpha)|_p$$
$$= |N_{k/\mathbf{Q}}(\alpha)|_p = \left|\frac{a_{d(\alpha)}}{a_0}\right|_p^{[k:\mathbf{Q}(\alpha)]}.$$

アルキメデス・非アルキメデス付値を合わせ, (7.1.17), (7.1.14) と (7.1.6) より次の**積公式**を得る.

(7.1.18) $$\prod_{w \in M_k} \|\alpha\|_w = 1 \qquad (\alpha \neq 0).$$

k'/k が有限次拡大の場合は, 任意の $v \in M_k$ に対し

(7.1.19) $$\prod_{w \in M_{k'}, w|v} \|\alpha\|_w = \|\alpha\|_v^{[k':k]}, \qquad \alpha \in k.$$

$\mathbf{Q}(\alpha)$ の $\mathbf{C}_p$ への埋め込みを使う表示も述べよう. $v \in M_{\mathbf{Q}(\alpha)}, v|p$ とする. $P(X) = 0$ の $\mathbf{C}_p$ での根を重複度を込めて $\alpha_i^{(p)}, 1 \leqq i \leqq d(\alpha)$ とする. 埋め込み, $\tau_i: k \to \mathbf{C}_p, \tau_i(\alpha) = \alpha_i^{(p)}$ は k 上の付値

$$|x|_{\tau_i} = |\tau_i(x)|_p, \qquad x \in \mathbf{Q}(\alpha)$$

を定める. 次が成立する.

(7.1.20) $$\prod_{v|p, v \in M_{\mathbf{Q}(\alpha)}} \|\alpha\|_v = \prod_{i=1}^{d(\alpha)} |\alpha_i^{(p)}|_p = \left|\frac{a_{d(\alpha)}}{a_0}\right|_p,$$

(7.1.21) $$\prod_{v|p, v \in M_{\mathbf{Q}(\alpha)}} \max\{1, \|\alpha\|_v\} = \prod_{i=1}^{d(\alpha)} \max\{1, |\alpha_i^{(p)}|_p\}.$$

$\mathcal{O}_k$ で k の整数環を表す. すなわち, $\mathcal{O}_k$ の元は, $\alpha \in k$ でその $\mathbf{Z}$ 上の最小多項式 $P(X)$ が,

$$P(X) = X^h + a_1 X^{h-1} + \cdots + a_h, \qquad h = \deg_{\mathbf{Q}} \alpha, \quad a_i \in \mathbf{Z},$$

となるものである．$\mathcal{O}_k$ がデデキント環であることを使い，さらに詳しい表示を求める．$\mathcal{O}_k$-加群 $\mathfrak{a} \subset k$ に対し，ある元 $\alpha \in \mathcal{O}_k \setminus \{0\}$ があって $\alpha\mathfrak{a} \subset \mathcal{O}_k$ となるとき，$\mathfrak{a}$ を k の**分数イデアル**と呼ぶ．分数イデアル $\mathfrak{a}$ に対し，$\mathfrak{a}^{-1} = \{x \in k; x\mathfrak{a} \subset \mathcal{O}_k\}$ も分数イデアルで，$\mathfrak{a} \cdot \mathfrak{a}^{-1} = \mathcal{O}_k$．次の定理は基本的である．

7.1.22 [定理]　　任意の 0 でない分数イデアル $\mathfrak{a} \subset k$ に対し，有限個の素イデアル $\mathfrak{p}_i, 1 \leqq i \leqq l$ と $\mathrm{ord}_{\mathfrak{p}_i}\mathfrak{a} \in \mathbf{Z}$ が順序を除いて一意的に存在して

$$\mathfrak{a} = \prod_{i=1}^{l} \mathfrak{p}_i^{\mathrm{ord}_{\mathfrak{p}_i}\mathfrak{a}}.$$

任意の $\alpha \in k^*$ に対し，分数イデアル $\alpha\mathcal{O}_k$ に上の定理を適用する．$\mathrm{ord}_{\mathfrak{p}_i}\alpha = \mathrm{ord}_{\mathfrak{p}_i}\alpha\mathcal{O}_k$ と書いて，

$$\alpha\mathcal{O}_k = \prod_{\mathfrak{p}_i} \mathfrak{p}_i^{\mathrm{ord}_{\mathfrak{p}_i}\alpha}.$$

商 $\mathcal{O}_k/\mathfrak{p}_i$ の元の個数は有限となるが，これを $N_{k/\mathbf{Q}}(\mathfrak{p}_i)$ と表し**ノルム**と呼ぶ．$\mathfrak{p}$ を $\mathfrak{p}_i$ の一つとして

$$(7.1.23) \qquad \|\alpha\|_{\mathfrak{p}} = (N_{k/\mathbf{Q}}(\mathfrak{p}))^{-\mathrm{ord}_{\mathfrak{p}}\alpha}$$

とおく．$\mathfrak{p} \cap \mathbf{Z} = \mathbf{Z} \cdot p$ となる有理素数 $p > 1$ が一意的に存在するので，

$$(7.1.24) \qquad |\alpha|_{\mathfrak{p}} = \|\alpha\|_{\mathfrak{p}}^{1/\mathrm{ord}_{\mathfrak{p}}p}$$

とおくと，$|p|_{\mathfrak{p}} = p^{-1}$ となる．$|\cdot|_{\mathfrak{p}}$ は $|\cdot|_p$ 上の付値で，$\|\cdot\|_{\mathfrak{p}}$ は $|\cdot|_{\mathfrak{p}}$ の正規化付値である．p および $\mathfrak{p}$ でそれらが表す付値をも表す．$e(\mathfrak{p}|p)$ で拡張 $\mathfrak{p}|p$ の分岐指数，$f(\mathfrak{p}|p)$ でその剰余指数を表すと，

$$N_{k/\mathbf{Q}}(\mathfrak{p}) = p^{f(\mathfrak{p}|p)}, \quad \|p\|_{\mathfrak{p}} = p^{-e(\mathfrak{p}|p)f(\mathfrak{p}|p)}$$

が成立する．

　k 上の任意の非アルキメデス付値 $v \in M_k^0$ は，$\mathcal{O}_k$ の素イデアル $\mathfrak{p}_v = \mathcal{O}_k \cap \mathfrak{m}_v = \{x \in \mathcal{O}_k; v(x) < 1\}$ を定める．この対応で M_k^0 と $\mathcal{O}_k$ の素イデアル全体が 1 対 1 に対応している．$\mathrm{ord}_v \alpha = \mathrm{ord}_{\mathfrak{p}_v}\alpha$ と書く．(7.1.23) を書き直して，

$$(7.1.25) \qquad \|\alpha\|_v = (N_{k/\mathbf{Q}}(\mathfrak{p}_v))^{-\mathrm{ord}_v\alpha}.$$

k'/k を有限次拡大とすると

(7.1.26) $$\prod_{w|v, w \in M_{k'}} \|\alpha\|_w = \|\alpha\|_v^{[k':k]}, \qquad \alpha \in k, \quad v \in M_k.$$

2. 高さ

有理数 $x \in \mathbf{Q}$ が与えられたとき，その大きさを測るのにまず初めに考えられるのは絶対値 $|x|$ である．しかし，$|x|$ は x の複雑さを必ずしもよく測っていない．互いに素な整数 $p, q \in \mathbf{Z}, p \neq 0$ をもって $x = q/p$ と書くとき，

(7.2.1) $$H(x) = \max\{|p|, |q|\}$$

は x の複雑さを $|x|$ よりもよく測っていると考えられる．$H(x)$ を x の**高さ**と呼ぶ．

代数的数 $\alpha \in \bar{\mathbf{Q}}(\subset \mathbf{C})$ に対して高さを定義するのにいくつかの流儀がある．ここでは，二つの方法を紹介する．

(イ)（最小多項式） α の $\mathbf{Z}$ 上の最小多項式 $P(X) \in \mathbf{Z}[X]$ を

(7.2.2) $$P(X) = a_0 X^d + a_1 X^{d-1} + \cdots + a_d$$

とする．$a_0 \neq 0$ で $a_j, 0 \leqq j \leqq d$ は互いに素である．

(7.2.3) $$H(\alpha) = \max\{|a_j|, 0 \leqq j \leqq d\}$$

を α の**高さ**と呼ぶ．これは，$\alpha \in \mathbf{Q}$ ならば，既に与えたものと一致している．

例えば，$\alpha = \sqrt{2/3}$ とすると，

$$P(X) = 3X^2 - 2$$

が α の $\mathbf{Z}$ 上の最小多項式であるから，$H(\sqrt{2/3}) = 3$ である．

(ロ)（付値） k を代数体とする．$\alpha \in k$ に対し

(7.2.4) $$H_k(\alpha) = \prod_{v \in M_k} \max\{1, \|\alpha\|_v\},$$
$$h(\alpha) = \frac{1}{[k:\mathbf{Q}]} \log H_k(\alpha) = \frac{1}{[k:\mathbf{Q}]} \sum_{v \in M_k} \log^+ \|\alpha\|_v$$

はともに**高さ**と呼ばれる．$h(\alpha)$ は**対数的高さ**と呼ばれることもある．

7.2.5 [注意] (i) 積公式 (7.1.18) により,

(7.2.6) $\qquad H_k(\alpha) = H_k(\alpha^{-1}), \quad h(\alpha) = h(\alpha^{-1}), \qquad \alpha \in k^*.$

(ii) $h(\alpha)$ は, (7.1.19) により, α を含む k の取り方によらない.

(7.2.3) で定義した高さ $H(\alpha)$ と (7.2.4) で定義した $H_k(\alpha)$ が本質的に同じであることを示そう (補題 7.2.8).

7.2.7 [補題] $\alpha \in k$ の $\mathbf{Z}$ 上の最小多項式を (7.2.2) の $P(X)$ とする. $P(X) = 0$ の $\mathbf{C}_p$ での根を, $\alpha_i^{(p)}, 1 \leq i \leq d$ とすると,

$$|a_0|_p \prod_{i=1}^d \max\{1, |\alpha_i^{(p)}|_p\} = |a_0|_p \prod_{v|p, v \in M_k} \max\{1, \|\alpha\|_v\} = 1.$$

証明 初めの等号は, (7.1.21) で得られた. 番号付けを必要なら変更し, $|\alpha_1^{(p)}|_p \leq \cdots \leq |\alpha_d^{(p)}|_p$ とする. 根と係数の関係から

$$\frac{a_i}{a_0} = (-1)^i \sum_{1 \leq s_1 < \cdots < s_i \leq d} \alpha_{s_1}^{(p)} \cdots \alpha_{s_i}^{(p)}.$$

もし, $|\alpha_i^{(p)}|_p \leq 1, 1 \leq i \leq d$ ならば, 上式より $|a_i|_p \leq |a_0|_p$. $a_j \in \mathbf{Z}, 0 \leq j \leq d$ は互いに素であるから, $\max\{|a_j|_p; 0 \leq j \leq d\} = 1$ となり,

$$1 = \max\{|a_j|_p; 0 \leq j \leq d\} \leq |a_0|_p \leq 1.$$

従って, 与式は成立している.

ある $1 \leq h \leq d$ が存在して,

$$|\alpha_1^{(p)}|_p \leq \cdots \leq |\alpha_{h-1}^{(p)}|_p \leq 1 < |\alpha_h^{(p)}|_p \leq \cdots \leq |\alpha_d^{(p)}|_p$$

であるとする.

$$\left|\frac{a_i}{a_0}\right|_p \leq \max\{|\alpha_{s_1}^{(p)} \cdots \alpha_{s_i}^{(p)}|_p\} \leq |\alpha_h^{(p)}|_p \cdots |\alpha_d^{(p)}|_p = \left|\frac{a_{d-h+1}}{a_0}\right|_p$$

であるから,

$$\max\left\{\left|\frac{a_i}{a_0}\right|_p; 1 \leq i \leq d\right\} = \left|\frac{a_{d-h+1}}{a_0}\right|_p$$

$$= |\alpha_h^{(p)}|_p \cdots |\alpha_d^{(p)}|_p = \prod_{i=1}^d \max\{1, |\alpha_i^{(p)}|_p\}.$$

従って,
$$\max\{|a_i|_p; 1 \leq i \leq d\} = |a_0|_p \prod_{i=1}^{d} \max\{1, |\alpha_i^{(p)}|_p\} \geq |a_0|_p.$$

これより,
$$|a_0|_p \prod_{i=1}^{d} \max\{1, |\alpha_i^{(p)}|_p\} = \max\{|a_i|_p; 0 \leq i \leq d\} = 1.$$

証了

7.2.8 [補題]　次数 d の $\alpha \in k$ に対し,
$$\frac{1}{d}\log H(\alpha) - \log 2 \leq h(\alpha) \leq \frac{1}{d}\log H(\alpha) + \frac{\log(d+1)}{2d}.$$

証明　記号は,補題 7.2.7 と同じとする.補題 7.2.7 と積公式 (7.1.18) より,
$$|a_0| = \prod_{v \in M_k^0} \max\{1, \|\alpha\|_v\}.$$

$P(X) = 0$ の根を $\alpha_1, \ldots, \alpha_d$ とすると,上式を用いて次を得る.

$$(7.2.9) \quad |a_0| \prod_{i=1}^{d} \max\{1, |\alpha_i|\} = \prod_{v \in M_k^0} \max\{1, \|\alpha\|_v\} \prod_{v \in M_k^\infty} \max\{1, \|\alpha\|_v\}$$
$$= H_k(\alpha).$$

これより,次が分かる.

$$\left|\frac{a_i}{a_0}\right| = \left|\sum_{1 \leq s_1 < \cdots < s_i \leq d} \alpha_{s_1} \cdots \alpha_{s_i}\right| \leq \sum_{1 \leq s_1 < \cdots < s_i \leq d} \prod_{j=1}^{i} \max\{1, |\alpha_{s_j}|\}$$
$$\leq 2^d \prod_{i=1}^{d} \max\{1, |\alpha_i|\} = \frac{2^d}{|a_0|} H_k(\alpha).$$

従って,
$$\frac{1}{d}\log H(\alpha) - \log 2 \leq \frac{1}{d}\log H_k(\alpha) = h(\alpha).$$

一方，(7.2.9) と $P(X) = a_0 \prod_{i=1}^{d}(X - \alpha_i)$ であること，および補題 2.4.13 を用いて，

$$\begin{aligned}
dh(\alpha) &= \log\left(|a_0|\prod_{j=1}^{d}\max\{1,|\alpha_j|\}\right) = \log|a_0| + \sum_{j=1}^{d}\log^+|\alpha_j| \\
&= \log|a_0| + \sum_{j=1}^{d}\frac{1}{2\pi}\int_0^{2\pi}\log|e^{i\theta} - \alpha_j|d\theta \\
&= \frac{1}{2\pi}\int_0^{2\pi}\log\left|a_0\prod_{j=1}^{d}(e^{i\theta} - \alpha_j)\right|d\theta = \frac{1}{2\pi}\int_0^{2\pi}\log|P(e^{i\theta})|d\theta \\
&= \frac{1}{2}\frac{1}{2\pi}\int_0^{2\pi}\log|P(e^{i\theta})|^2 d\theta \\
&\leqq \frac{1}{2}\log\left(\frac{1}{2\pi}\int_0^{2\pi}|a_0 e^{id\theta} + \cdots + a_d|^2 d\theta\right) \\
&= \frac{1}{2}\log(|a_0|^2 + \cdots + |a_d|^2) \leqq \frac{1}{2}\log\{(\max\{|a_j|\})^2(d+1)\} \\
&= \log H(\alpha) + \frac{\log(d+1)}{2}.
\end{aligned}$$

これより，求める第二の不等式が出る． 証了

7.2.10 [定理] 任意の $d \in \mathbf{N}$ と $r > 0$ に対し，$\alpha \in \bar{\mathbf{Q}}, [\mathbf{Q}(\alpha) : \mathbf{Q}] \leqq d, h(\alpha) \leqq r$ となる α は高々 $d(2e^{dr} + 1)^{d+1}$ 個である．

証明 補題 7.2.8 より，$H(\alpha) \leqq 2e^{dr}$. 従って，α の $\mathbf{Z}$ 上の最小多項式の候補は，高々 $(2e^{dr} + 1)^{d+1}$ 個である．従って，α の個数は高々 $d(2e^{dr} + 1)^{d+1}$ 個である． 証了

さて α の高さだけを考えるのであれば $H(\alpha)$ だけでよいのであるが，(7.1.23) は α が内包するより詳細な情報を含んでいると考えられる．このことを念頭に入れ，次の量を導入する．

代数体 k と，有限部分集合 $S \subset M_k, S \supset M_k^\infty$ をとり固定する．$\lambda \in \mathbf{N} \cup \{\infty\}$ に対し λ-**打ち切り個数関数**を次で定義する．

$$(7.2.11) \quad N_\lambda(x;S) = \frac{1}{[k:\mathbf{Q}]}\sum_{v \in M_k \setminus S}(\min\{\lambda, -\mathrm{ord}_v x\})^+ \log N_{k/\mathbf{Q}}(\mathfrak{p}_v),$$

$$N(x;S) = N_\infty(x;S) = \frac{1}{[k:\mathbf{Q}]} \sum_{v \in M_k \setminus S} \log^+ \|x\|_v.$$

∞ の近似関数を次で定義する.

(7.2.12)
$$m(x;S) = \frac{1}{[k:\mathbf{Q}]} \sum_{v \in S} \log^+ \|x\|_v.$$

$N(x;S)$ と $m(x;S)$ は x を含む代数体 k の取り方によらない.

$a \in k$ を任意に止めると, 任意の $x \in k \setminus \{a\}$ に対し次が成立する.

$$\log^+ \|x-a\|_v \leqq \log^+ \|x\|_v + \log^+ \|a\|_v, \qquad v \in M_k^0,$$
$$\log^+ \|x-a\|_v \leqq \log^+ \|x\|_v + \log^+ \|a\|_v + 2\log 2, \qquad v \in M_k^\infty.$$

従って,
$$|h(x-a) - h(x)| \leqq h(a) + 2\log 2.$$

$a = \infty$ のときは, $N\left(\frac{1}{x-\infty};S\right) = N(x;S)$, $m\left(\frac{1}{x-\infty};S\right) = m(x;S)$ と定めておく.

以上と, (7.2.6) より次を得る.

7.2.13 [定理] (第一主要定理類似) $a \in k \cup \{\infty\}$ に対し,

$$h(x) = N\left(\frac{1}{x-a};S\right) + m\left(\frac{1}{x-a};S\right) + C(a,x), \qquad x \in k \setminus \{a\}.$$

ただし, $C(\infty, x) = 0$, $a \neq \infty$ に対し $|C(a,x)| \leqq h(a) + 2\log 2$.

7.2.14 [注意] ネヴァンリンナの第一主要定理 1.1.15 と比較されたい.

7.2.15 [定義] $x \in k$ が S-整数とは, 任意の $v \in M_k \setminus S$ に対し, $|x|_v \leqq 1$ となることとする. $x \in k$ が S-単数とは, 任意の $v \in M_k \setminus S$ に対し, $|x|_v = 1$ となることとする.

k 上の n 次元射影空間 $\mathbf{P}_k^n$ の同次座標 $[x_0, \ldots, x_n]$ を一つ固定して考える. $x_j \in k, 0 \leqq j \leqq n$ で表される点 $\mathrm{x} = [x_0, \ldots, x_n]$ を $\mathbf{P}_k^n$ の k-有理点と呼ぶ.

その全体を $\mathbf{P}^n(k)$ で表す．$(n+1)$ 次元ベクトルとして，$x = (x_0, \ldots, x_n)$ と書く．k 係数の同次多項式方程式系

$$\sigma_\lambda(x_0, \ldots, x_n) = 0, \qquad \lambda \in \Lambda$$

で定まる $\mathbf{P}^n_k$ の部分多様体を V とするとき，$\mathrm{x} \in \mathbf{P}^n(k)$ で，$\sigma_\lambda(\mathrm{x}) = 0, \lambda \in \Lambda$ をみたすものの全体を $V(k)$ と表し，V の k-有理点集合と呼ぶ．

$\mathrm{x} = [x_0, \ldots, x_n] \in \mathbf{P}^n(k)$ の**高さ**を次で定義する．

$$(7.2.16) \qquad \mathrm{H}_k(\mathrm{x}) = \prod_{v \in M_k} \max\{\|x_j\|_v; 0 \leqq j \leqq n\},$$

$$\mathrm{h}(\mathrm{x}) = \frac{1}{[k:\mathbf{Q}]} \log \mathrm{H}_k(\mathrm{x}).$$

積公式 (7.1.18) により，$\mathrm{H}_k(\mathrm{x})$ と $\mathrm{h}(\mathrm{x})$ は，$\mathbf{P}^n(k)$ 上定義されている．(7.1.26) により，$\mathrm{h}(\mathrm{x})$ は，$x_j, 0 \leqq j \leqq n$ を含む代数体 k の取り方によらない．

$n = 1$ のとき，$\mathrm{x} = [1, x] \in \mathbf{P}^1(k)$ とすると次が分かる．

$$(7.2.17) \qquad\qquad\qquad \mathrm{h}(\mathrm{x}) = h(x).$$

定義 (7.2.16) より $\mathrm{h}(\mathrm{x})$ は，カルタンの位数関数 $T_f(r; \omega)$ (第 2 章 4.2 項) の類似とみることができる．

7.2.18 [定理] $r > 0, d > 0, n \in \mathbf{N}$ に対し，定数 $C(r, d, n) > 0$ があって，

$$|\{\mathrm{x} = [x_0, \ldots, x_n] \in \mathbf{P}^n(\bar{\mathbf{Q}}); [\mathbf{Q}(x_i) : \mathbf{Q}] \leqq d, \mathrm{h}(\mathrm{x}) \leqq r\}| \leqq C(r, d, n).$$

特に代数体 $k, d = [k : \mathbf{Q}]$ と $r > 0$ に対し，

$$|\{\mathrm{x} \in \mathbf{P}^n(k); \mathrm{h}(\mathrm{x}) \leqq r\}| \leqq C(r, d, n).$$

証明 $\mathrm{x} = [x_0, \ldots, x_n]$ とすると，ある $x_j \neq 0$ であるから，例えば，$x_0 \neq 0$ として，$x_0 = 1$ と表す．定義より，$h(x_j) \leqq \mathrm{h}(\mathrm{x}) \leqq r$ であるから，定理 7.2.10 よりそのような x_j は有限個である．従って，かかる x も有限個である．個数の上界が，r, d, n のみによることも定理 7.2.10 より分かる． **証了**

上述の証明で得られる具体的な $C(r, d, n)$ の表示を求めることは読者に任せよう．

D を $\mathbf{P}_k^n$ 上の次数 d の非負係数因子で,$\mathcal{O}_k$ 係数の次数 d の同次多項式 $\sigma(x_0,\ldots,x_n) = 0$ で与えられるものとする.$\mathrm{x} = [x_0,\ldots,x_n] \in \mathbf{P}^n(k)$ に対し

$$(7.2.19) \qquad |||\sigma(\mathrm{x})|||_v = \frac{\|\sigma(x_0,\ldots,x_n)\|_v}{(\max\{\|x_j\|_v; 0 \leqq j \leqq n\})^d}, \quad v \in M_k$$

とおく.任意の $v \in M_k^0$ をとる.$\sigma(\mathrm{x}) = \sum_{|\nu|=d} c_\nu x^\nu$(ここで,$\nu = (\nu_0,\ldots,\nu_n)$,$\nu_j \geqq 0, \sum \nu_j = d, x^\nu = (x_0)^{\nu_0}\cdots(x_n)^{\nu_n}$)とすると,

$$\|\sigma(\mathrm{x})\|_v \leqq \max\{\|c_\nu x^\nu\|_v\} \leqq \max\{\|c_\nu\|_v\}(\max\{\|x_j\|_v; 0 \leqq j \leqq n\})^d.$$

$c_\nu \in \mathcal{O}_k$ であるから,$\|c_\nu\|_v \leqq 1$.従って,

$$\|\sigma(\mathrm{x})\|_v \leqq (\max\{\|x_j\|_v; 0 \leqq j \leqq n\})^d.$$

$v \in M_k^\infty$ に対しては,$k_v = \mathbf{R}$ または $k_v = \mathbf{C}$ であるから,射影空間がコンパクトであることより,x, v によらない定数 $c \geqq 1$ が存在して,$|||\sigma(\mathrm{x})|||_v \leqq c$.$v \in M_k^0$ に対し $c_v = 1$,$v \in M_k^\infty$ に対し $c_v = c$ とおくことにより,

$$(7.2.20) \qquad |||\sigma(\mathrm{x})|||_v \leqq c_v, \qquad v \in M_k.$$

このとき,$\mathrm{x} \in \mathbf{P}^n(k) \setminus D$ に対し次の量を定義する.

$$(7.2.21) \qquad m(\mathrm{x}; S, D) = \frac{1}{[k:\mathbf{Q}]} \sum_{v \in S} \log \frac{1}{|||\sigma(\mathrm{x})|||_v} \geqq -\log c,$$

$$N(\mathrm{x}; S, D) = \frac{1}{[k:\mathbf{Q}]} \sum_{v \in M_k \setminus S} \log \frac{1}{|||\sigma(\mathrm{x})|||_v} \geqq 0.$$

ネヴァンリンナ理論でいえば,$m(\mathrm{x}; S, D)$ は,x の D に対する接近(近似)関数であり,$N(\mathrm{x}; S, D)$ は D に対する個数関数である.D に対し,$m(\mathrm{x}; S, D)$ と $N(\mathrm{x}; S, D)$ は,x が(今の場合は $\mathbf{P}^n(k) \setminus D$ 内を)動くとき σ の取り方により有界な項の差が生ずる.その差を $O(1)$ と表すことにする.

$x \in k$ に対し,前節で導入した量,$m(x; S), N(x; S)$ との関係を調べる.$a \in k$,$\mathrm{x} = [x_0, x_1] = [1, x] \in \mathbf{P}^1(k)$ とする.$a = a_0/a_1, a_i \in \mathcal{O}_k$ とし,$\sigma_a = a_0 x_0 - a_1 x_1$ とおく.$[1, a] = \{\sigma_a = 0\}$ であり,簡単な計算により,

$$(7.2.22) \qquad m\left(\frac{1}{x-a}; S\right) = m(\mathrm{x}; S, [1, a]) + O(1),$$

$$N\left(\frac{1}{x-a}; S\right) = N(\mathrm{x}; S, [1, a]) + O(1).$$

$\lambda \in \mathbf{N} \cup \{\infty\}$ に対し, λ-打ち切り個数関数を次で定義する.

(7.2.23)
$$N_\lambda(\mathrm{x}; S, D) = \frac{1}{[k:\mathbf{Q}]} \sum_{v \in M_k \setminus S} \Big(\min\{\lambda,$$
$$- \mathrm{ord}_v \sigma(x_0, \ldots, x_n) + d \max\{\mathrm{ord}_v x_j; 0 \leqq j \leqq n\}\} \Big)^+$$
$$\times \log N_{k/\mathbf{Q}}(\mathfrak{p}_v),$$
$$N_\infty(\mathrm{x}; S, D) = N(\mathrm{x}; S, D).$$

これも, σ の取り方により $O(1)$ の差だけ変わる.

積公式 (7.1.18) より次の定理が従う.

7.2.24 [定理] (第一主要定理類似) $\mathbf{P}_k^n$ 上の非負係数因子 D に対し,
$$d\,\mathrm{h}(\mathrm{x}) = m(\mathrm{x}; S, D) + N(\mathrm{x}; S, D) + O(1), \quad \mathrm{x} \in \mathbf{P}^n(k) \setminus D.$$

7.2.25 [定義] $C = \{C(v)\}_{v \in M_k}$ が M_k-定数であるとは, 有限個以外の $v \in M_k$ に対して $C(v) = 0$ となる定数の族のことである.

V を k 上定義された射影代数的多様体とする. $L \to V$ を k 上定義された直線束とする. 以下全て k 上で考える. 正則切断 $\phi, \psi \in H^0(V, L)$ があるとき, $\mathrm{x} \in V(k)$ と $v \in M_k$ に対し, $\|\phi(\mathrm{x})\|_v, \|\psi(\mathrm{x})\|_v$ の値は定義されないが, 比と大小は意味をもつことに注意する.

7.2.26 [補題] $L \to V$ を直線束とし, V 上の正則切断 $\phi_0, \ldots, \phi_n \in H^0(V, L)$ があって,
$$\phi = [\phi_0, \ldots, \phi_n] : V \to \mathbf{P}_k^n$$
が正則埋め込みを与えているとする. このとき, 任意の $\phi_{n+1} \in H^0(V, L)$ に対し, M_k-定数 $\{C(v)\}$ が存在して,
$$0 \leqq \log \frac{\max\{\|\phi_j(\mathrm{x})\|_v; 0 \leqq j \leqq n+1\}}{\max\{\|\phi_j(\mathrm{x})\|_v; 0 \leqq j \leqq n\}} \leqq C(v), \quad \mathrm{x} \in V(k).$$

証明 $v \in M_k^\infty$ に対しては, $k_v = \mathbf{R}$ または $\mathbf{C}$ であるから, V のコンパクト性より主張は従う.

$v \in M_k^0$ とする．$x \in V(k)$ を任意にとる．

$$\max\{\|\phi_j(x)\|_v; 0 \leq j \leq n\} = \|\phi_{j_0}(x)\|_v$$

とする．従って，$\|\phi_j(x)/\phi_{j_0}(x)\|_v \leq 1, 0 \leq j \leq n$. ϕ は正則埋め込みを与えているので，アファイン開集合 $\{\phi_{j_0} \neq 0\}$ 上 ϕ_{n+1}/ϕ_{j_0} を次のような多項式で表せる．

$$\frac{\phi_{n+1}}{\phi_{j_0}} = \sum c_{j_0 \lambda_0 \cdots \lambda_n} \left(\frac{\phi_0}{\phi_{j_0}}\right)^{\lambda_0} \cdots \left(\frac{\phi_n}{\phi_{j_0}}\right)^{\lambda_n},$$
$$c_{j_0 \lambda_0 \cdots \lambda_n} \in k.$$

従って，
$$\left\|\frac{\phi_{n+1}(x)}{\phi_{j_0}(x)}\right\|_v \leq \max \|c_{j_0 \lambda_0 \cdots \lambda_n}\|_v.$$

$C(v) = \log \max\{\|c_{j_0 \lambda_0 \cdots \lambda_n}\|_v; j_0, \lambda_0, \ldots, \lambda_n\}$ とおけばよい． **証了**

次に $L \to V$ が豊富直線束であるとする．番号 $l_0 \in \mathbf{N}$ を大きくとれば，$L^l, l \geq l_0$ は十分豊富になる．$H^0(V, L^l)$ の基底 $\phi_0, \ldots, \phi_n$ をとれば，埋め込み

(7.2.27) $\qquad \phi = [\phi_0, \ldots, \phi_n] : x \in V \to \mathbf{P}_k^n$

を得る．$V(k)$ 上の L に関する高さ関数を次で定める．

(7.2.28) $\qquad h(x; L) = \frac{1}{l} h(\phi(x)), \qquad x \in V(k).$

7.2.29 [補題] (i) $h(x; L)$ は，$l > 0$ と埋め込み (7.2.27) の取り方を変えると変わるが，その差は，$O(1)$ である．

(ii) $L' \to V$ を他の豊富直線束とするとき，

$$h(x; L \otimes L') = h(x; L) + h(x; L') + O(1).$$

証明 (i) $l \geq l_0$ を上述のようにとる．以下，しばらく l を止めて考える．$H^0(V, L^l)$ の他の基底 $\psi_0, \ldots, \psi_n$ が決める埋め込みを

(7.2.30) $\qquad \psi = [\psi_0, \ldots, \psi_n] : V \to \mathbf{P}_k^n$

とする．ψ_j は，ϕ_i の線形和で逆も成立しているので，ある M_k-定数 $\{C(v)\}$ があって $\mathrm{x} \in V(k), v \in M_k$ に対して，

$$|\log\max\{\|\phi_i(\mathrm{x})\|_v; 0 \leqq i \leqq n\} - \log\max\{\|\psi_i(\mathrm{x})\|_v; 0 \leqq i \leqq n\}| \leqq C(v).$$

従って，

$$|\mathrm{h}(\phi(\mathrm{x})) - \mathrm{h}(\psi(\mathrm{x}))| \leqq \frac{\sum_v C(v)}{[k:\mathbf{Q}]}.$$

$d \in \mathbf{N}$ とする．$\phi_0, \ldots, \phi_n$ の d 次単項式の全体 $\{\sigma_j\}_{j=0}^N$ は V のある射影空間 $\mathbf{P}_k^N$ への埋め込みを与え，次が成立する．

(7.2.31) $\quad \log\max_i\{\|\phi_i(\mathrm{x})\|_v\} = \dfrac{1}{d}\log\max_j\{\|\sigma_i(\mathrm{x})\|_v\}, \quad \mathrm{x} \in V(k),\ v \in M_k.$

$H^0(V, L^{dl})$ の基底より得られる V のある射影空間への埋め込みを σ とすれば，(7.2.31) と補題 7.2.26 より，

(7.2.32) $\qquad\qquad d\,\mathrm{h}(\phi(\mathrm{x})) = \mathrm{h}(\sigma(\mathrm{x})) + O(1).$

他の $l' \geqq l_0$ をとる．$H^0(V, L^{l'})$ の基底から得られる V の射影埋め込みを ϕ' とし，$H(V, L^{ll'})$ の基底から得られるそれを τ とすると，(7.2.32) より

$$l'\,\mathrm{h}(\phi(\mathrm{x})) = \mathrm{h}(\tau(\mathrm{x})) + O(1), \qquad \mathrm{x} \in V(k),$$
$$l\,\mathrm{h}(\phi'(\mathrm{x})) = \mathrm{h}(\tau(\mathrm{x})) + O(1), \qquad \mathrm{x} \in V(k).$$

従って，(7.2.27) で l を変えても $\mathrm{h}(\mathrm{x}; L)$ は $O(1)$ の差しか変わらない．

(ii) これも補題 7.2.26 を用いて同様の議論で分かる． 　　　　　　　証了

豊富直線束 L の完備線形系 $|L|$ の因子 D に対し，それを与える正則切断 $\sigma_D \in H^0(V, L)$ をとる．D に対する近似関数 $m(\mathrm{x}; S, D)$ と個数関数 $N(\mathrm{x}; S, D)$ を (7.2.27) での記号を用いて，次のように定義する

(7.2.33) $\qquad \||\sigma_D(\mathrm{x})\||_v = \dfrac{\|\sigma_D(\mathrm{x})\|_v}{(\max\{\|\phi_j(\mathrm{x})\|_v; 0 \leqq j \leqq n\})^{1/l}},$

$$m(\mathrm{x}; S, D) = \frac{1}{[k:\mathbf{Q}]} \sum_{v \in S} \log \frac{1}{\||\sigma_D(\mathrm{x})\||_v},$$

$$N(\mathrm{x}; S, D) = \frac{1}{[k:\mathbf{Q}]} \sum_{v \in M_k \setminus S} \log \frac{1}{\||\sigma_D(\mathrm{x})\||_v}.$$

7.2.34 [注意]　$\log |||\sigma_D(\mathrm{x})|||^{-1}$ は常に下に有界で，σ_D, l, ϕ_j 等の取り方について高々 M_k-定数の差しか異ならない．従って，$m(\mathrm{x}; S, D), N(\mathrm{x}; S, D)$ も常に下に有界で，σ_D, l, ϕ_j 等の取り方について高々 $O(1)$ の差しか異ならない．

λ-打ち切り個数関数も (7.2.23) と同様に定義できる．

$$(7.2.35)\quad N_\lambda(\mathrm{x}; S, D) = \frac{1}{[k:\mathbf{Q}]} \sum_{v \in M_k \setminus S} \Big(\min\{\lambda, -\mathrm{ord}_v \sigma_D(\mathrm{x}) + \frac{1}{l} \max\{\mathrm{ord}_v \phi_j(\mathrm{x}); 0 \leqq j \leqq n\}\}\Big)^+ \times \log N_{k/\mathbf{Q}}(\mathfrak{p}_v).$$

一般の直線束 $H \to V$ とその完備線形系の因子 $D \in |H|$ に対しては，豊富直線束 $L_i, i = 1, 2$ と因子 $D_i \in |L_i|$ により，$H = L_1 \otimes L_2^{-1}, D = D_1 - D_2$ と表し

$$(7.2.36) \quad \mathrm{h}(\mathrm{x}; H) = \mathrm{h}(\mathrm{x}; L_1) - \mathrm{h}(\mathrm{x}; L_2),$$
$$m(\mathrm{x}; S, D) = m(\mathrm{x}; S, D_1) - m(\mathrm{x}; S, D_2),$$
$$N(\mathrm{x}; S, D) = N(\mathrm{x}; S, D_1) - N(\mathrm{x}; S, D_2),$$

とおく．各量は，$O(1)$ の差を除いて定義される．定理 7.2.24 と同様に次が成立する．

7.2.37 [定理](第一主要定理類似)　V 上の直線束 H とその完備線形系の因子 $D \in |H|$ に対し，

$$\mathrm{h}(\mathrm{x}; H) = m(\mathrm{x}; S, D) + N(\mathrm{x}; S, D) + O(1), \quad \mathrm{x} \in V(k) \setminus D.$$

3. ロスとシュミットの定理

k を代数体とする．部分集合 $M_k^\infty \subset S \subset M_k, |S| < \infty$ をとる．**ロスの定理** (Roth [55]) は次の型でよく引用される．

7.3.1 [定理] $\alpha \in k$ とする．任意の $\epsilon > 0$ に対し，
$$\prod_{v \in S} \min\{1, \|x - \alpha\|_v\} \leqq \frac{1}{H_k(x)^{2+\epsilon}}$$
をみたす $x \in k$ は，高々有限個である．

この有限個の x を求めることは未解決問題だが，個数の上からの評価は知られている．

上のロスの定理は，定理 7.2.10 により次の定理と同値である．

7.3.2 [定理] 任意の $\epsilon > 0$ に対し，ある定数 $C > 0$ が存在して，
$$\prod_{v \in S} \min\{1, \|x - \alpha\|_v\} \geqq \frac{C}{H_k(x)^{2+\epsilon}}, \qquad x \in k \setminus \{\alpha\}.$$

ただし，この正定数 C を上から具体的に評価することは難しい問題である．
$\alpha \neq 0$ とする．$\|x\|_v \leqq \|\alpha\|_v/3$ とすると，
$$\|x - \alpha\|_v \geqq \frac{2}{3}\|\alpha\|_v.$$

従って，
$$\left(\prod_{v \in S} \min\{1, \|x\|_v\}\right) \cdot \left(\prod_{v \in S} \min\{1, \|x - \alpha\|_v\}\right)$$
$$\geqq \frac{C}{H_k(x)^{2+\epsilon}}, \qquad x \in k \setminus \{0, \alpha\}.$$

$H_k(x) = H_k(x^{-1}), x \in k^*$ であるから，
$$\left(\prod_{v \in S} \min\{1, \|x\|_v\}\right) \cdot \left(\prod_{v \in S} \min\{1, \|x - \alpha\|_v\}\right)$$
$$\cdot \left(\prod_{v \in S} \min\{1, \|1/x\|_v\}\right) \geqq \frac{C}{H_k(x)^{2+\epsilon}}, \quad x \in k \setminus \{0, \alpha\}.$$

$\|x - \infty\|_v = \|1/x\|_v$ と約束すれば，より一般に q 個の相異なる点 $\alpha_i \in k \cup \{\infty\}, 1 \leqq i \leqq q$ に対し
$$\prod_{i=1}^{q} \prod_{v \in S} \min\{1, \|x - \alpha_i\|_v\} \geqq \frac{C}{H_k(x)^{2+\epsilon}}, \qquad x \in k \setminus \{\alpha_i\}_{i=1}^{q}.$$

両辺の対数をとり，

(7.3.3) $$\sum_{i=1}^{q} m\left(\frac{1}{x-\alpha_i}; S\right) \leqq (2+\epsilon)h(x) + \log C, \qquad x \in k \setminus \{\alpha_i\}_{i=1}^{q}.$$

これと定理 7.2.13 より次の定理を得る．

7.3.4 [定理](第二主要定理類似) q 個の相異なる点 $\alpha_i \in k \cup \{\infty\}, 1 \leqq i \leqq q$ をとる．任意の $\epsilon > 0$ に対し，定数 C が存在して，

$$(q-2-\epsilon)h(x) \leqq \sum_{i=1}^{q} N\left(\frac{1}{x-\alpha_i}; S\right) + C, \qquad x \in k \setminus \{\alpha_i\}_{i=1}^{q}.$$

逆に，この定理からロスの定理 7.3.1 を導くこともできる．つまり，定理 7.3.4 とロスの定理 7.3.1 は同値である．

読者は，定理 7.3.4 とネヴァンリンナの第二主要定理 1.2.5 との類似性に驚かれるであろう．ネヴァンリンナ理論は，射影空間と超平面に対して，カルタンの理論そしてカルタン・ノチカの定理へと拡張された．ロスの定理も同じ道筋を辿って拡張される．その際，これから述べるシュミットの部分空間定理 7.3.5 が本質的である．

$x = (x_0, \ldots, x_n)$ を変数とする k 係数の一次式

$$\hat{H}_i(x) = \sum_{j=0}^{n} c_{ij} x_j, \qquad c_{ij} \in k, \quad 1 \leqq i \leqq q,$$

で恒等的に 0 でないものを $n+1$ 変数 x の線形型式と呼ぶ．これらは，$\mathbf{P}_k^n$ の超平面 H_i を定めるが，それらが一般の位置にあるとき $\hat{H}_i$ も一般の位置にあるという．

以下，$x = (x_0, \ldots, x_n) \in k^{n+1} \setminus \{0\}$ が代表する $\mathbf{P}^n(k)$ の点を x と書く．

7.3.5 [定理](シュミットの部分空間定理 (Schmidt [91], p. 178, Theorem 1D', Schlickewei [77])) 各 $v \in S$ に対し $\hat{H}_{vi}, 1 \leqq i \leqq n+1$ を k 係数の一般の位置にある $x = (x_0, \ldots, x_n)$ の線形型式が与えられている．任意の $\epsilon > 0$ に対し $\mathbf{P}_k^n$ の真線形部分空間の有限和 $E_\epsilon \supset \bigcup_{i=1}^{q} H_i$ が存在して，x $\in \mathbf{P}^n(k) \setminus E_\epsilon$ に対し，

$$\prod_{v \in S} \prod_{i=1}^{n+1} \frac{\|\hat{H}_{vi}(x)\|_v}{\max\{\|x_j\|_v; 0 \leqq j \leqq n\}} \geqq \mathrm{H}_k(\mathrm{x})^{-(n+1+\epsilon)}.$$

特に，任意の i について $\hat{H}_i = \hat{H}_{vi}, \forall v \in S$ の場合は，

$$(7.3.6) \qquad \prod_{v \in S} \prod_{i=1}^{n+1} \frac{\|\hat{H}_i(x)\|_v}{\max\{\|x_j\|_v; 0 \leq j \leq n\}} \geq \mathrm{H}_k(\mathrm{x})^{-(n+1+\epsilon)}.$$

本章 2 節の記号を用いれば，(7.3.6) は次に書き換えられる．

$$\sum_{i=1}^{n+1} m(\mathrm{x}; S, H_i) \leq (n+1+\epsilon)\mathrm{h}(\mathrm{x}), \qquad \mathrm{x} \in \mathbf{P}^n(k) \setminus E_\epsilon.$$

これを，任意個数の超平面に拡張する．

7.3.7 [定理] (第二主要定理類似) $H_i, 1 \leq i \leq q$ を $\mathbf{P}^n_k$ の一般の位置にある線形型式とする．任意の $\epsilon > 0$ に対し，有限個の真線形部分空間の和 $E_\epsilon \supset \bigcup_{i=1}^q H_i$ が存在して，

$$(7.3.8) \qquad \sum_{i=1}^q m(\mathrm{x}; S, H_i) \leq (n+1+\epsilon)\mathrm{h}(\mathrm{x}), \qquad \mathrm{x} \in \mathbf{P}^n(k) \setminus E_\epsilon.$$

あるいは，同値であるが，

$$(7.3.9) \qquad (q-n-1-\epsilon)\mathrm{h}(\mathrm{x}) \leq \sum_{i=1}^q N(\mathrm{x}; S, H_i), \qquad \mathrm{x} \in \mathbf{P}^n(k) \setminus E_\epsilon.$$

証明   添字集合を $Q = \{1, \ldots, q\}$ とする．$\{H_i\}$ が一般の位置にあるとの仮定より，ある定数 $C > 0$ が存在して，任意の $I \subset Q, |I| = n+1, v \in M_k, x \in k^{n+1} \setminus \{0\}$ に対し

$$C^{-1} \leq \frac{\max\{\|\hat{H}_i(x)\|_v; i \in I\}}{\max\{\|x_j\|_v; 0 \leq j \leq n\}} \leq C.$$

従って任意の $I \subset Q, |I| = n+1, x \in k^{n+1} \setminus \{0\}$ に対し

$$(7.3.10) \qquad C^{-|S|} \leq \frac{\prod_{v \in S} \max\{\|\hat{H}_i(x)\|_v; i \in I\}}{\prod_{v \in S} \max\{\|x_j\|_v; 0 \leq j \leq n\}} \leq C^{|S|}.$$

任意の x に対し，Q の並べ替え $i_1, \ldots, i_q$ があって，

$$(7.3.11) \qquad \prod_{s \in S} \|\hat{H}_{i_1}(x)\|_v \leq \cdots \leq \prod_{s \in S} \|\hat{H}_{i_q}(x)\|_v.$$

$I = \{i_1, \ldots, i_{n+1}\}$ ととる．(7.3.6) により，ある $E_{\epsilon,I} \subset \mathbf{P}_k^n$ が存在して，
(7.3.12)
$$\prod_{v \in S} \prod_{i \in I} \frac{\|\hat{H}_i(x)\|_v}{\max\{\|x_j\|_v; 0 \leq j \leq n\}} \geq \mathrm{H}_k(\mathrm{x})^{-(n+1+\epsilon)}, \quad \mathrm{x} \in \mathbf{P}^n(k) \setminus E_{\epsilon,I}$$

$i \in Q \setminus I$ に対しては，(7.3.11) と (7.3.10) より

$$\prod_{v \in S} \|\hat{H}_i(x)\| \geq \prod_{v \in S} \|\hat{H}_{i_{n+1}}(x)\| = \prod_{v \in S} \max\{\|\hat{H}_i(x)\|_v; i \in I\}$$
$$\geq C^{-|S|} \prod_{v \in S} \max\{\|x_j\|_v; 0 \leq j \leq n\}.$$

従って，

(7.3.13)
$$\frac{\prod_{v \in S} \|\hat{H}_i(x)\|}{\prod_{v \in S} \max\{\|x_j\|_v; 0 \leq j \leq n\}} \geq C^{-|S|}, \quad i \in Q \setminus I.$$

$E_\epsilon = \bigcup_{I \subset Q, |I|=n+1} E_{\epsilon,I}$ とおく．(7.3.12) と (7.3.13) より，

$$\prod_{i \in Q} \prod_{v \in S} \frac{\|\hat{H}_i(x)\|_v}{\max\{\|x_j\|_v; 0 \leq j \leq n\}}$$
$$\geq C^{-(q-n-1)|S|} \mathrm{H}_k(\mathrm{x})^{-(n+1+\epsilon)}, \quad \mathrm{x} \in \mathbf{P}^n(k) \setminus E_\epsilon.$$

定理 7.2.18 により，$\mathrm{H}_k(\mathrm{x})^\epsilon C^{-(q-n-1)|S|} < 1$ となる $\mathrm{x} \in \mathbf{P}^n(k)$ は有限個であるから，それらを含むように E_ϵ を取り直すことにより，

$$\prod_{i \in Q} \prod_{v \in S} \frac{\|\hat{H}_i(x)\|_v}{\max\{\|x_j\|_v; 0 \leq j \leq n\}} \geq \mathrm{H}_k(\mathrm{x})^{-(n+1+2\epsilon)}, \quad \mathrm{x} \in \mathbf{P}^n(k) \setminus E_\epsilon.$$

両辺の対数を取り，$[k:\mathbf{Q}]$ で割れば，

$$\sum_{i=1}^q m(\mathrm{x}; S, H_i) \leq (n+1+2\epsilon)\mathrm{h}(\mathrm{x}), \quad \mathrm{x} \in \mathbf{P}^n(k) \setminus E_\epsilon.$$

証了

上述の証明は，$N = n$ の場合の補題 4.2.4 のそれと，平行な議論になっている．その証明に習って，次の結果を示そう．

7.3.14 [定理](Ru-Wong [91])　$N \in \mathbf{N}, N \geqq n$ とする. $H_i, 1 \leqq i \leqq q$ を $\mathbf{P}_k^n$ 上の N-準一般の位置にある超平面とする. 任意の $\epsilon > 0$ に対し, $\mathbf{P}_k^n$ の真線形部分空間の有限和 $E_\epsilon \supset \bigcup_{i=1}^q H_i$ が存在して,

$$(7.3.15) \quad (q - 2N + n - 1 - \epsilon)\mathrm{h}(\mathrm{x}) \leqq \sum_{i=1}^q N(\mathrm{x}; S, H_i), \quad \mathrm{x} \in \mathbf{P}^n(k) \setminus E_\epsilon.$$

証明　$q - 2N + n - 1 > 0$ としてよい. ノチカの定理 4.1.10 と補題 4.1.17 は係数体が $\mathbf{C}$ である必要はなく, 任意の体上で成立することに注意する.

$Q = \{1, \ldots, q\}$ とし, $\{H_i\}_{i \in Q}$ に関するノチカ荷重を $\{\omega(i)\}_{i \in Q}$, ノチカ定数を $\tilde{\omega}$ とする. $\mathrm{x} \in \mathbf{P}^n(k)$ に対し, Q の元の並べ替え $i_1, \ldots, i_q$ を次が成立するようにとる.

$$m(\mathrm{x}; S, H_{i_1}) \geqq \cdots \geqq m(\mathrm{x}; S, H_{i_{N+1}}) \geqq \cdots \geqq m(\mathrm{x}; S, H_{i_q}).$$

N-準一般の位置の定義と (7.3.10) より, ある定数 $C_0 > 0$ が存在して,

$$(7.3.16) \qquad m(\mathrm{x}; S, H_h) \leqq C_0, \qquad N + 2 \leqq h \leqq q.$$

$d = [k : \mathbf{Q}]$ とおく. 線形型式として $\hat{H}_i$ の係数は全て $\mathcal{O}_k$ の元であるとしてよい. (7.2.20) でのように $c_v \geqq 1, v \in M_k$ をとると,

$$\frac{c_v \max\{\|x_j\|_v; 0 \leqq j \leqq n\}}{\|\hat{H}_i(x)\|_v} \geqq 1.$$

$R = \{i_1, \ldots, i_{N+1}\}$ に補題 4.1.17 を適用する. $R^\circ \subset R$, $\mathrm{rk}\,(R^\circ) = \mathrm{rk}\,(R) = n + 1$ が存在し, 定理 7.3.5 を使って,

$$\sum_{i \in R} \omega(i) m(\mathrm{x}; S, H_i) \leqq \frac{1}{d} \log \prod_{i \in R} \left(\prod_{v \in S} \frac{c_v \max\{\|x_j\|_v; 0 \leqq j \leqq n\}}{\|\hat{H}_i(x)\|_v} \right)^{\omega(i)}$$

$$\leqq \frac{1}{d} \log \prod_{i \in R^\circ} \prod_{v \in S} \frac{c_v \max\{\|x_j\|_v; 0 \leqq j \leqq n\}}{\|\hat{H}_i(x)\|_v}$$

$$\leqq (n + 1 + \epsilon)\mathrm{h}(\mathrm{x}) + (n + 1) \frac{|M_k^\infty|}{d} \log c,$$

$$\leqq (n + 1 + \epsilon)\mathrm{h}(\mathrm{x}) + (n + 1) \log c,$$

$$\mathrm{x} \notin E_{\epsilon, R^\circ}.$$

これと，(7.3.16) から，$E_\epsilon = \bigcup_{R^\circ} E_{\epsilon, R^\circ}$ とおくことにより，ある定数 $C_1 > 0$ が存在して

$$\sum_{i \in Q} \omega(i) m(\mathrm{x}; S, H_i) \leqq (n+1+\epsilon) h(\mathrm{x}) + C_1, \quad \mathrm{x} \notin E_\epsilon.$$

ここで，第一主要定理 7.2.2 を用いる．定数 $C_2 > 0$ があって，

$$\sum_{i \in Q} \omega(i) \mathrm{h}(\mathrm{x}) - \sum_{i \in Q} \omega(i) N(\mathrm{x}; S, H_i) \leqq (n+1+\epsilon) h(\mathrm{x}) + C_2, \quad \mathrm{x} \notin E_\epsilon.$$

ノチカの定理 4.1.10 (ii) より，

$$\{\tilde{\omega}(q - 2N + n - 1) - \epsilon\} \mathrm{h}(\mathrm{x}) \leqq \sum_{i \in Q} \omega(i) N(\mathrm{x}; S, H_i) + C_2, \quad \mathrm{x} \notin E_\epsilon.$$

従って，

$$\left(q - 2N + n - 1 - \frac{\epsilon}{\tilde{\omega}} \right) \mathrm{h}(\mathrm{x}) \leqq \sum_{i \in Q} \frac{\omega(i)}{\tilde{\omega}} N(\mathrm{x}; S, H_i) + \frac{C_2}{\tilde{\omega}}$$

$$\leqq \sum_{i \in Q} N(\mathrm{x}; S, H_i) + \frac{C_2}{\tilde{\omega}}, \quad \mathrm{x} \notin E_\epsilon.$$

ここで，$\tilde{\omega} \geqq \frac{n+1}{2N-n+1}$ （定理 4.1.10 (iii)）を使えば，

$$\left(q - 2N + n - 1 - \frac{2N-n+1}{n+1} \epsilon \right) \mathrm{h}(\mathrm{x})$$
$$\leqq \sum_{i \in Q} N(\mathrm{x}; S, H_i) + \frac{2N-n+1}{n+1} C_2, \quad \mathrm{x} \notin E_\epsilon.$$

$\epsilon > 0$ は任意であるから，必要なら E_ϵ を拡大することにより，(7.3.15) を得る．

証了

4. 単数方程式

　この節では，カルタンの第二主要定理を用いてボレルの定理 (系 4.2.18) を導いた議論に習い，定理 7.3.7 を用いてボレルの定理の類似を証明する．その応用として，第 5 章 3 節で作られた射影的超曲面の S-単数点集合（定義 7.4.5 をみよ）の有限性を証明する．

　前節と同様に，代数体 k と $S \subset M_k$ をとる．S-単数の全体を U_S と書く．

7.4.1 [定理]　　$a_i \in k^*, 1 \leq i \leq s$ とする．方程式
$$a_1 x_1 + \cdots + a_s x_s = 0 \qquad (s \geq 2)$$
をみたす解 $(x_1, \ldots, x_n) \in U_S^n$ の全体を $\mathcal{F} = \{(x_1, \ldots, x_n)\}$ とする．$\mathcal{F}$ は，$\mathcal{F} = \bigcup \mathcal{F}_\mu$ と有限個の部分族に分解し，各 $\mathcal{F}_\mu$ に対し添字集合の分割
$$I = \{1, \ldots, s\} = \bigcup_{l=1}^{m} I_l$$
が存在して，次の条件をみたす．

(i) 全ての l について，$|I_l| \geq 2$．

(ii) $\mathcal{F}_\mu = \{(x_i(\zeta))\}_{\zeta \in \mathcal{F}_\mu}$ と書く．I_l を一つ任意に止める．すると，任意の $i, j \in I_l$ に対し，
$$\frac{x_i(\zeta)}{x_j(\zeta)} = c_{jk} \in U_S$$
は ζ によらない定数である．

(iii) 任意の $\zeta \in \mathcal{F}_\mu$ と任意の $l = 1, 2, \ldots, m$ に対し，
$$\sum_{i \in I_l} a_i x_i(\zeta) = 0.$$

証明　s に関する帰納法を用いる．$s = 2$ の場合は自明である．$s-1$ 以下の場合は任意の S について成立しているとする．

s の場合を示す．必要なら S を拡大することにより，方程式は

(7.4.2) $$x_1 + \cdots + x_s = 0$$

の場合に帰着される．$\mathrm{x} = [x_1, \ldots, x_{s-1}]$ を $\mathbf{P}_k^{s-2}$ の同次座標とみる．次の s 個の線形型式を考える．
$$\hat{H}_1 = x_1, \ldots, \hat{H}_{s-1} = x_{s-1},$$
$$\hat{H}_s = -(x_1 + \cdots + x_{s-1}).$$

これらは，一般の位置にある．$n = s-2, q = s, \epsilon = \frac{1}{2}$ として定理 7.3.7 を適用すると，$E_{1/2}$ が存在して
$$\frac{1}{2}\mathrm{h}(\mathrm{x}) \leq \sum_{i=1}^{s} N(\mathrm{x}; S, H_i) = 0, \qquad \mathrm{x} \in \mathbf{P}^{s-2}(k) \setminus E_{1/2}.$$

従って，全ての $x \in E_{1/2}$. ここで考えている $\{x\}$ は有限個の部分族に分解し，それぞれはある超平面に含まれることになる．それぞれの部分族に対し定理の主張を示せばよいのであるから，x は次の線形方程式をみたすとしてよい．

$$c_1 x_1 + \cdots + c_{s-1} x_{s-1} = 0.$$

番号を付け替えて，零でない係数だけを取り出して，$c_1 = 1, c_2 \cdots c_{s'} \neq 0, s' \leq s-1$ として，

(7.4.3) $$x_1 + c_2 x_2 + \cdots + c_{s'} x_{s'} = 0.$$

これと (7.4.2) より，

(7.4.4) $$(1-c_2) x_2 + \cdots + (1-c_{s'}) x_{s'} + x_{s'+1} + \cdots + x_s = 0.$$

全ての変数 x_i は，(7.4.3) か (7.4.4) のどちらかに，零でない係数をもって現れる．方程式 (7.4.3) と (7.4.4) に帰納法の仮定を適用して，それぞれについて (i), (ii), (iii) をみたす解の部分族 $\mathcal{F}_\mu, \mathcal{F}'_{\mu'}$ への分割と，それぞれについての添字集合の分割 $I = \bigcup I_l, I = \bigcup I'_{l'}$ を得る．$\mathcal{F}$ の部分族への分割として，$\mathcal{F}_\mu \cap \mathcal{F}'_{\mu'}$ から誘導される分割 $\mathcal{F} = \bigcup \mathcal{F}''_\nu$ をとる．I_l と $I'_{l'}$ に共通の添字が含まれるときは，合併 $I_l \cup I'_{l'}$ をとって添字集合の分割 $I = \bigcup I''_h$ を作る．作り方から，これらは条件 (i), (ii), (iii) をみたす． 証了

7.4.5 [定義] $x = [x_0, \ldots, x_n] \in \mathbf{P}^n(k)$ が S-単数点とは，全ての x_j が 0 または S-単数である表示をもつこととする．その全体を $\mathbf{P}^n(U_S)$ と書く．

$x = (x_1, \ldots, x_n)$ を変数とする同次単項式の族 $\{M_j(x)\}_{j=1}^s$ と $c_j \in k^*, 1 \leq j \leq s$ をとり $\mathbf{P}^n_k$ の超曲面

(7.4.6) $$X : \quad c_1 M_1(x) + \cdots + c_s M_s(x) = 0$$

を考える．その S-単数点の全体を $X(U_S)$ と書く．すなわち，

$$X(U_S) = X(k) \cap \mathbf{P}^n(U_S).$$

7.4.7 [定理](野口 [97]) $\{M_j(x)\}_{j=1}^s$ が $(n+1)$-許容族（定義 5.3.4）ならば，$X(U_S)$ は有限である．

証明 $(n+1)$-許容族の定義により,全ての $x_j \in U_S$ の場合を考えれば十分である.定理 7.4.1 を,$x_j = M_j(x)$ として適用する.$\mathcal{F} = \{(M_j(x))\}$ は,有限個の部分族 $\mathcal{F}_\mu$ に分解し,各 $\mathcal{F}_\mu$ に対し,添字集合 $I = \{1, \ldots, s\}$ の分割 I_l が存在して,定理 7.4.1 (i), (ii), (iii) をみたす.定理 6.4.8 (ii) の証明から各 $\mathcal{F}_\mu = \{M_j(x)\}$ を与える $x = (x_0, \ldots, x_n)$ の連比は等しい.すなわち $\mathbf{P}^n(k)$ の点としては一点 x となる.従って,$|X(U_S)| < \infty$. **証了**

7.4.8 [注意] 小林双曲的射影超曲面を作るときは,M_j の巾 M_j^d をとる必要があったが,ここでは,初めから,x が S-単数点であると仮定しているので,M_j も S-単数となり,高巾をとる必要がない.

5. イロハ予想と基本予想

定理 7.4.7 はラング予想 6.1.1 と小林予想 5.1.6 にその動機がある.二つの予想からすれば,$\mathbf{Q}$ 上定義された小林双曲的射影超曲面でいかなる代数体上でも有理点は有限個であるものがあるはずである.

一つの例を紹介する.城崎 [98] に従い,次のようにおく.$d, e \in \mathbf{N}$ は互いに素で次をみたす.
$$d > 2e + 8.$$
二変数同次多項式 $P(w_0, w_1)$ を
$$P(w_0, w_1) = w_0^d + w_1^d + w_0^e w_1^{d-e}$$
と定め,帰納的に
$$P_1(w_0, w_1) = P(w_0, w_1),$$
$$P_n(w_0, w_1, \ldots, w_n) = P_{n-1}(P(w_0, w_1), \ldots, P(w_{n-1}, w_n)),$$
$$n = 2, 3, \ldots,$$
と定める.P_n は次数 d^n の同次多項式である.$e \geqq 2$ とすると,

(7.5.1) $\qquad X = \{P_n(w_0, w_1, \ldots, w_n) = 0\} \subset \mathbf{P}_{\mathbf{Q}}^n$

は小林双曲的である(城崎 [98]).

7.5.2 [定理](野口 [02])　　X を (7.5.1) で，$e \geqq 2$ として定義する．すると，任意の代数体 k に対し $X(k)$ は有限である．

このような例があることは，興味深い．証明は，論文を参照されたい．この定理からすると，第 5 章 3 節で構成した小林双曲的射影超曲面も係数を k からとれば，その k-有理点が有限個であると予想するのは自然である．しかしそのためには，ロスの定理 7.3.1（定理 7.3.4），シュミットの部分空間定理 7.3.5（定理 7.3.7）では不十分で，以下に述べるマッサー・オスターレによるイロハ予想 6.3.2 の一般化である多変数イロハ予想 7.5.6 が必要となる．

$\mathrm{x} = [x_0, x_1]$ を $\mathbf{P}_k^1$ の同次座標として，三つの一般の位置にある線形型式

$$F_1 = x_0, \quad F_2 = x_1, \quad F_3 = -x_0 - x_1$$

を考える．イロハ予想 6.3.2 で，$\mathrm{x} = [a,b] \in \mathbf{P}^1(\mathbf{Q})$ と考える．$x = (a,b)$ とおく．(6.3.6) は次の形の評価式と同値である．

$$(7.5.3) \qquad (1-\epsilon)h(\mathrm{x}) \leqq \sum_{i=1}^{3} N_1(F_i(x); M_{\mathbf{Q}}^{\infty}) + C(\epsilon).$$

これは，高さの上からの評価をしている．近似の限度（ディオファントス近似）を表す式に変形するために**重複度関数**を次で導入する．

$$N^{\lambda}(F(x); S) = N(F(x); S) - N_{\lambda}(F(x); S).$$

これは，各素点 p で $\mathrm{ord}_p F(x)$ が大きくなれば，∞ に発散するものであるが，p-進的には $F(x)$ は益々 0 に一様に近づく．(7.5.3) は次のように書き換えられる．

$$(7.5.4) \quad \sum_{i=1}^{3} \bigl(m(F_i(x); M_{\mathbf{Q}}^{\infty}) + N^1(F_i(x); M_{\mathbf{Q}}^{\infty}) \bigr) \leqq (2+\epsilon)h(\mathrm{x}) + C(\epsilon).$$

上式で，左辺第二項の重複度関数のないものが，ロスの定理 7.3.1 である．これからも分かるように，イロハ予想は大変強い主張をしていることになる．

以上よりイロハ予想は次のようにまとめられる．

7.5.5 [予想](イロハ予想)　　定理 7.3.4 と同じ条件下で，次が成立する．

$$(q-2-\epsilon)h(x) \leqq \sum_{i=1}^{q} N_1\left(\frac{1}{x-\alpha_i}; S\right) + C(\epsilon), \qquad x \in k \setminus \{\alpha_i\}_{i=1}^{q}.$$

従って，多変数イロハ予想は，

7.5.6 [予想] (多変数イロハ予想 (野口 [96], Vojta [98]))　　定理 7.3.7 と同じ条件下で，次が成立する．

$$(q-n-1-\epsilon)\mathrm{h}(\mathrm{x}) \leqq \sum_{i=1}^{q} N_n(\mathrm{x}; S, H_i), \qquad \mathrm{x} \in \mathbf{P}^n(k) \setminus E_\epsilon.$$

7.5.7 [注意]　　多変数イロハ予想が正しければ，X を第 5 章 3 節で n-許容族を用いて構成した小林双曲的射影超曲面で，係数を k^* からとれば，その有理点集合 $X(k)$ の有限性が定理 5.3.19, 定理 7.4.7 の証明とまったく同じに示されることが分かる．

以上の問題を射影空間だけでなく，一般の k 上の射影代数的多様体 V に拡張しよう．V は非特異と仮定し，その標準束を K_V で表す．V 上の因子 D に対し，重複度関数を次のように定義する．

$$N^\lambda(\mathrm{x}; S, D) = N(\mathrm{x}; S, D) - N_\lambda(\mathrm{x}; S, D).$$

正則曲線の基本予想 4.9.2 に倣って，次の基本予想が立つ（正則曲線の基本予想 4.9.2 と比較されたい）．

7.5.8 [予想] (有理点の基本予想)　　V を k 上の非特異射影代数的多様体とする．豊富直線束 $L \to V$ を一つとる．D を V 上の正規交叉因子とする．ある $\lambda \in \mathbf{N}$ が存在して，任意の $\epsilon > 0$ に対し，V の真代数的部分集合 $E_\epsilon \supset D$ が存在して，

$$m(\mathrm{x}; S, D) + N^\lambda(\mathrm{x}; S, D) + \mathrm{h}(\mathrm{x}; K_V) \leqq \epsilon \mathrm{h}(x; L), \qquad \mathrm{x} \in V(k) \setminus E_\epsilon.$$

ヴォイタは $\mathrm{x} \in V(k)$ に対し対数的判別式 "$d(\mathrm{x})$" を考え (Vojta [87], Chapter 8 §1)，次の**ヴォイタ予想**を提出した．

7.5.9 [予想] (Vojta [87], Conjecture 5.2.6)　　予想 7.5.8 と同じ記号のもとで，

$$m(\mathrm{x}; S, D) + \mathrm{h}(\mathrm{x}; K_V) \leqq d(\mathrm{x}) + \epsilon \mathrm{h}(\mathrm{x}; L), \qquad \mathrm{x} \in V(k) \setminus E_\epsilon.$$

6. ファルティンクスとヴォイタの定理

（イ）　ファルティンクスとヴォイタの定理

本章3節ではロスとシュミットの定理がネヴァンリンナとカルタンの定理の類似とみなせること，またその観点からの応用を本章4節で与えた．この項ではさらに進んで，ブロッホ・落合の定理（系 4.6.17），その対数版の定理 4.6.16 のディオファントス近似論での類似を紹介し，次の項でその応用を示す．

代数体 k と有限部分集合 $S \subset M_k, S \supset M_k^\infty$ をとる．k 上の射影代数的多様体 V とその上の k 上定義された因子 D をとる．以下，部分多様体等は全て k 上で考える．有理点といえば k-有理点のこととする．

7.6.1 [定義]　有理点の部分集合 $Z \subset V(k) \setminus D$ が (S,D)-整であるとは，(7.2.33) での記号下で，ある M_k-定数 $\{C(v)\}_{v \in M_k}$ が存在して，

$$|||\sigma_D(\mathrm{x})|||_v \leqq e^{C(v)}, \quad \mathrm{x} \in Z, \quad v \in M_k \setminus S.$$

7.6.2 [注意]　(i) 注意 7.2.34 により，$Z \subset V(k) \subset D$ が (S,D)-整であるという性質は，$\sigma_D, ||| \cdot |||$ の取り方によらない．Z が有限集合ならば，定義により常に (S,D)-整であるが，もちろん逆は成立しない．

(ii) D が十分豊富な場合を考える．$L(D)$ の有理正則切断の比で，$V \setminus D$ の k 上のアファイン空間 $\mathbf{A}_k^N$ への埋め込み

$$\Phi = (\Phi_1, \ldots, \Phi_N) : V \setminus D \to \mathbf{A}_k^N$$

を得る．部分集合 $Z \subset V(k) \setminus D$ が (S,D)-整であるとは，ある定数 $c \in \mathcal{O}_k \setminus \{0\}$ があって，

$$c\Phi_j(\mathrm{x}) \in \mathcal{O}_k, \quad \mathrm{x} \in Z, \quad 1 \leqq j \leqq N,$$

となることと同値である．この意味で，(S,D)-整ということは，定義 7.2.15 で定義した S-整数の座標によらない拡張概念になっている．

次の定理は 1922 年モーデル（Mordell [22]）により予想され，1983 年にファルティンクスにより証明された．

7.6.3 [定理](Faltings [83b], Bombieri [90])　k 上の非特異射影的代数曲線 C の有理点集合 $C(k)$ は，有限である．

ラング予想 6.1.1 は，この定理 7.6.3 を高次元の場合に拡張する一つの予想ということができる．小林双曲性の判定は，アーベル多様体上では定理 5.2.6 でみたように簡明である．また X が小林双曲的でなく正則曲線 $f: \mathbf{C} \to X$ を含む場合でも，その像 $f(\mathbf{C})$ のザリスキー閉包がアーベル部分多様体の平行移動であることが分かっている（ブロッホ・落合の定理（系 4.6.17））．このような事情からラング予想 6.1.1 をアーベル多様体に特化してみることは，興味深い．実際，ファルティンクスは次の定理を示した．

7.6.4 [定理](Faltings [91] [94])　A を k 上のアーベル多様体とする．

(i) 代数的部分多様体 $X \subset A$ に対し，有限個のアーベル部分多様体の平行移動 $Y_i \subset X$ が存在して，

$$X(k) = \bigcup Y_i(k).$$

(ii) D を A 上の被約豊富因子とすると，任意の (S, D)-整部分集合 $Z \subset A(k) \setminus D$ は常に有限集合である．

(i) はブロッホ・落合の定理（系 4.6.17）の類似，(ii) は系 4.8.6 (ii) の類似になっている．C を定理 7.6.3 の代数曲線とすると，C はそのアルバネーゼ多様体 A_C に埋め込まれるので，定理 7.6.4 (ii) は定理 7.6.3 を含む．定理 7.6.4 (ii) で，$\dim A = 1$ の場合は，ジーゲルによる有名な結果である（Siegel [26]）．定理 7.6.4 (ii) は，系 4.8.6 (ii) より先に示された．算術幾何の場合（数論的な場合）が先行した珍しい場合である．これらファルティンクスの定理の対数版を考えるのは自然である．

7.6.5 [定理](Vojta [96])　V を k 上の非特異射影代数的多様体とし，D を V 上の被約因子とする．対数的不正則指数 $q(V \setminus D) = \dim H^0(V, \Omega_V^1(\log D)) > \dim V$ と仮定する．このとき，(S, D)-整部分集合 $Z \subset V(k) \setminus D$ に対し，あるザリスキー閉真部分集合 $W \subsetneq V$ が存在して，$Z \subset W(k)$．

（ロ）　応用

第 4 章 7 節では対数的ブロッホ・落合の定理 4.6.16 を用いて，因子を除外す

る正則曲線の像を調べた．ここではその対数的ブロッホ・落合の定理 4.6.16 の代わりにヴォイタの定理 7.6.5 を用いて，(S,D)-整部分集合 Z の大きさ（次元）を調べる．

一般の V を扱う前に，射影空間 $\mathbf{P}_k^n$ で，D が超平面の有限和になっている場合を調べる．

7.6.6 [定理] (Ru-Wong [91])　　$H_i, 1 \leq i \leq q$ を $\mathbf{P}_k^n$ の一般の位置にある超平面とし，$D = \sum_{i=1}^q H_i$ とおく．$\mathbf{P}_k^n$ の線形部分空間 E と (S,D)-整部分集合 $Z \subset (\mathbf{P}^n(k) \setminus D) \cap E(k)$ があって，次の条件をみたすとする．

(7.6.7)　　いかなる有限集合 $Y \subset Z$ をとっても $Z \setminus Y$ が E の真線形部分空間に含まれることはない．

このとき，$\dim E \leq 2n + 1 - q$．

特に $q \geq 2n + 1$ ならば，任意の (S,D)-整部分集合 Z は有限集合である．

証明　$\dim E = m \geq 1, E \cong \mathbf{P}_k^m$ とする．E の超平面族 $\{H_i \cap E\}$ は，n-準一般の位置にある．(S,D)-整の定義から，ある定数 C_1 があって，

$$\sum_{i=1}^q N(\mathrm{x}; S, H_i \cap E) = \sum_{i=1}^q N(\mathrm{x}; S, H_i) \leq C_1, \quad \mathrm{x} \in Z.$$

従って，定理 7.3.14 で $\epsilon = \frac{1}{2}$ とおけば，有限個の真部分空間の和集合 $E_{1/2}$ があって，

$$\left(q - 2n + m - 1 - \frac{1}{2}\right) h(\mathrm{x}) \leq C_1, \quad \mathrm{x} \in Z \setminus E_{1/2}.$$

仮定 (7.6.7) より，$q - 2n + m - 1 - 1/2 \leq 0$ でなければならない．よって，$m \leq 2n + 1 - q$．　　　　　　　　　　　　　　　　　　　　　　　　　　　　**証了**

7.6.8 [注意]　　定理 7.6.6 が意味をもつのは，$q \geq n + 1$ の場合である．そのときは，(S,D)-整部分集合 $Z \subset \mathbf{P}^n(k) \setminus D$ は S-単数点集合になっている．$\hat{H}_i$ で H_i を定める線形型式を表すことにして，$\mathbf{P}_k^n$ の同次座標 $[x_0, \ldots, x_n]$ を，$\hat{H}_j = x_{j-1}, 1 \leq j \leq n + 1$ ととる．$x_0, \ldots, x_n$ の q 次同次多項式の k 上の基底を $\phi_0, \ldots, \phi_N$ とする．ただし，$\phi_0 = x_0 \cdots x_n \hat{H}_{n+2} \cdots \hat{H}_q$ とする．このとき，

$$\Phi : \mathbf{P}_k^N \setminus D \to \left(\frac{\phi_1}{\phi_0}, \ldots, \frac{\phi_N}{\phi_0}\right) \in \mathbf{A}_k^N$$

は埋め込みを与える．例えば，

$$\phi_1 = (x_1)^2 x_2 \cdots x_n \hat{H}_{n+2} \cdots \hat{H}_q, \quad \phi_2 = (x_0)^2 x_2 \cdots x_n \hat{H}_{n+2} \cdots \hat{H}_q,$$

とすれば，

$$\frac{\phi_1}{\phi_0} = \frac{x_1}{x_0}, \quad \frac{\phi_2}{\phi_0} = \frac{x_0}{x_1}.$$

これらが，Z の点に対応していれば，ある M_k-定数 $\{C(v)\}_{v \in M_k}$ が存在して，

$$\left\| \frac{x_1}{x_0} \right\|_v \leqq e^{C(v)}, \quad v \in M_k \setminus S,$$

$$\left\| \frac{x_0}{x_1} \right\|_v \leqq e^{C(v)}, \quad v \in M_k \setminus S.$$

従って，必要ならば S を拡大することにより，

$$\left\| \frac{x_1}{x_0} \right\|_v = \left\| \frac{x_0}{x_1} \right\|_v = 1, \quad v \in M_k \setminus S.$$

つまり，アファイン座標 x_1/x_0 は S-単数である．

従って，定理 7.6.6 は，本質的には，S-単数に関する命題である．

一般の k 上の n 次元射影代数的多様体 V については，定理 4.7.5 の類似として次の定理を得る．以下，記号は第 4 章 7 節と同じものを用いる．

7.6.9 [定理](野口・Winkelmann [02a])　$\{D_i\}_{i=1}^l$ を V 上の相異なる被約因子とし，$D = \sum D_i$ とする．(S, D)-整部分集合 $Z \subset V(k) \setminus D$ の V でのザリスキー閉包を W とすると，次が成立する．

(i) l' を $D_i \cap W \neq W$ の相異なるものの個数とすると，

$$\dim W \geqq l' - r(\{D_i\}) + q(W).$$

(ii) $\{D_i\}$ は一般の位置にある豊富因子と仮定すると，

$$(l - n) \dim W \leqq n(r(\{D_i\}) - q(W))^+.$$

証明は対数的ブロッホ・落合の定理 4.6.16 の代わりにヴォイタの定理 7.6.5 を使うこと以外は定理 4.7.5 のそれと同じなので繰り返さない．

まったく同じ理由により，系 4.7.8 と同様に次が従う．

7.6.10 [系] $D_i, 1 \leqq i \leqq l$ を $\mathbf{P}_k^n$ の相異なる被約因子とし，$D = \sum D_i$ とおく．

(i) $l > n+1$ ならば，いかなる (S, D)-整部分集合 $Z \subset \mathbf{P}_k^n \setminus D$ も $\mathbf{P}_k^n$ でザリスキー稠密になりえない．

(ii) $\{D_i\}$ は一般の位置にあり，$l > n$ とする．任意の (S, D)-整部分集合 $Z \subset V(k) \setminus D$ の $\mathbf{P}_k^n$ でのザリスキー閉包を W とすると，
$$\dim W \leqq \frac{n}{l-n}.$$
特に，$l \geqq 2n+1$ ならば，Z は有限である．

上の (ii) は，D_i を超平面とするとき，定理 7.6.6 を改良している．実際その場合の評価は最良であることが示される（野口・Winkelmann [02a]）．

参考文献

Ahlfors, L.V.
- [30] Beiträge zur Theorie der meromorphen Funktionen, 7^e Congr. Math. Scand. Oslo 1929, pp. 84–88, Oslo, 1930.
- [35] Zur Theorie der Überlagerungsflächen, Acta Math. **65** (1935), 157–194.
- [37] Über die Anwendung differentialgeometrischer Methoden zur Untersuchung von Überlagerungsflächen, Acta Soc. Sci. Fennicae Nova Ser. A **2** (1937), 1–17.
- [41] The theory of meromorphic curves, Acta Soc. Sci. Fennicae, Nova Ser. A **3** (1941), 3–31.
- [82] Lars Valerian Ahlfors: Collected papers, Vol. 1–3, Birkhäuser, 1982.

Aihara, Y. (相原義弘)
- [91] A unicity theorem for meromorphic mappings into compactified locally symmetric spaces, Kodai Math. J. **14** (1991), 392–405.
- [98] Finiteness theorems for meromorphic mappings, Osaka J. Math. **98** (1998), 593–616.
- [02] Algebraic dependence of meromorphic mappings in value distribution theory, to appear in Nagoya Math. J. **169** (2003).

Aihara, Y. (相原義弘) and Noguchi, J. (野口潤次郎)
- [91] Value distribution of meromorphic mappings into compactified locally symmetric spaces, Kodai Math. J. **14** (1991), 320–334.

Arakelov, S. Ju.
- [71] Families of algebraic curves with fixed degeneracies, Izv. Akad. Nauk SSSR Ser. Mat. **35** (1971), 1277–1302.

Ax, J.
- [72] Some topics in differential algebraic geometry II, Amer. J. Math. **94** (1972), 1205–1213.

Azukawa, K. (東川和夫) and Suzuki, Masaaki (鈴木正昭)
- [80] Some examples of algebraic degeneracy and hyperbolic manifolds,

Rocky Mountain J. Math. **10** (1980), 655–659.

Barth, W., Peters, C. and Van de Ven, A.
  [84] Compact Complex Surfaces, Ergebnisse Math. und ihrer Grenzgebiets **4**, Springer-Verlag, 1984.

Biancofiore, A. and Stoll, W.
  [81] Another proof of the lemma of the logarithmic derivative in several complex variables, Ann. Math. Studies **100**, pp. 29–45, Princeton Univ. Press, 1981.

Bieberbach, L.
  [33] Beispiel zweier ganzer Funktionen zweier komplexer Variablen, welche eine schlicht volumetreue Abbildung des $\mathbf{R}^4$ auf einen Teil seiner selbst vermitteln, Sitzungsber. Preu. Akad. Wiss. Phy.-Math. (1933), 476–479.

Bloch, A.
  [26a] Sur les système de fonctions holomorphes à variétés linéaires lacunaires, Ann. École Norm. Sup. **43** (1926), 309–362.
  [26b] Sur les systèmes de fonctions uniformes satisfaisant à l'équation d'une variété algébrique dont l'irrégularité dépasse la dimension, J. Math. Pures Appl. **5** (1926), 19–66.

Bombieri, E.
  [90] The Mordell conjecture revisited, Ann. Scuola Norm. Sup. Pisa Cl. Sci. **17** (1990), 615–640.

Borel, A.
  [91] Linear Algebraic Groups, Second Enlarged Edition, G.T.M. **126**, Springer-Verlag, 1991.

Borel, E.
[1897] Sur les zéros des fonctions entières, Acta Math. **20** (1897), 357–396.

Bott, R. and Chern, S.-S.
  [65] Hermitian vector bundles and the equidistribution of the zeros of their holomorphic sections, Acta Math. **114** (1965), 71–112.

Brody, R.
  [78] Compact manifolds and hyperbolicity, Trans. Amer. Math. Soc. **235** (1978), 213–219.

Brody, R. and Green, M.
  [77] A family of smooth hyperbolic hypersurfaces in $\mathbf{P}_3$, Duke Math. J. **44** (1977), 873–874.

Brownawell, W.D. and Masser, D.M.
  [86] Vanishing sums in function fields, Math. Proc. Camb. Phil. Soc. **100**

(1986), 427–434.

Buzzard, G.T. and Lu, S.S.Y.

[00] Algebraic surfaces holomorphically dominable by $\mathbf{C}^2$, Invent. Math. **139** (2000), 617–659.

Carlson, J. and Griffiths, P.

[72] A defect relation for equidimensional holomorphic mappings between algebraic varieties, Ann. Math. **95** (1972), 557–584.

Cartan, H.

[28] Sur les systèmes de fonctions holomorphes à variétés linéaires lacunaires, Ann, Sci. École Norm. Sup. **45** (1928), 255–346.

[29a] Sur la croissance des fonctions méromorphes d'une ou plusiers variables complexes, C. R. Acad. Sci. Paris **188** (1929), 1374–1376.

[29b] Sur les zéros des combinaisons linéaires de p fonctions entières, C. R. Acad. Sci. Paris **189** (1929), 727–729.

[33] Sur les zéros des combinaisons linéaires de p fonctions holomorphes données, Mathematica **7** (1933), 5–31.

[79] Henri Cartan, Œuvres Collected Works Vol. I–III, Springer-Verlag, 1979.

Chen, W.

[90] Defect relations for degenerate meromorphic maps, Trans. Amer. Math. Soc. **319** (1990), 499–515.

Chern, S.-S.

[78] Shiing-Shen Chern, Selected Papers, Springer-Verlag, 1978.

Cherry, W. and Ye, Z.

[01] Nevanlinna's Theory of Value Distribution, Springer-Verlag, 2001.

Coleman, R.F.

[90] Manin's proof of the Mordell conjecture over function fields, Enseign. Math. **36** (1990), 393–427.

Cornalba, M. and Shiffman, B.

[72] A counterexample to the "Transcendental Bezout problem", Ann. Math. **96** (1972), 402–406.

Deligne, P.

[71] Théorie de Hodge, II, I.H.E.S. Publ. Math. **40** (1971), 5–57.

Demailly, J.P.

[97] Algebraic criteria for Kobayashi hyperbolic projective varieties and jet differentials, Proc. Sympos. Pure Math. vol. **62**, pp. 285–360, Amer. Math. Soc., 1997.

Demailly, J.P. and El Goul, J.
- [00] Hyperbolicity of generic surfaces of high degree in projective 3-space, Amer. J. Math. **122** (2000), 515–546.

Drasin, D.
- [77] The inverse problem of the Nevanlinna theory, Acta Math. **138** (1977), 83–151.

Dufresnoy, M.J.
- [44] Théorie nouvelle des familles complexes normales: Applications à l'étude des fonctions algébroïdes, Ann. Sci. École Norm. Sup. **61** (1944), 1–44.

Eremenko, A.E.
- [96] Holomorphic curves omitting five planes in projective space, Amer. J. Math. **118** (1996), 1141–1151.
- [99] A Picard type theorem for holomorphic curves, Period. Math. Hungar. **38** (1999), 39–42.

Eremenko, A.E. and Sodin, M.L.
- [92] The value distribution of meromorphic functions and meromorphic curves from the view point of potential theory, St. Petersburg Math. J. **3** (1992) No. 1, 109–136.

Faltings, G.
- [83a] Arakelov's theorem for Abelian varieties, Invent. Math. **73** (1983), 337–347.
- [83b] Endlichkeitssätze für abelsche Varietäten über Zahlkörpern, Invent. Math. **73** (1983), 349–366.
- [91] Diophantine approximation on abelian varieties, Ann. Math. **133** (1991), 549–576.
- [94] The general case of Lang's conjecture, Symposium in Algebraic Geometry, Barsoti, eds., pp. 175–182, Acad. Press, 1994.

Fatou, P.
- [22] Sur les fonctions méromorphes de deux variables, C. R. Acad. Sci. Paris **175** (1922), 862–865.

Fujiki, A. (藤木 明)
- [78] Closedness of Douady spaces of compact Kähler spaces, Publ. R.I.M.S. Kyoto Univ. **14** (1978), 1–52.

Fujimoto, H. (藤本坦孝)
- [72a] On holomorphic maps into a taut complex space, Nagoya Math. J. **46** (1972), 49–61.
- [72b] Extension of the big Picard's theorem, Tohoku Math. J. **24** (1972),

[74] On meromorphic maps into the complex projective space, J. Math. Soc. Japan **26** (1974), 272–288.

[75] The uniqueness problem of meromorphic maps into the complex projective space, Nagoya Math. J. **58** (1975), 1–23.

[82a] The defect relations for the derived curves of a holomorphic curve in $\mathbf{P}^n(\mathbf{C})$, Tohoku Math. J. **34** (1982), 141–160.

[82b] On meromorphic maps into a compact complex manifold, J. Math. Soc. Japan **34** (1982), 527–539.

[83] On the Gauss map of a complete minimal surface in $\mathbf{R}^m$, J. Math. Soc. Japan **35** (1983), 279–288.

[85] Non-integrated defect relation for meromorphic maps of complete Kähler manifolds into $\mathbf{P}^{N_1}(\mathbf{C}) \times \cdots \times \mathbf{P}^{N_k}(\mathbf{C})$, Japan. J. Math. **11** (1985), 233–264.

[88a] On the number of exceptional values of the Gauss maps of minimal surfaces, J. Math. Soc. Japan **40** (1988), 235–247.

[88b] Finiteness of some families of meromorphic maps, Kodai Math. J. **11** (1988), 47–63.

[93] Value Distribution Theory of the Gauss Map of Minimal Surfaces in $\mathbf{R}^m$, Aspects of Math. **E21**, 1993.

[00] On uniqueness of meromorphic functions sharing finite sets, Amer. J. Math. **122** (2000), 1175–1203.

[01] A family of hyperbolic hypersurfaces in the complex projective space, Complex Variables **43** (2001), 273–283.

Fujisaki, G. (藤崎源二郎)

[75] 代数的整数論入門（上）（下），裳華房，1975.

Granville. A. and Tucker, T.J.

[02] It's as easy as *abc*, Notices Amer. Math. Soc. **49** No. 10 (2002), 1224–1231.

Grauert, H.

[65] Mordells Vermutung über rationale Punkte auf Algebraischen Kurven und Funktionenköper, Publ. Math. I.H.E.S. **25** (1965), 131–149.

Grauert, H. and Remmert, R.

[56] Plurisubharmonische Funktionen in komplexen Räumen, Math. Z. **65** (1956), 175–194.

[84] Coherent Analytic Sheaves, Springer-Verlag, 1984.

Green, M.L.

[72] Holomorphic maps into complex projective space omitting hyper-

planes, Trans. Amer. Math. Soc. **169** (1972), 89–103.

[75] Some Picard theorems for holomorphic maps to algebraic varieties, Amer. J. Math. **97** (1975), 43–75.

[77] The hyperbolicity of the complement of $2n+1$ hyperplanes in general position in $\mathbf{P}_n$, and related results, Proc. Amer. Math. Soc. **66** (1977), 109–113.

[78] Holomorphic maps to complex tori, Amer. J. Math. **100** (1978), 615–620.

Griffiths, P.A.

[72] Holomorphic mappings: Survey of some results and discussion of open problems, Bull. Amer. Math. Soc. **78** (1972), 374–382.

[74] Entire Holomorphic Mappings in One and Several Complex Variables, Ann. Math. Studies **85**, Princeton University Press, University of Tokyo Press, 1976.

Griffiths, P. and King, J.

[73] Nevanlinna theory and holomorphic mappings between algebraic varieties, Acta Math. **130** (1973), 145–220.

Gunning, R.C. and Rossi, H.

[65] Analytic Functions of Several Complex Variables, Prentice-Hall, 1965.

Ha Hui Khoai

[83] On p-adic meromorphic functions, Duke Math. **50** (1983), 695–711.

Ha Hui Khoai and Tu, M.V.

[95] p-adic Nevanlinna-Cartan theorem, Internat. J. Math. **6** (1995), 719–731.

Hayman, W.K.

[64] Meromorphic Functions, Oxford Math. Monog., Oxford Univ. Press, 1964.

Hervé, M.

[63] Several Complex Variables, Oxford Univ. Press, Tata Institute of Fundamental Research, 1963.

Hindry, M. and Silverman, J.H.

[00] Diophantine Geometry: An Introduction, G.T.M., Springer-Verlag, 2000.

Hörmander, L.

[89] Introduction to Complex Analysis in Several Variables, Third Edition, North-Holland, 1989.

Imayoshi, Y.（今吉洋一）and Shiga, H.（志賀啓成）

[88] A finiteness theorem for holomorphic families of Riemann surfaces, In:

D. Drasin (ed.), Holomorphic Functions and Moduli vol. II, Springer-Verlag, 1988.

Kawamata, Y. (川又雄二郎)
- [80] On Bloch's conjecture, Invent. Math. **57** (1980), 97–100.

Kneser, H.
- [38] Zur Theorie der gebrochenen Funktionen mehrerer Verändericher, Jahresber. Deut. Math.Verein. **48** (1938), 1–28.

Kobayashi, S. (小林昭七)
- [67] Invariant distances on complex manifolds and holomorphic mappings, J. Math. Soc. Japan **19** (1967), 460–480.
- [70] Hyperbolic Manifolds and Holomorphic Mappings, Marcel Dekker, New York, 1970.
- [82] Intrinsic distances, measures, and geometric function theory, Bull. Amer. Math. Soc. **82** (1976), 357–416.
- [98] Hyperbolic Complex Spaces, Springer-Verlag, 1998.

Kobayashi, S. (小林昭七) and Ochiai, T. (落合卓四郎)
- [75] Meromorphic mappings onto compact complex spaces of general type, Invent. Math. **31** (1975), 7–16.

Kodaira, K. (小平邦彦)
- [54] On Kähler varieties of restricted type (an intrinsic characterization of algebraic varieties), Ann. Math. **60** (1954), 28–48.
- [68] On the structure of compact complex analytic surfaces, IV, Amer. J. Math. **90** (1968), 1048–1066.
- [71] Holomorphic mappings of polydiscs into compact complex manifolds, J. Diff. Geom. **6** (1971), 33–46.
- [74] 複素多様体の複素構造の変形 II (堀川穎二記), 東大数学教室セミナリー・ノート **31**, 1974.
- [75] Collected Works/Kunihiko Kodaira, I–III, Iwanami, Princeton Univ. Press, 1975.

Krutin', V.I.
- [79] On the magnitude of the positive deviations and of defects of entire curves of finite lower order, Math. USSR Izv. **13** (1979), 307–334.

Kwack, M.H.
- [69] Generalization of the big Picard theorem, Ann. Math. **90** (1969), 9–22

Lang, S.
- [60] Integral points on curves, Publ. Math. I.H.E.S., 1960.
- [65] Algebra, Addison-Wesley Publ. Co., 1965.
- [74] Higher dimensional Diophantine problems, Bull. Amer. Math. Soc.

80 (1974), 779–787.

[83] Fundamentals of Diophantine Geometry, Springer-Verlag, 1983.

[86] Hyperbolic and Diophantine analysis, Amer. Math. Soc. **14** (1986), 159–205.

[87] Introduction to Complex Hyperbolic Spaces, Springer-Verlag, 1987.

[91] Number Theory III, Encycl. Math. Sci. vol. **60**, Springer-Verlag, 1991.

Lelong, P.

[68] Fonctions plurisousharmoniques et Formes différentielles positives, Gordon and Breach, 1968.

Manin, Y.

[63] Rational points of algebraic curves over function fields, Izv. Akad. Nauk. SSSR. Ser. Mat. **27** (1963), 1395–1440.

Mason, R.C.

[84] Diophantine Equations over Function Fields, London Math. Soc. Lecture Notes vol. **96**, Cambridge University Press, Cambridge, 1984.

Masuda, K. (増田一男) and Noguchi, J. (野口潤次郎)

[96] A construction of hyperbolic hypersurfaces of $\mathbf{P}^n(\mathbf{C})$, Math. Ann. **304** (1996), 339–362.

McQuillan, M.

[95] A new proof of the Bloch conjecture, J. Algebr. Geom. **5** (1996), 107–117.

Miyano, T. (宮野俊樹) and Noguchi, J. (野口潤次郎)

[89] Moduli spaces of harmonic and holomorphic mappings and Diophantine geometry, Prospects in Complex Geometry, Proc. 25th Taniguchi International Symposium, Katata/Kyoto, 1989, pp. 227–253, Lecture Notes in Math. **1468**, Springer-Verlag, 1991.

Mordell, L.J.

[22] On the rational solutions of the indeterminate equations of the third and fourth degrees, Proc. Camb. Philos. Sco. **21** (1922), 179–192.

Mori, S. (森 正気)

[83] Remarks on holomorphic mappings, Contemp. Math. **25** (1983), 101–113.

Morita, Y. (森田康夫)

[99] 整数論，基礎数学 **13**, 東京大学出版会, 1999.

Mumford, D.

[75] Curves and Their Jacobians, Univ. of Michigan Press, 1975.

Nadel, A.

[89a] The nonexistence of certain level structures on abelian varieties over

complex function fields, Ann. Math. **129** (1989), 161–178.

[89b] Hyperbolic surfaces in $\mathbf{P}^3$, Duke Math. J. **58** (1989), 749–771.

Nagata, M.(永田雅宜)

  [67] 可換体論,数学選書 **6**,裳華房,1967.

Nakano, S.(中野茂男)

  [81] 多変数函数論,数理科学ライブラリー **4**,朝倉書店,1981.

Narasimhan, R.

  [66] Introduction to the Theory of Analytic Spaces, Lecture Notes in Math. **25**, Springer-Verlag, 1966.

Nevanlinna, F.

  [27] Über die Anwendung einer Klasse uniformisierender tranzendenten zur Untersuchung der Wertverteilung analytischer Funktionen, Acta Math. **50** (1927), 159–188.

Nevanlinna, R.

  [25] Zur Theorie der meromorphen Funktionen, Acta Math **46** (1925), 1–99.

  [29] Le Théorème de Picard-Borel et la Théorie des Fonctions Méromorphes, Gauthier-Villars, 1929.

  [53] Eindeutige Analytische Funktionen, Springer-Verlag, 1953.

Nishino, T.(西野利雄)

  [84] Le théorème de Borel et le théorème de Picard, C. R. Acad. Sci. Paris Ser. I Math. **299** (1984), 667–668.

Nochka, E.I.

  [79] Uniqueness theorems for rational functions on algebraic varieties (Russian), Bul. Akad. Shtiintse RSS Moldoven 1979, no. 3, 27–31.

  [82a] Defect relations for meromorphic curves (Russian), Izv. Akad. Nauk Moldav. SSR Ser. Fiz.-Tekhn. Mat. Nauk 1982, no. 1, 41–47.

  [82b] On a theorem from linear algebra (Russian), Izv. Akad. Nauk Moldav. SSR Ser. Fiz.-Tekhn. Mat. Nauk 1982, no. 3, 29–33.

  [83] On the theory of meromorphic functions, Sov. Math. Dokl. **27** (1983), 377–381.

Noguchi, J.(野口潤次郎)

  [75] A relation between order and defects of meromorphic mappings of $\mathbf{C}^m$ into $\mathbf{P}^N(\mathbf{C})$, Nagoya Math. J. **59** (1975), 97–106.

  [76a] Meromorphic mappings of a covering space over $\mathbf{C}^m$ into a projective variety and defect relations, Hiroshima Math. J. **6** (1976), 265–280.

  [76b] Holomorphic mappings into closed Riemann surfaces, Hiroshima Math. J. **6** (1976), 281–291.

[77] Holomorphic curves in algebraic varieties, Hiroshima Math. J. **7** (1977), 833–853.

[81a] Lemma on logarithmic derivatives and holomorphic curves in algebraic varieties, Nagoya Math. J. **83** (1981), 213–233.

[81b] A higher dimensional analogue of Mordell's conjecture over function fields, Math. Ann. **258** (1981), 207–212.

[85a] Hyperbolic fibre spaces and Mordell's conjecture over function fields, Publ. R.I.M.S., Kyoto Univ. **21** (1985), 27–46.

[85b] On the value distribution of meromorphic mappings of covering spaces over $\mathbf{C}^m$ into algebraic varieties, J. Math. Soc. Japan **37** (1985), 295–313.

[86] Logarithmic jet spaces and extensions of de Franchis' theorem, Contributions to Several Complex Variables, pp. 227–249, Aspects Math. No. **9**, Vieweg, 1986.

[88] Moduli spaces of holomorphic mappings into hyperbolically imbedded complex spaces and locally symmetric spaces, Invent. Math. **93** (1988), 15–34.

[89] 双曲的多様体とDiophantus 幾何学, 数学 Vol. **41**, pp. 320–334, 日本数学会, 岩波書店, 1989.

[91] Moduli spaces of Abelian varieties with level structure over function fields, Internat. J. Math. **2** (1991), 183–194.

[92] Meromorphic mappings into compact hyperbolic complex spaces and geometric Diophantine problems, Internat. J. Math. **3** (1992), 277-289.

[95] A short analytic proof of closedness of logarithmic forms, Kodai Math. J. **18** (1995), 295–299.

[96] On Nevanlinna's second main theorem, Geometric Complex Analysis, Proc. 3rd MSJ-IRI Hayama, 1995, Eds. J. Noguchi et al., pp. 489–503, World Scientific, 1996.

[97] Nevanlinna-Cartan theory over function fields and a Diophantine equation, J. reine angew. Math. **487** (1997), 61–83; Correction to the paper, Nevanlinna-Cartan theory over function fields and a Diophantine equation, J. reine angew. Math. **497** (1998), 235.

[98] On holomorphic curves in semi-Abelian varieties, Math. Z. **228** (1998), 713–721.

[01] Intersection multiplicities of holomorphic and algebraic curves with divisors, to appear in Proc. OKA 100 Conference Kyoto/Nara 2001, preprint UTMS 2002-20.

[02] An arithmetic property of Shirosaki's hyperbolic projective hypersurface, preprint, UTMS 2002-10, to appear in Forum Math.

Noguchi, J. (野口潤次郎) and Ochiai, T. (落合卓四郎)

[90] Geometric Function Theory in Several Complex Variables, Math. Mono. **80**, Amer. Math. Soc., 1990.

Noguchi, J. (野口潤次郎) and Winkelmann, J.

[02a] Holomorphic curves and integral points off divisors, Math. Z. **239** (2002), 593–610.

[02b] A note on jets of entire curves in semi-abelian varieties, preprint UTMS 2002-25, 2002, to appear in Math. Z.

Noguchi, J. (野口潤次郎), Winkelmann, J. and Yamanoi, K. (山ノ井克俊)

[00] The value distribution of holomorphic curves into semi-Abelian varieties, C. R. Acad. Sci. Paris t. **331** (2000), Serié I, 235–240.

[02] The second main theorem for holomorphic curves into semi-Abelian varieties, Acta Math. **188** no. 1 (2002), 129–161.

Ochiai, T. (落合卓四郎)

[77] On holomorphic curves in algebraic varieties with ample irregularity, Invent. Math. **43** (1977), 83–96.

Ochiai, T. (落合卓四郎) and Noguchi, J. (野口潤次郎)

[84] 幾何学的関数論, 岩波書店, 1984.

Oesterlé, J.

[88] Nouvelles approches du "théorème" de Fermat, Seminaire Bourbaki 1987/88, pp. 165–186, Astérisque **161-162** Exp. No. 694, 1988.

Ohsawa, T. (大沢健夫)

[98] 多変数複素解析, 岩波講座 現代数学の展開 **5**, 岩波書店, 1998.

Osgood, C.F.

[81] A number theoretic-differential equations approach to generalizing Nevanlinna theory, Indian J. Math. **23** (1981), 1–15.

Parshin, A.N.

[68] Algebraic curves over function fields, I, Izv. Akad. Nauk SSSR Ser. Mat. **32** (1968), 1145–1170.

Pintér, Á.

[92] Exponential diophantine equations over function fields, Publ. Math. Debrecen **41** (1992), 89–98.

Pjateckiĭ-Šapiro, I.I. and Safarevič, I.R.

[71] Torelli's theorem for algebraic surfaces of type K^3, Izv. Akad. Nauk SSSR Ser. Mat. **35** (1971), 530–572.

Rémoundos, G.
  [27] Extension aux fonctions algébroïdes multiformes du théorème de M. Picard et de ses géneralisations, Mémoires Sci. Math. Acad. Sci. Paris **23** (1927), 1–66.

Roth, K.F.
  [55] Rational approximations to algebraic numbers, Mathematika **2** (1955), 1–20.

Ru, M.
  [01] Nevanlinna Theory and Its Relation to Diophantine Approximation, World Scientific, 2001.

Ru, M. and Stoll, W.
  [91] The Cartan conjecture for moving targets, Several complex variables and complex geometry, Part 2 (Santa Cruz, CA, 1989), pp. 477–508, Proc. Sympos. Pure Math. **52**, Amer. Math. Soc., 1991.

Ru, M. and Wong, P.-M.
  [91] Integral points of $\mathbf{P}^n - \{2n+1$ hyperplanes in general position$\}$, Invent. Math. **106** (1991), 195–216.

Saito, Masa-Hiko（齋藤政彦）and Zucker, S.
  [91] Classification of nonrigid families of $K3$ surfaces and a finiteness theorem of Arakelov type, Math. Ann. **289** (1991), 1–31.

Sakai, F.（酒井文雄）
  [74a] Degeneracy of holomorphic maps with ramification, Invent. Math. **26** (1974), 213–229.
  [74b] Defect relations and ramifications, Proc. Japan Acad. **50** (1974), 723–728.
  [76] Defect relations for equidimensional holomorphic maps, J. Faculty of Sci., Univ. Tokyo Sec. IA **23** (1976), 561–580.

Sarnak, P. and Wang, L.
  [95] Some hypersurfaces in $\mathbf{P}^4$ and the Hasse-principle, C.R. Acad. Sci. Paris, Sér. I **321** (1995), 319–322.

Schlickewei, H.P.
  [77] The p-adic Thu-Siegel-Roth-Schmidt theorem, Arch. Math. **29** (1977), 267–270.

Schmidt, W.M.
  [80] Diophantine Approximation, Lecture Notes in Math. vol. **785**, Springer-Verlag, 1980.
  [91] Diophantine Approximations and Diophantine Equations, Lecture Notes in Math. vol. **1467**, Springer-Verlag, 1991.

Selberg, H.L.
- [30] Über die Wertverteilung der algebroiden Funktionen, Math. Z. **31** (1930), 709–728.
- [34] Algebroide Funktionen und Umkehlfunktionen Abelscher Integrale, Avh. Norske Vid. Akad. Oslo **8** (1934), 1–72.

Shabat, B.V.
- [85] Distribution of Values of Holomorphic Mappings, Transl. Math. Mono. **61**, Amer. Math. Sco., 1985.

Shafarevich, I.
- [63] Algebraic numbers, Proc. Int. Congr. Math. 1962, Inst. Mittag-Leffler (1963), 163–176.

Shapiro, H.N. and Sparer, G.H.
- [94] Extension of a theorem of Mason, Comm. Pure and Appl. Math. **XLVII** (1994), 711–718.

Shiffman, B.
- [75] Nevanlinna defect relations for singular divisors, Invent. Math. **31** (1975), 155–182.
- [76] Holomorphic and meromorphic mappings and curvature, Math. Ann. **222** (1976), 171–194.
- [77] Holomorphic curves in algebraic manifolds, Bull. Amer. Math. Soc. **83** (1977), 155–182.
- [83] Introduction to Carlson-Griffiths Equidistribution Theory, Lecture Notes in Math. **981**, Springer-Verlag, 1983.
- [96] The second main theorem for log canonical **R**-divisors, Geometric Complex Analysis, Proc. 3rd MSJ-IRI Hayama, 1995, Eds. J. Noguchi et al., pp. 551–561, World Scientific, 1996.

Shiffman, B. and Zaidenberg, M.
- [02a] Hyperbolic hypersurfaces in $\mathbf{P}^n$ of Fermat-Waring type, Proc. Amer. Math. Soc. **130** (2002), 2031–2035.
- [02b] Constructing low degree hyperbolic surfaces in $\mathbf{P}^3$, Special issue for S.-S. Chern, Houston J. Math. **28** (2002), 377–388.

Shimizu, T.（清水辰次郎）
- [29] On the theory of meromorphic functions, Japan. J. Math. **6** (1929), 119–171.

Shirosaki, M.（城崎 学）
- [91] Another proof of the defect relation for moving targets, Tohoku Math. J. (2) **43** (1991), 355–360.
- [97] On polynomials which determin holomorphic mappings, J. Math. Soc.

Japan **49** (1997), 289–298.

[98] On some hypersurfaces and holomorphic mappings, Kodai Math. J. **21** (1998), 29–34.

Siegel, C.L.

[26] The integer solutions of the equation $y^2 = ax^n + bx^{n-1} + \cdots + k$, J. London Math. Soc. **1** (1926), 66–68.

Silverman, J.H.

[82] The Catalan equation over function fields, Trans. Amer. Math. Soc. **273** (1982), 201–205.

Siu, Y.-T.

[74] Analyticity of sets associated to Lelong numbers and the extension of closed positive currents, Invent. Math. **27** (1974), 53–156.

Siu, Y.-T. and Yeung, S.-K.

[96] A generalized Bloch's theorem and the hyperbolicity of the complement of an ample divisor in an Abelian variety, Math. Ann. **306** (1996), 743–758.

Steinmetz, N.

[85] Eine Verallgemeinerung des zweiten Nevanlinnaschen Hauptsatzes, J. für Math. **368** (1985), 134–141.

Stoll, W.

[53a] Ganze Funktionen endlicher Ordnung mit gegebenen Nullstellenflächen, Math. Z. **57** (1953), 211–237.

[53b] Die beiden Hauptsätze der Wertverteilungstheorie bei Funktionen mehrerer komplexer Veränderlichen (I), Acta Math. **90** (1953), 1–115.

[54] Die beiden Hauptsätze der Wertverteilungstheorie bei Funktionen mehrerer komplexer Veränderlichen (II), Acta Math. **92** (1954), 55–169.

[64] The growth of the area of a transcendental analytic set. I; II, Math. Ann. **156** (1964), 47–78; ibid. 144–170.

[70] Value Distribution of Holomorphic Maps into Compact Complex Manifolds, Lecture Notes in Math. **135**, Springer-Verlag, 1970.

[73] Deficit and Bezout Estimate, Value-Distribution Theory Part B, Pure and Appl. Math. **25**, Marcel Dekker, 1973.

[77a] Value Distribution on Parabolic Spaces, Lecture Notes in Math. **600**, Springer-Verlag, 1977

[77b] Aspects of value distribution theory in several complex variables, Bull. Amer. Math. Soc. **83** (1977), 166–183.

Suzuki, M. (鈴木 誠)
- [94] Moduli spaces of holomorphic mappings into hyperbolically imbedded complex spaces and hyperbolic fibre spaces, J. Math. Soc. Japan **46** (1994), 681–698.
- [95] The mordell property of hyperbolic fiber spaces with noncompact fibers, Tohoku Math. J. **47** (1995), 601–611.
- [96] From the big Picard Theorem to a finiteness theorem in hyperbolic geometry, Proc. 3rd MSJ-IRI Hayama, 1995, pp. 593–601, World Scientific, 1996.

Toda, N. (戸田暢茂)
- [70a] Sur une relation entre la croissance et le nombre de valeurs deficientes de foncions algebroïdes ou de systèmes, Kōdai Math. Sem. Rep. **22** (1970), 114–121.
- [70b] On a modified deficiency of meromorphic functions, Tôhoku Math. J. **22** (1970), 635–658.
- [71a] On the functional equation $\sum_{i=0}^{p} a_i f_i^{n_i} = 1$, Tôhoku Math. J. **23** (1971), 289–299.
- [71b] Le défaut modifié de systèmes et ses applications, Tôhoku Math. J. **23** (1971), 491–524.
- [72] 代数型函数の周辺, 数学 **24** pp. 200–209, 日本数学会編・岩波書店, 1972.
- [01] On the deficiency of holomorphic curves with maximal deficiency sum, Kodai Math. J. **24** (2001), 134–146.

Ullrich, E.
- [32] Über den Einfluss der Verzweigtheit einer Algebroide auf ihre Wertverteilung, J. Reine Angew. Math. **167** (1932), 198–220.

Valiron, G.
- [29] Sur les fonctions algébroïdes méromorphes du second degré, C. R. Acad. Sci. Paris **189** (1929), 623–625.
- [31] Sur la dérivée des fonctions algébroïdes, Bull. Soc. Math. France **59** (1931), 17–39.

Vitter, A.L.
- [77] The lemma of the logarithmic derivative in several complex variables, Duke Math. J. **44** (1977), 89–104.

Vojta, P.
- [87] Diophantine Approximations and Value Distribution Theory, Lecture Notes in Math. **1239**, Springer-Verlag, 1987.
- [96] Integral points on subvarieties of semiabelian varieties, I, Invent. Math. **126** (1996), 133–181.

[97] On Cartan's theorem and Cartan's conjecture, Amer. Math. J. **119** (1997), 1–17.

[98] A more general ABC conjecture, Internat. Math. Res. Notices (1998) **21**, 1103–1116.

[99] Integral points on subvarieties of semiabelian varieties, II, Amer. J. Math. **121** (1999), 283–313.

Voloch, J.F.

[85] Diagonal equations over function fields, Bol. Soc. Brasil. Math. **16** (1985), 29–39.

Waldschmidt, M.

[00] Diophantine approximation on linear algebraic groups: transcendence properties of the exponential function in several variables, Springer, 2000.

Wang, J. T.-Y.

[96a] The truncated second main theorem of function fields, J. Number Th. **58** (1996), 139–157.

[96b] Effective Roth theorem of function fields, Rocky Mountain J. Math. **26** (1996), 1225–1234.

Weil, A.

[58] Introduction à l'Étude des Variétés Kähleriennes, Hermann, 1958.

Weitsman, A.

[72] A theorem of Nevanlinna deficiencies, Acta Math. **128** (1972), 41–52.

Weyl, H. and J.

[38] Meromorphic curves, Ann. Math. **39** (1938), 516–538.

[43] Meromorphic Functions and Analytic Curves, Ann. Math. Studies **12**, Princeton Univ. Press, 1943

Wu, H.

[70] The Equidistribution Theory of Holomorphic Curves, Ann. Math. Studies **64**, Princeton Univ. Press, 1970.

Zaidenberg, M.G.

[89] Stability of hyperbolic imbeddedness and construction of examples, Math. USSR Sbornik **63** (1989), 351–361.

[90] A function-field analog of the Mordell conjecture: A noncompact version, Math. USSR Izv. **35** (1990), 61–81.

記　号

1_N　52
$\binom{n}{\nu} = \frac{n!}{\nu!(n-\nu)!}$　i
α　30
$\alpha_{M\setminus D}$　129
$\|\alpha\|_{\mathfrak{p}}$　214
β　30
Γ_{rat}　190
γ　30
$\bar{\partial}$　2, 30
∂　2, 30
$\frac{\partial}{\partial z_j}$　30
$\frac{\partial}{\partial z}$　2
$\frac{\partial}{\partial \bar{z}_j}$　30
$\frac{\partial}{\partial \bar{z}}$　2
$\Delta(a;r)$　1
$\Delta(f_0,\ldots,f_n)$　113
$\Delta(r)$　1
$\Delta((\sigma_j))$　193
$\delta(f,a), \delta_k(f,a)$　17
$\delta(f,D)$　61
$\delta(f,H)$　119
$\delta_k(f,D)$　61
$\delta_k(f,H)$　119
$\Omega^k(N)$　95
Ω^k_M　126
$\Omega^k_M(\log D)$　127
$\omega(j)$　107
ω_L　190
$\tilde{\omega}$　107
Φ_L　54

$\varphi_\epsilon(z)$　24
ρ_f　9
$(\sigma), (\sigma)_0, (\sigma)_\infty$　52
$|||\sigma(\mathrm{x})|||_v$　221
$|||\sigma_D(\mathrm{x})|||_v$　224

$A^+ = \max\{0,A\}$　5
$A_{M\setminus D}$　129
$\mathrm{Aut}(\,\cdot\,)$　自己同型群　i

$B(a;r)$　30
$B(r)$　30

$\mathbf{C}^* = \mathbf{C} \setminus \{0\}$　i
$\mathbf{C}(R)$　190
$C(l,m,g)$　194
$c_1(L)$　54

$[D](\eta)$　47
$d(a;\partial U)$　23
$d(K,\partial W)$　27
$d(z;\partial U)$　30
d_{σ_j}　212
d^c　2, 30
$dz^I, d\bar{z}^J$　39

$\|_E$　12
$e(v'|v)$　211

$(f)_0$　4
$(f)_\infty$　4

記　号

$f(v'|v)$　211

$H^0(W,L)$　51
$H(x)$　215
$\mathrm{H}_k(\mathrm{x})$　220
$\mathrm{Ht}(x)$　192
$h(\alpha)$　215
$\mathrm{h}(\mathrm{x})$　220
$\mathrm{h}(\mathrm{x};L)$　223

$I(f)$　49
I_k　137

$\mathcal{J}_k(M,\log D)$　132
$J_k(M)$　131
$J_k(M)_x$　131

K_N　53
$k^* = k \setminus \{0\}$　vi

$\mathcal{L}(0,dd^c[\varphi])$　36
$L(D)$　52
$L_1 \otimes L_2$　52
L_1^k　53
$\log^+$　5

M_k　208
M_k^0　208
M_k^∞　208
max 最大　i
min 最小　i
mod 法　i
$\mathfrak{m}_v$　208
$m(r,f)$　5
$m_f(r,D)$　57
$m_f(r,\mathcal{I})$　62
$m(x;S)$　219
$m(\mathrm{x};S,D)$　221, 224

$N(r,E)$　4
$N_k(r,E)$　4
$N^k(r,f^*D)$　152
$N(D), N_k(D)$　190

$N_{k/\mathbf{Q}}(\mathfrak{p}_i)$　214
$N(x;S)$　219
$N(\mathrm{x};S,D)$　221, 224
$N_\lambda(x;S)$　219
$N_\lambda(\mathrm{x};S,D)$　225
$n(r,E)$　4
$n_k(r,E)$　4
$n(t,dd^c[\varphi])$　35

$\mathcal{O}_F$　196
$\mathcal{O}_v$　208
ord_a　190
$\mathrm{ord}_p x$　209

$\mathbf{P}^n(k)$　220

$q(M \setminus D)$　128

$\mathrm{Ric}\,\Omega$　87
$R(\{M_j\};\{I_\nu\})$　169
$r(\{D_i\})$　144
$\mathrm{rk}(R)$　102
$\mathrm{rk}_R(S)$　102

$S^l\Omega^k(N)$　95
$S(r,f)$　15
$S_f(r)$　66
$S_f(r,\omega)$　66
$\mathrm{sl}_R(S)$　102

$T \geqq 0$　33
$T(r,f)$　5
$T_f(r,\Omega)$　10
$T_f(r,\omega_L)$　57
$T_f(r,\{\phi_j\})$　73

U_ϵ　24, 30

$V(F)$　186
$V(R)$　102

$W(f_0,\ldots,f_n)$　113
$W((\sigma_j))$　193

$[w_0,\ldots,w_n]$ 50

$[x] = \max\{n \in \mathbf{Z}, n \leqq x\}$
  Gauss 記号 i

$|x|_p$ 209

$\|x\|_\sigma$ 212

$\|z\|$ 29

$\mathbf{Z}^+$ vi

索　引

【ア，イ】

アルキメデス(的)付値　207
アールフォルス, L.　1

イェンゼンの公式　2, 36
位数　3, 9, 75
位数関数　5, 57, 65, 73
一般型　55
一般型多様体　91
一般化ボレルの定理　120
一般の位置　102, 145, 194
イロハ予想　196, 235
因子　3, 46
因子群　46

【ウ，エ】

ヴォイタ予想　189, 236
打ち切り個数関数　4, 48, 218, 222, 225

abc-Conjecture　196
エルミート計量　55
エルミート直線束　53
エレメンコ・ゾーディンの第二主要定理　125

【カ】

解析的退化　50
解析的非退化　50
解析的集合　39
カソラチ・ワイエルストラース　61
滑性化　24, 33

カールソン・グリフィス・キング　21
カルタン, H.　1, 70
カルタンの位数関数　70
カレント　32, 38
完全分岐　93
完備小林双曲的　156
完備線形系　56

【キ】

既約　40
既約成分　40
既約表現　51
極　3
極因子　46
極小　197
極小型式　198
局所自明化被覆　51
局所被約定義方程式　126
曲面　95
曲率カレント　191
曲率型式　53
許容　167
許容族　166
近似関数　5, 57
因子の既約分解　46

【ク，ケ】

グリフィス, P.A.　83
グリフィス予想　152

欠除指数　17, 61, 119

欠除指数関係式 18, 93
ケーラー型式 65
ケーラー計量 65
ケーラー多様体 65

【コ】
コサイクル条件 51
個数関数 4, 48, 221
小林擬距離 156
小林双曲的 156
小林予想 157
固有 vi
コンパクト化 97

【サ, シ】
ザリスキー位相 43
三角不等式 207

ジェット座標 132
ジェット射影 132
ジェット射影法 137
ジェット束 131
ジェット微分 132
ジェット持ち上げ 131
ジーゲル 196
実カレント 33
清水・アールフォルス 10
清水の位数関数 10
射影代数的多様体 42
シャファレヴィッチ予想 187
十分豊富 54, 55
シュトル, W. 76, 83
シュミットの部分空間定理 227
準アルバネーゼ写像 129
準アルバネーゼ多様体 129
準一般の位置 102
剰余指数 211
進付値 209

【ス, セ】
ストークス 2

整 197, 237

正カレント 33, 39
整関数 5
正規化付値 211, 212
正規交叉的 87
整数 219
正則関数 41
正則曲線 101
——の基本予想, 152
正則鎖 155
正則同型 41
積公式 209, 213
接近(近似)ポテンシャル 62
接近関数 4
接近(近似)関数 221
接近関数, 近似関数 62
接続定理 42
切断 51
ゼルバーグ, H.L. 1
線形非退化 113

【ソ】
双曲的埋め込み 156
双曲的距離 155
双曲的配置 158
素元 210

【タ】
台 46
第一主要定理 6, 57, 81
第一主要定理類似 219, 222, 225
代数的(非)退化 50
代数的部分集合 42
対数的1型式の層 127
対数的ジェット層 132
対数的ジェット束 134
対数的ジェット微分 132
——の補題, 134
対数的高さ 215
対数的不正則指数 129
対数的ブロッホ・落合の定理 141
対数的ロンスキアン 193
対数微分の補題 83
第二主要定理 15, 148

第二主要定理類似　227, 228
高さ　215, 220
多重劣調和　31
多変数イロハ予想　236
単　197
単純正規交叉的　87
単数　219
単数方程式　196
単調減少　vi
単調増加　vi

【チ】

チャーン型式　56
チャーン類　54
超曲面　41
重複度関数　152, 235
超平面束　55

【テ, ト】

底　56
定数　222
テイラー展開　76

動標的　126
導来曲線　122
特異計量　191
特性関数　5

【ネ, ノ】

ネヴァンリンナ, R.　1
ネヴァンリンナの位数関数　5, 67
ネヴァンリンナの欠除指数　61
ネヴァンリンナの除外因子　61
ネヴァンリンナの第一主要定理　6
ネヴァンリンナの第二主要定理　15
ネヴァンリンナの対数微分の補題　13
ネヴァンリンナ不等式　6, 79

ノチカ荷重　107
ノチカ定数　107
ノルム　214

【ヒ】

非アルキメデス付値(的)　207
ピカール　18
非退化解　196
非負係数因子　46
微分非退化　86
紐　204
被約因子　46
標準束　53

【フ】

ファイバーを分離　82
複素(数値)ラドン測度　32
複素解析空間　41
複素射影代数的　55
不正則指数　129
付値　207
付値環　208
不定点集合　49
フビニ・ストゥディ計量　55
　　――型式, 9
ブロッホ・落合の定理　142
分解可能　123
分岐因子　81
分岐指数　210
分岐定理　18, 93
分数イデアル　214

【ヘ, ホ】

変換関数系　51

ポアソン積分　75
ポアンカレ距離　155
ポアンカレ・ルロンの公式　47
豊富　54, 55
ボット・チャーン　21
ボレルの定理　122
ボレルの補題　12

【モ, ユ】

モデル予想　187

有限分岐被覆　80

誘導 30
有理型関数 3, 46
有理型写像 49
有理型切断 52
有理多様体 95
有理点 186, 219
　　——の基本予想, 236

【ラ，リ】

ラング予想 186

離散的 210
リッチ型式 87

【ル，レ】

ルロン数 36

零因子 46
零点 3
劣調和関数 21
レンメルト 41, 42

【ロ，ワ】

ロスの定理 225
ロンスキアン 193

ワイル 83

著者紹介

野口 潤次郎(のぐち じゅんじろう)

1973年 東京工業大学大学院理工学研究科修士課程修了
現　在 東京大学大学院数理科学研究科 教授
　　　 理学博士
著　書 「幾何学的関数論」(岩波書店，1984，共著)
　　　 「Geometric Function Theory in Several Complex Variables」
　　　 (アメリカ数学会，1990，共著)
　　　 「複素解析概論」(裳華房，1993)
　　　 「Introduction to Complex Analysis」(アメリカ数学会，1997)

共立叢書 現代数学の潮流
多変数ネヴァンリンナ理論とディオファントス近似

2003 年 6 月 20 日 初版 1 刷発行

検印廃止
NDC 413
ISBN 4-320-01694-7
© Junjiro Noguchi 2003
Printed in Japan

著　者　野口 潤次郎
発行者　南條 光章
発行所　共立出版株式会社
　　　　東京都文京区小日向 4-6-19
　　　　電話　東京(03)3947-2511 番（代表）
　　　　郵便番号 112-8700
　　　　振替口座 00110-2-57035 番
　　　　URL http://www.kyoritsu-pub.co.jp/
印　刷　加藤文明社
製　本　関山製本

社団法人
自然科学書協会
会員

JCLS ＜㈳日本著作出版権管理システム委託出版物＞
本書の無断複写は著作権法上での例外を除き禁じられています．複写される場合は，そのつど事前に㈳日本著作出版権管理システム（電話03-3817-5670，FAX 03-3815-8199）の許諾を得てください．

21世紀のいまを活きている数学の諸相を描くシリーズ!!

共立叢書
現代数学の潮流

編集委員：岡本和夫・桂　利行・楠岡成雄・坪井　俊

数学には、永い年月変わらない部分と、進歩と発展に伴って次々にその形を変化させていく部分とがある。これは、歴史と伝統に支えられている一方で現在も進化し続けている数学という学問の特質である。また、自然科学はもとより幅広い分野の基礎としての重要性を増していることは、現代における数学の特徴の一つである。「共立講座 21世紀の数学」シリーズでは、新しいが変わらない数学の基礎を提供した。これに引き続き、今を活きている数学の諸相を本の形で世に出したい。「共立講座 現代の数学」から30年。21世紀初頭の数学の姿を描くために、私達はこのシリーズを企画した。これから順次出版されるものは伝統に支えられた分野、新しい問題意識に支えられたテーマ、いずれにしても、現代の数学の潮流を表す題材であろうと自負する。学部学生、大学院生はもとより、研究者を始めとする数学や数理科学に関わる多くの人々にとり、指針となれば幸いである。＜編集委員＞

離散凸解析
室田一雄著／318頁・本体3800円（税別）
【主要目次】 序論（離散凸解析の目指すもの／組合せ構造とは／離散凸関数の歴史）／組合せ構造をもつ凸関数／離散凸集合／M凸関数／L凸関数／共役性と双対性／ネットワークフロー／アルゴリズム／数理経済学への応用

積分方程式 ─逆問題の視点から─
上村　豊著／304頁・本体3600円（税別）
【主要目次】 Abel積分方程式とその遺産／Volterra積分方程式と逐次近似／非線形Abel積分方程式とその応用／Wienerの構想とたたみこみ方程式／乗法的Wiener-Hopf方程式／分岐理論の逆問題／付録

リー代数と量子群
谷崎俊之著／276頁・本体3600円（税別）
【主要目次】 リー代数の基礎概念（包絡代数／リー代数の表現／可換リー代数のウェイト表現／生成元と基本関係式で定まるリー代数／他）／カッツ・ムーディ・リー代数／有限次元単純リー代数／アフィン・リー代数／量子群

グレブナー基底とその応用
丸山正樹著／272頁・本体3300円（税別）
【主要目次】 可換環（可換環とイデアル／可換環上の加群／多項式環／素元分解環／動機と問題）／グレブナー基底／消去法とグレブナー基底／代数幾何学の基本概念／次元と根基／自由加群の部分加群のグレブナー基底／層の概説

多変数ネヴァンリンナ理論とディオファントス近似
野口潤次郎著／276頁・本体3600円（税別）
【主要目次】 有理型関数のネヴァンリンナ理論／第一主要定理／微分非退化写像の第二主要定理／正則曲線の第二主要定理／小林双曲性への応用／関数体上のネヴァンリンナ理論／ディオファントス近似

続刊テーマ（五十音順）

- アノソフ流の力学系 …………… 松元重則
- ウェーブレット ………………… 新井仁之
- 可積分系の機能的数理 ………… 中村佳正
- 極小曲面 ………………………… 宮岡礼子
- 剛　性 …………………………… 金井雅彦
- 作用素環 ………………………… 荒木不二洋
- 写像類群 ………………………… 森田茂之
- 数理経済学 ……………………… 神谷和也
- 制御と逆問題 …………………… 山本昌宏
- 相転移と臨界現象の数理
  　………………………… 田崎晴明・原　隆
- 代数的組合せ論入門
  　……………… 坂内英一・坂内悦子・伊藤達郎
- 代数方程式とガロア理論 ……… 中島匠一
- 超函数・FBI変換・無限階擬微分作用素
  　……………… 青木貴史・片岡清臣・山崎　晋
- 特異点論における代数的手法 … 渡邊敬一
- 粘性解 …………………………… 石井仁司
- 保型関数特論 …………………… 伊吹山知義
- ホッジ理論入門 ………………… 斎藤政彦
- レクチャー結び目理論 ………… 河内明夫

（続刊テーマは変更される場合がございます）

◆各冊：A5判・上製本・160～320頁

共立出版
http://www.kyoritsu-pub.co.jp/

現代数学の潮流
多変数ネヴァンリンナ理論とディオファントス近似
野口潤次郎著
共立出版株式会社